U0857458

华夏英才基金学术文库

历史文化名城的
积极保护和整体创造

周 岚 著

科 学 出 版 社
北 京

内容简介

目前，中国正处于快速城市化的阶段，在建建筑的规模几近世界的一半，历史文化名城的保护和发展工作面临着严峻的现实挑战。本书围绕历史文化名城保护这一错综复杂的难题，在深入剖析吴良镛院士提出的“积极保护、整体创造”思想学说的基础上，以“城市发展论”、“历史资源论”、“科学保护论”、“整体设计论”等“八论”为理论框架，结合南京实践，深入讨论了历史文化名城保护体系的科学构建、历史老城区的保护和复兴、历史南京城“山水和人文交织”营建传统的当代弘扬，以及城市历史文化网络空间的整体构建等问题。

本书理论和实践相结合，对于解决历史文化名城保护问题具有较强的指导意义。本书适合城市规划、建筑学、城市史学研究、建筑史研究、文化遗产保护等领域的学者，相关专业的研究生和本科生，所有关心中国历史文化传承的人士阅读。

图书在版编目（CIP）数据

历史文化名城的积极保护和整体创造/周岚著. —北京：科学出版社，2010

ISBN 978-7-03-029482-1

Ⅰ.①历… Ⅱ.①周… Ⅲ.①历史文化名城－文物保护－研究－南京市 Ⅳ.①TU984.253.1

中国版本图书馆CIP数据核字（2010）第218649号

责任编辑：牛 玲 赵 冰 / 责任校对：陈玉凤

责任印制：赵德静 / 封面设计：陈 敬

科学出版社出版

北京东黄城根北街16号

邮政编码：100717

http://www.sciencep.com

新蕾印刷厂印刷

科学出版社发行 各地新华书店经销

*

2011年1月第 一 版 开本：B5（720×1000）

2011年1月第一次印刷 印张：23 3/4

印数：1—3 000 字数：480 000

定价：62.00元

（如有印装质量问题，我社负责调换）

前　言

本书聚焦“快速城镇化进程中的历史文化名城保护问题”展开讨论，从笔者亲身经历的“南京老城南历史保护事件”谈起，在回顾历史文化名城保护制度形成过程、比较借鉴国际历史文化遗产保护发展趋势、分析历史文化名城保护现实困境的基础上，剖析了两院院士、清华大学教授吴良镛提出的历史文化名城“积极保护、整体创造”论的思想内核，在此基础上发展形成了关于历史文化名城保护的“八论”，即“城市发展论”——从静态的历史遗址到动态发展的城市、“历史资源论”——从历史保护的负担到文化发展的资源、“科学保护论”——从价值观的争论到科学务实的保护行动、“整体设计论”——从孤立的历史保护到整体的文化创造、“渐进更新论”——从一蹴而就的改造到试点渐进的有机更新、“文脉承创论”——从历史传统的割断到文脉的继承创新、“战略协同论”——从“就保护论保护”到综合战略的协同、“社会支撑论”——从专业技术的历史保护到社会支持的公共政策。

“八论”涵盖了历史文化名城保护的三个核心问题——价值观、方法论和制度保障（图 0-1）。本书以“八论”为理论框架和研究线索，结合南京历史文化名城保护实践案例逐一展开深入讨论。

第 1 章从笔者经历的“南京老城南历史保护事件”谈起，引出对历史文化名城的三个核心问题的反思。在介绍中国历史文化名城保护制度后，分析了当前中国历史文化名城保护面临的困境及其成因。

第 2 章介绍分析了历史文化遗产保护理论和实践的国际趋势，揭示出历史文化遗产保护已成为国际性的社会潮流，其趋势呈现出发展与保护理念的双向融合，历史文化遗产保护内涵的日益丰富、保护方法的日益多元，以及实施的制度支撑更加强调综合联动。

第 3 章是本书的核心章节，深入剖析了吴良镛的“积极保护、整

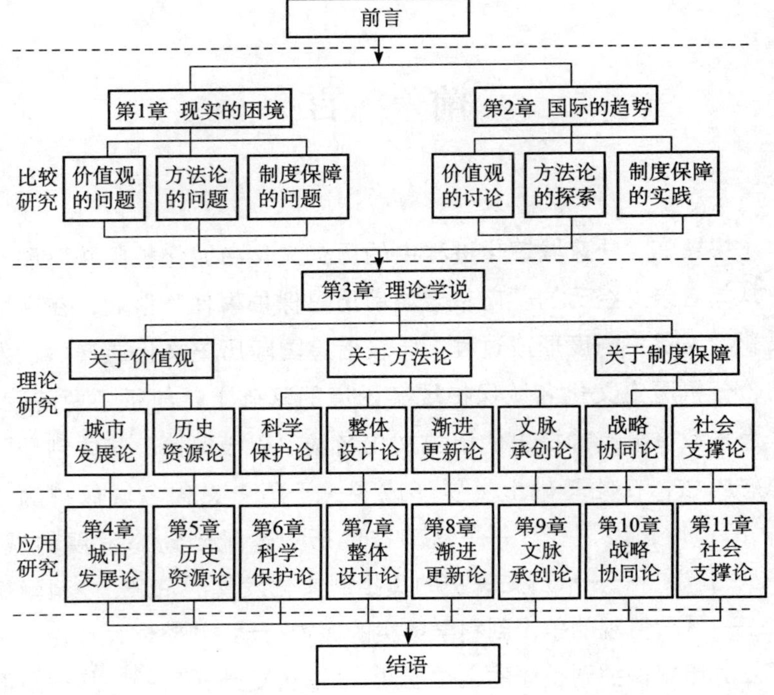

图 0-1　本书内容框架图

体创造”论的思想内核，在此基础上发展形成了涵盖历史文化名城保护的价值观、方法论和制度保障的“八论”。

第 4 章聚焦讨论“城市发展论”，以历史南京城的演变为例揭示城市从来就不是静止的遗址，历史文化名城自产生发展到现在，本身就是动态演变的产物。因此需要以发展的眼光看待历史文化名城，“不是僵死的历史街区，而是活的历史文化名城”。

第 5 章聚焦讨论“历史资源论”，以南京丰富的历史文化遗存为实例，生动地揭示出城市的历史文化积淀是城市发展的宝贵资源，是不可再生的精神资本、文化资本、经济资本和社会资本，是城市的文化根基所系，是城市发展的重要战略资源。

第 6 章聚焦讨论“科学保护论”，以历史文化名城南京为例，探讨构建历史文化名城保护体系整体框架，针对保护的各类空间资源——历史资源点、历史地段及名城格局和整体风貌，在资源系统普查、理

性评价的基础上，分门别类提出有针对性的保护对策和举措。

第 7 章聚焦讨论“整体设计论”，以南京历史文化资源的整合利用为例，从历史文化地标点的当代塑造、历史文化廊道的串联整合以及历史文化网络体系的整体构建三个方面探讨历史保护与当代建设的融合，通过城市设计在纷繁中求整体，将历史资源的保护、历史“碎片”的整合与城市当代公共空间的塑造有机结合起来。

第 8 章聚焦讨论“渐进更新论”，提出面对历史信息丰富、文化内涵深厚、空间丰富多元的历史城区，要以谨慎仔细的态度来对待，要小规模渐进改善、小尺度有机更新。

第 9 章聚焦讨论“文脉承创论”，以历史南京城的营建为例，分析总结传统中国城市的营建传统包括人工建造与自然环境互动、历史空间的继承和文化的包容发展以及注重整体城市设计、重要空间的场所塑造等。对于传统的继承发扬问题，要以辩证的思维对待历史传统和发展中的新传统，要在当代环境中实现历史传统的继承和新文化创造的有机统一。

第 10 章聚焦讨论“战略协同论”，强调应在国家倡导更加全面、协调、和谐、可持续的科学发展观的时代背景下，要改变过去唯经济增长的导向为更加科学、协调、平衡的发展追求，实现历史文化名城保护的三个协同，即城市功能定位的协同、城市产业结构的协同以及城市空间战略的协同。

第 11 章聚焦讨论“社会支撑论”，提出社会问题需要社会协同解决、复杂问题需要综合策略解决、历史文化需要循序渐进解决。深入讨论了公众参与、法律法规、标准规范、行政管理、政策制度、资金安排、实施机构以及行动计划等一系列实施支撑体系。

希望本书的出版能为推进历史文化名城的保护工作尽一份绵薄之力。

周　岚

2010 年 6 月

contents 目 录

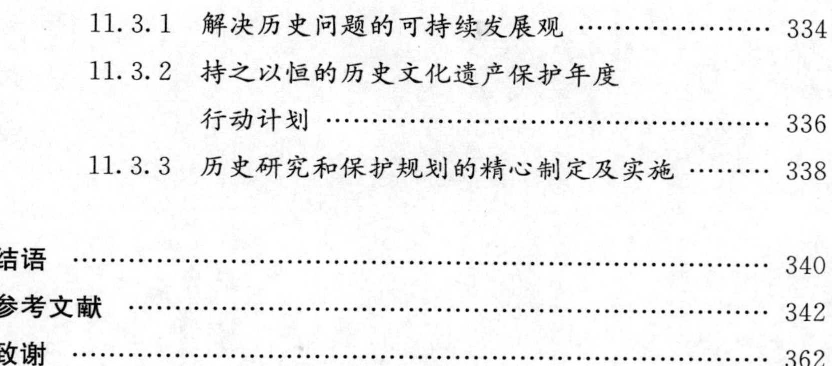

第1章

历史文化名城保护现状的困境

1.1 由南京“老城南历史保护事件”引发的思考

南京是中国著名古都，是国家首批历史文化名城，同时也是中国经济最发达地区长江三角洲的三大区域中心城市之一，是中国最发达省份之一江苏省的省会。在经济快速增长、城市快速变化的年代里，南京城在变得日益繁荣和现代化的同时，也在改变着旧有的历史风貌和文化韵味，从而引发了人们对南京传统和特色渐失的担心，“南京是独特的南京，是永远的南京，千万别在变化过程中一点一点失去了自己”（李小山，2002）。关于南京历史文化名城保护的讨论，近年来一直未有停止，但影响最深刻、讨论最广泛的莫过于始于2006年的“老城南历史保护事件”（周岚等，2007）。

2006年，历史悠久的南京老城南门东地块、颜料坊地块等5处进行危旧房改造，拆迁的启动引起社会各界的关注；同年8月，全国16位建筑、规划、文物、考古界的著名专家联名紧急呼吁保护南京老城

南；同年10月，国务院总理温家宝在专家来信上作出重要批示。随后，一场包括专家学者、新闻媒体及市民百姓在内的社会大讨论广泛展开，一时间老城南保护成为南京媒体的热点话题，成为南京城市规划建设、历史文化遗产保护工作的聚焦点。不仅如此，“南京老城南历史保护事件”也先后被国内几大媒体所关注，《瞭望》、《南方周末》、《新民晚报》等先后发表相关文章进行探讨。

2006年6月29日，《南京晨报》以“40亿元让老城南‘大变脸’”为题，从正面支持态度报道南京城南某区政府召开“建设新城南”高层论坛，区政府有关领导向媒体透露“将投资40亿元打造新城南，改善近2万户群众居住环境”；随着北京大学哲学系博士姚远8月3日在《南方周末》发表《南京的“历史”关头》文章，8月中旬16位知名专家联名呼吁，以及现场拆搬迁矛盾的逐步激化，媒体的视线逐渐转向保护专家及被拆搬迁业主；随着讨论的深入，媒体开始挖掘历史保护背后的深层次社会经济影响因素。2006年8月21日，《现代快报》用11个版面推出《老城南》特刊，指出“今天，一个猩红的‘拆’字，将一笔抹去老城南五大片区，这23条散发着古城气息的街巷，刹那变成历史”；2006年8月30日，《新民周刊》推出封面报道《秦淮河，正在消逝的历史》，文章记录了黑簪巷6号、牛市64号等地的老居民的陈年往事和情感，并陈述了汪永平、阮仪三、蒋赞初、梁白泉、叶兆言等专家学者的意见，文章指出，“这些未经整合的民间的情感、智慧需求，是否和政府决策走在同一条路上呢?”2006年9月4日，中央电视台新闻频道媒体广场报道“城市改造一方面要保留文化，另一方面要改善人居环境。如何能够找到一个点，兼顾这两者？这些困扰着全世界有悠久文化的城市的通病，同样困扰着南京”；2006年10月2日，《瞭望·新闻周刊》发表题为“老南京最后的纠葛”的文章，文章记录了多名专家、市民和区政府等部门对老城南不同的声音，分析了目前老城南历史保护现状的社会背景，如物权法、政府角色和公众参与等。

1.1.1 怎样的老城南——历史的辉煌和当代的衰败

南京老城南位于明城墙内老城的南侧，占地约5平方千米，它南北向由历史南京城的轴线——南偏西14度的中华路串联，直抵世界上遗存至今最大的城门——中华门，东西则主要由“十里烟云”的秦淮河串联夫子庙、白鹭洲、东水关、水西门。老城南是古都金陵的发源地，早在春秋战国时期，这里的长干里已是人口密集的居民点，而遗存至今的城南河道体系、街巷轮廓的格局，可上溯至自2000多年前的六朝时期；明太祖时，曾沿“十里秦淮”大建榻房，供商旅、娱乐、住宿之用及作为货栈，当时大族聚居、商贾云集，老城南的纺织业、手工作坊等更加繁盛；再后明清科举制度盛行，老城南作为江南贡院的所在地，更是聚集了大量文人墨客，密布着商肆客栈、酒庄茶楼、歌楼舞榭（夏仁虎，2006）。

延绵千年的南京老城南，其历史影响并不仅仅限于南京及周边地区，它还承载着中华民族的历史文化记忆，无数骚人墨客留下了千古传唱的诗词名篇：有侯方域“秦淮桥下水，旧是六朝月。烟雨惜繁华，吹箫夜不歇”的繁盛；有王献之“桃叶复桃叶，渡江不用楫；但渡无所苦，我自迎接汝”的质朴；有刘禹锡“旧时王谢堂前燕，飞入寻常百姓家”的惆怅；有李煜“春花秋月何时了，往事知多少？小楼昨夜又东风，故国不堪回首月明中”的凄凉；有杜牧“烟笼寒水月笼沙，夜泊秦淮近酒家。商女不知亡国恨，隔江犹唱后庭花”的悲伤；有李白“三山半落青天外，二水中分白鹭洲”的壮美，也有朱自清“桨声灯影里的秦淮河”的柔美……南京老城南的历史记忆千古流传。

清朝以后，随着科举制度的废除、手工业的逐步衰落以及南京城市发展重心的逐步北移，老城南赖以繁荣的经济基础及发展环境日益变迁，再加之太平天国、清军攻城、日本侵华战争等战乱的影响，老城南逐渐衰落、繁华不再。新中国成立以后，财产制度的变迁以及“经租房”的产生改变了老城南房屋的产权结构，相应改变了传统的业主对房屋进行自我维护的更新方式。计划经济时期，城市发展的主要目标是“变消费城市为生产城市”，城市建设的主要投资方向是生产型投资，住宅建设资金和房屋维修资金严重不足（何流等，2000），这造成老城南在物质空间日益衰败的同时，人口却逐步增加。改革开放以后，整个城市的平均居住水平不断提升，有经济条件和实力的居民逐步搬离老城南，此时的老

城南在社会空间结构上进一步被“边缘化”，呈现出一种“整体性衰败”(吴良墉，2007；建设部城乡规划督察组，2006)。

目前，承载南京悠久历史记忆的老城南地区，房屋已大多破旧不堪，在前述社会讨论聚焦的5处地块1348处公房中，严重损坏房占69.1%，险房占2.5%，房屋质量较好的建筑多为新中国成立后已经改造的低多层房屋；这一地区几乎没有现代化的市政设施，5处地块中90%的居民家中无独立厨房、卫生间；地区供电线路严重老化且超负荷运行，消防安全状况十分令人担忧。据秦淮区公安消防大队统计，城南地区发生的火灾中60%以上是由电气线路老化引起[①]。

不仅如此，老城南人口过度密集、社会结构边缘化现象十分严重。根据第五次人口普查数据统计，老城南人口密度高达3.4万人/平方千米，远远高于已十分拥挤的南京老城平均人口密度，更高于南京主城的平均人口密度，如门东饮马巷社区有居民1586户，共3658人，居民平均住房面积不足8平方米，三代人或四代人同居的占50%[②]。根据秦淮区政府的社区调查数据，老城南的门东地区人口密度高达5.04万人/平方千米，“居民主要为国企普通工人（占47%）、一般服务人员及外来务工人员，失业、待业居民近10%，知识分子不足10%”；老城南门西地区“65%的家庭户年均收入为5000～15 000元，其中年收入在1万元以下的约占47%”[③]。

老城南有形和无形历史文化遗产的丰富性与物质、经济、社会现状的衰败性形成了鲜明的反差，保护的要求和更新的需要叠加在一起，使得老城南的问题错综复杂。而老城南和南京其他地区居住水平的悬殊，使得“加快老城南改造”的社会呼声日增，根据对秦淮区人大代表、政协委员的建议提案统计，近年来几乎每年的一号建议提案都是关于老城南改造的，王湘等市、区人大代表和政协委员已多次呼吁：“城南地区目前仍有2.4万户居民约6.5万人生活在‘超期服役’的危

① 南京秦淮区政府调查报告，2006年

② 秦淮区人大代表提案，2006年

③ 南京工业大学《南京中华门门西地区保护与更新研究》入户调查资料，2002年

房中，此类地区亟待加快改造更新，改善居住条件，实现复兴”①。

1.1.2 不同的视角——历史保护中的多元社会声音

1. 地区居民的意见

居民的声音并不像区政府原先认为得那么一致②，居民的意见大致分成三类。

第一类是想走的。一位住在城南金沙井一间不到5平方米小房的老太太向记者表达她的渴望：“我想搬走，我住够了这里了，钱不够在这里买房就买到江宁区，哪里的黄土不埋人？”从小生活在门西钓鱼台的朱顺英老太太对记者说：“邻居也搬得差不多了，大多租给外地人了，父母走后，我们6个住在外面的兄弟姐妹为这房子争得翻了脸……谁肯牵头拿钱修，也修不起来，修好了给谁？还不如拆了，钱一分，大家散伙……”③

第二类是想留下的。李氏先祖购于明代的门东三条营92号深宅大院，1958年赶上“经租”，四分之三的房子被租客占用，年久失修，私搭乱建，现已成为一个大杂院，这些年一直为收回房产而奔走的40多岁李氏后人李晨对采访他的记者说：“我们不愿意失去老宅，也不愿意被迁走。我是搞装修的，别看这房子破了，我肯定能把它修好 。”④

第三类是矛盾的。同样为保留祖业而四处奔波的黑簪巷6号居民吉承叶在召集家庭会议时，已搬出居住的15个吉家后人对拆迁款分配问题争论激烈，而提到“要不要努力把房子保下来”时，“不置可否的意见占了多数”；正如住在牛市78号的张聚德说：“但是真要搬了，又有些舍不得，毕竟我们家几代人都住在这里面，我们的根在这里。”⑤

进一步分析居民的背景，可以清晰地发现：“经租户”的倾向是选择离开，因为老城南对他们只意味着拥挤，拆迁改造时政府的经济补

① 秦淮区人大代表提案，2006年
② 根据2006年秦淮区政府调查统计材料，将近90%的居民强烈呼吁地区改造
③ 秦淮河，正在消逝的历史，新民周刊，2006-8-21
④ 老南京最后的纠葛，瞭望新闻周刊，2006
⑤ 牛市，最后的庭院，现代快报，2006

偿以及针对低收入人群的住房保障制度可以让他们大大改善居住条件。而随着时间的变迁，老城南地区“经租户”的比例已大大高于私房业主，这也正是为什么区政府在开始调查时绝大多数住户强烈要求改造的原因。对于私房而言，经过时间的演变，业主的构成已经发生了很大变化，那些继承关系清晰的私房业主最希望借助政府改造的力量，让多年的经租户离开，自己拥有完全的产权和使用权，他们的倾向是保护性改造；还有一部分产权关系较为错综复杂的私房业主们心态较为矛盾，一方面他们认为老宅是祖产，应该传承下去，而另一方面多个产权继承人之间的利益格局难以协调，使得他们倾向于接受较易分割的房屋拆迁改造补偿款。

2. *基层政府的困惑*

应该说区政府的初衷是改善地区老百姓的居住条件，改变地区“破破烂烂”的面貌。一位秦淮区主要领导在谈到老城南改造时说，2005 年一位居民给他写信投诉：“我们这一片的居住环境可以说是南京现在最‘恶劣’的，没有起码的卫生设施，也没有起码的商业娱乐条件……几代人同居一室的情况比比皆是，如果有一家不小心失火的话，那么将上演一场现代版的‘火烧连营’，那里的街道狭窄得就连消防车也无法进入。”他说，“新中国成立 50 多年我们还让老百姓住在这样条件差的地方，实在是于心不忍，也说明我们政府无能”[1]。

衰败的老城南对基层政府而言，意味着经济缺乏活力，发展落后于周边地区，同时伴随着消防安全、社会稳定、就业安居等各种问题，面对逐年增加的人大代表、政协委员建议提案和百姓信访，政府最终选择了拆迁改造。负责老城南安品街地区拆迁的赵东林对采访他的《瞭望·新闻周刊》记者说：“南京（城南）90%到 95%的老百姓都是通过拆迁改善居住条件的。”因此当后来老城南改造遭遇广泛的社会讨论和社会批评时，基层政府颇感委屈，区政府有关负责人对《瞭望·新闻周刊》记者说：“你不去改造它，它每天都在遭遇破坏性的蚕噬。”[2]

---

① 一位秦淮区主要领导在和笔者讨论老城南改造时的讲话

② 老南京最后的纠葛，瞭望·新闻周刊，2006

基层政府最大的困难来自改造更新资金的平衡压力。由于老城南人口密集，房客比例很高，按照南京市现行的房屋改造经济补偿政策，即“按照房屋的评估价，所有权人补100%，房客补90%”，因此老城南改造的成本远远高于普通地段。虽然在改造项目启动之前，市政府已经明确减免规费，并提供3000万元的财政补助，但即便如此，要解决多年积累的、老城南居民居住条件的改善问题，区政府仍然得依赖房地产开发力量的引入。从吸引投资、实现改造目标的角度，区政府多年来一直呼吁更放松的规划条件、更高的建筑高度、更大的开发容积率，但是老城南因历史保护的原因，属于城市规划严格控制建筑高度和体量的地区。

3. 专家学者的声音

总体上，专家学者认为：对于老城南这样历史积淀深厚的地区，不能够用简单粗暴的方式改造。16位知名专家在信中呼吁：“将南京历史旧城区当做‘危旧房’予以拆除的做法，无异于是将传世字画当做‘糨糊’，将商周铜器当做‘废铜’来使用，无异于是对文化遗产的一场谋杀。”引起本次大讨论的关键人物，北京大学博士姚远在写给南京市委书记的信中说：“用房地产开发的模式来对待历史街区，是不可能保护好文化遗产的。”南京著名作家叶兆言指出：“居住在旧房里面的居民，生存条件很差，他们有权利搬迁到条件好的房子去住，但是如果因为拆迁而破坏了原来很有特点、很有保留价值的老房子，就不对了。所以，拆迁、改造是把双刃剑。”

在总体上认为“应该建立保护和发展平衡关系”的大前提下，具体如何认识和对待业已衰败的老城南地区，专家们之间也存在较大的认识差异。在价值导向上：第一类专家更加强调保护历史，住房和城乡建设部和国家历史文化名城专家委员会委员谢辰生和徐苹方先生认为：“老城南地区必须进行整体保护，保护可将时代风格定格在民国时期。”南京大学蒋赞初教授认为：“古建筑的价值主要看其内部木构架的存留情况，而不以外表的瓦屋面（是小青瓦还是平瓦）、墙面（是青

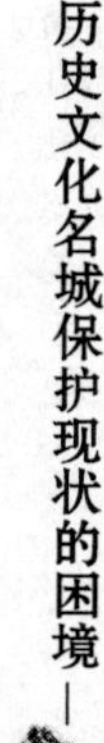

砖还是红砖)、门窗(是传统小木作还是现代木装修)为判断标准[①],凡是具有历史、文化特色的建筑都要保留下来。”第二类专家比较强调历史地区在现代环境中的发展,例如,复旦大学葛剑雄教授认为:“历史上一次次移民,历史遗存一次次被破坏,历史文化一次次流失……南京城内外的文化,包括风俗、方言、民间信仰等都发生了很大变化,形成一种新的文化,历史的传统在其中已微乎其微,不能简单地依靠历史遗存,更不能自我陶醉于已不复存在的‘六朝遗风’、‘南都繁华’。更重要的是,南京必须确定在文化上的发展方向,使南京的地理优势和历史文化资源得到充分的利用。”[②] 南京大学贺云翱教授认为:“保护、传承、发展”要同步在一个框架里考虑,不能把城市当成一个“死”的遗址,不讲发展,只讲静态保护[③]。全国人大代表、南京城市交通专家杨涛教授则认为:“交通系统是历史城区保护规划中关键的东西,交通专项应与历史保护同步,应在展现原有历史肌理街巷的基础上,完善路网系统,尽量满足现代生活需要”[④]。第三类专家更加强调在当代社会中保护和发展的平衡关系,例如,东南大学教授吴明伟指出:“城南主要问题在于历史文化遗产保护与经济社会发展之间不能有效结合。规划中只划定了保护区,但是区政府要考虑解决居民基础设施和生活问题,同时现在实施的总体(城建)政策是就地平衡,因此必须把保护的落实与政策法规结合起来,这是南京历史文化名城保护最关键的问题。寄希望于两个方面的改变:进一步提高历史文化街区保护意义的认识,并建立稳定的经济支撑渠道。”[⑤] 曾致力于老城南门西地区保护规划研究的杨瑞松提出:“城南地区(如门西)的复兴重点应基于两个方面。一是协调好历史遗产的保护与再利用、开发旅游与改善居民生活之间的关系;二是要处理好地方经济发展与城市用地性质置换,地方旅游发展与城市旅游战略之间的关系(杨瑞松等,

① 现代快报社,一篇文章引发南京文保热议,现代快报,2006-10-2

② 现代快报社.南京!南京!还有多少六朝遗风,现代快报,2008-4-13

③ 2006年9月“南京历史文化名城保护与发展研讨会”纪要及会议记录

④ 2008年1月“门东、门西地区(胡家花园、蒋百万故居)保护与更新规划专家咨询会”纪要及会议记录

⑤ 2008年3月“南京历史文化名城保护规划专家咨询会”纪要及会议记录

2004)。”

在围绕老城南进行社会讨论的过程中，许多专家提出了有价值的积极建议：16位知名专家信中指出，“真正的旧城改造是指通过渐进的‘修’的方式，在旧城区修复历史建筑，恢复社区活力，从而使旧城区重获生机，而绝非是通过大规模的‘拆’的方式”；尝试用“镶牙”方式对老城南门东、颜料坊等地块进行肌理织补式规划的南京大学教授赵辰认为：“人们认识一个城市，是因为它的街巷，街巷的保留比房子更重要，好的房子分级保护，不受保护的建筑，我们再做回老肌理的样子”①。国家历史文化名城专家委员会委员谢辰生认为：原建筑和仿建筑如同假牙与真牙，“真牙一定要多留，将注意力集中在保留真的东西，少建假牙”②；南京工业大学教授汪永平认为：应加强历史文化资源普查等基础型研究工作，“大量的有历史价值和使用价值的民居以及街坊未能深入摸底调查清楚，并系统地形成文字资料，以至于人们对于城南民居一直保留模糊的印象。专家们多年来呼吁要成片保护城南的民居和古都风貌，但也往往流于空谈，无法形成法规来约束和指导城市建设部门”③。东南大学教授潘谷西认为：“秦淮河是明清时期南京‘市井文化’的代表，以水上交通为枢纽组织周边的活动。城南的改造应该成为‘葡萄串’，以秦淮河为一条线（藤），串联起多个资源点（葡萄）；老房子要尽量利用起来，秦淮河是城市活动的轴线”④。两院院士、清华大学教授吴良镛在更高的层面提出：“不仅应考虑保护传统建筑，而且应审视处于转型期模式的新发展潮流，把各方面的问题综合起来考虑，化建筑的个别处理为整体性创造（holistic creation），即维护文物环境的整体秩序，追求城市组成部分之间成长中的整体秩序（growing whole），在传统的优秀的构图法则基础上灵活创造或称再创造（representation or reinvention）”（吴良镛，2007）。

---

① 老南京最后的纠葛，瞭望新闻周刊，2006-04-13

② 2008年3月“南京历史文化名城保护规划专家咨询会”纪要及会议记录

③ 秦淮河，正在消逝的历史，新民周刊，2008-4-13

④ 2006年9月“南京历史文化名城保护与发展研讨会”纪要及会议记录

1.1.3 引发的反思——历史文化名城保护现状的困境

南京“老城南历史保护事件”揭示出历史文化名城保护现状的困境，南京是全国最早编制历史文化名城保护规划的城市之一，20世纪80年代、90年代和21世纪初编制的三版南京历史文化名城保护规划被业内人士认为是有代表性的，“每次都有见地，有创新，并在全国有一定的影响”①。但即便如此，一版版历史文化名城保护规划还是没能挡住现代化建设改造的洪流，在面对诸如老城南改造与更新等现实问题时，未能积极有效地应对社会需求，凸显了历史文化名城保护规划的现状不足以及政府管制的相应失效。

南京老城南改造引发的广泛社会讨论以及不同社会角色不同观点的争论，说明历史文化遗产保护是一个十分错综复杂的问题，关于南京老城南的社会讨论聚焦于历史文化遗产保护的三个核心方面：①价值观的差异与冲突，不同的利益主体、不同的社会角色对历史文化资源的价值有不同的认知和不同的判断，对于“是否保护”、“保护什么”、“改善什么”等问题难以达成一致的共识，即便是相同的市民角色，关于这些问题的问答也因“驻地居民”、“南京市民”、“外地人士”等不同的身份有所差异，这种差异和冲突在日益多元化的社会中显得尤为突出；②保护与更新方法的选择，对于如何对不同类型的历史建筑进行适当分类并多元保护，对于如何处理保护与更新、延续和改造、风貌和格局、建筑与街巷、老房子和新建筑、历史遗产保护和现代化设施提供等关系问题，都存在较大的观念认识和方法差异；③保护与更新实施制度的支持，关于南京老城南，市政府和规划局曾经组织过多轮的规划研究，有不少历史文化遗产保护的方案和设想，但实际操作过程中缺乏法规的保障、政策的支持、经济的支撑等，使得保护规划的设想流于纸上谈兵。

当围绕老城南保护和更新的价值观、方法论和实施制度都存在巨大观念分歧时，就匆忙进行地区改造，使得“老城南历史保护事件”

---

① 2006年9月“南京历史文化名城保护与发展研讨会”纪要及会议记录

的出现并非偶然。用同样理性分析的观点看待其他历史文化名城，就会发现类似的事件并非仅仅出现在南京。在中国111座国家级历史文化名城中，尤其是在发展变化比较迅速的历史文化名城，普遍存在保护和发展的矛盾及冲突。“例如，沈阳市，几年内就将保留着城市原来的历史风貌、文化遗存和地方风情的旧城区基本拆迁改建完毕，传统风貌荡然无存；又如，徐州的户部山仅留存了几幢保存完好的传统民居，其他房屋全部拆光，却申报历史街区；还有昆明，拆除了历史风貌完整的青云街，仅存的历史街区胜利堂文明街也成为房地产商开发争夺的目标。值得注意的是，类似的破坏目前仍在继续，许多历史文化名城，特别是一些较大的城市，至今已难以找到较为完整的历史街区和历史地段”（阮仪三等，2001）。

上述的现实让我们不得不反思既有的历史文化名城保护价值观、方法论、实施制度的不足，这些不足在经济全球化、快速城镇化的特定历史阶段显得尤为突出。如果我们不能走出困境，我们的子孙也许真的只能在历史图片中或凭残存的印象回忆城市的历史。因此，求解中国历史文化名城的积极有效保护之道，已成为当前中国城市发展刻不容缓需要回答的问题。

1.2 中国历史文化名城保护制度及基本情况

1.2.1 中国历史文化遗产保护制度的形成过程

中国对于历史文化遗产的保护始于对文物单体的保护，可以追溯到20世纪初。早在1906年，清政府就颁布过《保存古物推广办法》，1908年民政部发布文告《咨行各省调查古迹》，1910年，学部再次通知各省“饬将所有古迹切实调查，并妥拟保存之法”。辛亥革命后的1916年，北洋政府民政部颁发《为切实保存前代文物古迹致各省民政长训令》和《保存古物暂行办法》，并发出《通咨各省调查古迹列表报部》文告。南京国民政府成立后，于1928年设立中央古物保管委员会，1929年发布《名胜古迹古物保存条例》，1930年制定中国历史上第一条文物保护法《古物保存法》，1931年公布《古物保存法施行细

则》。1948年清华大学梁思成主编了《全国重要文物建筑简目》，共收入22个省市的重要古建筑和石窟、雕塑等文物465处，它是中国现代第一部相对全面地记载全国重要古建筑目录的专书，成为新中国成立后公布全国第一批文物保护的基础。

新中国成立后的1950年，政务院颁布了《关于地方文物名胜古迹保护管理办法》、《关于保护古建筑的批示》、《古文化遗址及古墓葬之调查发掘暂行办法》等规定。1956年，国务院开展了第一次全国文物普查。1958年，《中华人民共和国宪法》中规定"国家保护名胜古迹、珍贵文物和其他重要历史文化遗产"。1961年，国务院颁布了《文物保护管理暂行条例》，同时公布了首批全国重点文物保护单位180处，实施了以命名"文物保护单位"来保护文物古迹的制度（曹其智，2009）。

1981年，国家进行了第二次全国文物普查，登记不可移动文物近40万处。1982年2月，国务院批转国家建设委员会、国家文物局、国家城建总局联合报告的《关于保护我国历史文化名城的请示》①，公布了有重大历史价值和革命意义的24个城市为中国第一批历史文化名城②，"历史文化名城"的概念第一次正式被提出，这标志着中国历史文化遗产保护的范围从单体拓展至城市，也标志着中国历史文化名城保护制度的创立（王景慧，1994）。同年11月，《中华人民共和国文物保护法》颁布，这是中华人民共和国第一部关于文物保护的国家大法。1984年1月，国务院颁布《中华人民共和国城市规划条例》，规定城市规划应当切实保护文物古迹，保护和发扬民族风格和地方特色。1985年1月，中国加入《保护世界自然和文化遗产公约》，中国文化遗产保护工作开始与国际接轨。1986年12月，国务院发布批转建设部、文化部报告的通知，在公布第二批38个国家级历史文化名城的同时，首次

① 为保护那些曾经是古代政治、经济、文化中心或近代革命运动和重大历史事件发生地的重要城市及其文物古迹免受破坏，侯仁之、郑孝燮和单士元等专家学者提议建立历史文化名城保护制度，得到采纳

② 国家第一批历史文化名城是北京、承德、大同、南京、苏州、扬州、杭州、绍兴、泉州、景德镇、曲阜、洛阳、开封、江陵、长沙、广州、桂林、成都、西安、延安、遵义、昆明、大理、拉萨

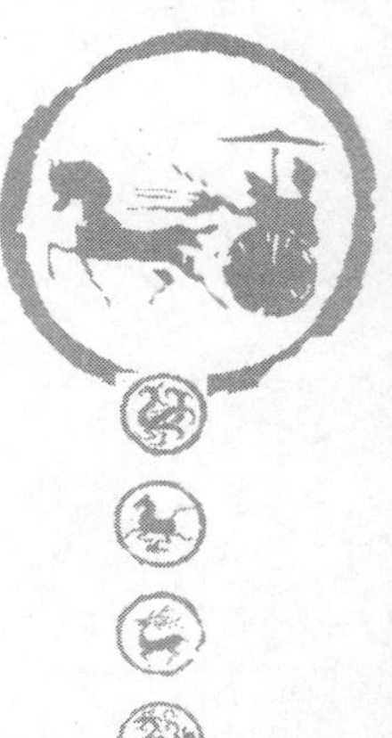

提出了“历史文化遗产保护区”的概念，至此中国历史文化名城保护制度中的“单体-街区-城市”三级体系框架基本形成。1989年12月，国家颁布的《中华人民共和国城市规划法》规定编制城市规划应当保护历史文化遗产、城市传统风貌、地方特色和自然景观，城市新区开发应当避开地下文物古迹。

1994年1月，国务院公布了第三批历史文化名城名录，提出今后要从严审批国家历史文化名城，加强历史文化名城的保护管理。1994年9月，建设部、国家文物局共同发布了《历史文化名城保护规划编制要求》，成为编制历史文化名城保护规划的重要依据。1997年3月，国务院下发了《关于加强和改善文物工作的通知》，要求各地方政府、各有关部门将文物保护“纳入当地经济和社会发展规划、纳入城乡建设规划、纳入财政预算、纳入体制改革、纳入各级领导责任制”。1997年3月，全国人大公布修订后的《中华人民共和国刑法》，专节规定了妨害文物管理罪，包括走私文物罪，盗窃文物罪，故意损毁文物罪，故意损毁名胜古迹罪，过失损毁文物罪，倒卖文物罪，国有博物馆、图书馆私出售或者私赠文物藏品罪，盗掘古文化遗址、古墓葬罪，失职造成珍贵文物损毁流失罪等（国家文物局，2008）。

2002年10月，全国人大常委会颁布修订后的《中华人民共和国文物保护法》，针对新时期文物保护存在的问题，对文物保护管理做了全面规定。2003年5月，国务院公布实施了《中华人民共和国文物保护法实施条例》。2003年11月及2005年9月，建设部、国家文物局分两批公布中国历史文化名镇44个，中国历史文化名村36个。2003年12月，建设部颁布《城市紫线管理办法》，以加强对城市历史文化街区和历史建筑的保护。2005年7月，建设部发布《历史文化名城保护规划规范》，成为制定历史文化名城保护规划的国家标准。2005年12月，国务院下发《关于加强文化遗产保护的通知》，要求国务院有关部门对历史文化名城（街区、村镇）的保护状况和规划实施情况进行跟踪监测，同时确定自2006年起每年6月的第二个星期六为“全国文化遗产日”。2008年4月，国家颁布了《历史文化名城名镇名村保护条例》，这是我国第一部关于历史文化名城保护的专门法规，对于历史文化名

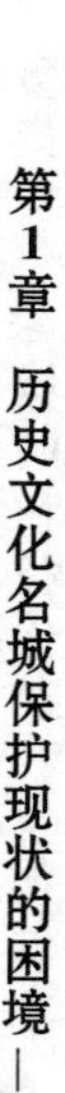

城、名镇、名村的申报与批准、保护规划、保护措施以及法律责任等都做出了较为明确的规定，表明历史文化名城保护工作步入了依法保护的轨道（仇保兴，2009）。

……

综上所述，中国对于历史文化遗产的保护经历了约一个世纪的发展历程，它始于对文物及单体建筑的保护。在20世纪80年代发展成为对历史文化名城的保护，至今已有近30年的历史。后来在此基础上增加了历史街区保护的内容，形成重心转向历史文化遗产保护区的多层次历史文化遗产的保护体系（阮仪三和孙萌，2001）。"从文物保护单位到历史文化遗产保护区再到历史文化名城，这个保护体系表达了文化遗产保护在我国城市发展背景下的状态以及以政府管理部门和保护专家为主导的遗产选择方式"（张兵，2001）。

1.2.2 中国历史文化名城保护制度的基本情况

1. 历史文化名城的定义及等级

《中华人民共和国文物保护法》规定，历史文化名城是指"文物特别丰富并且具有重大历史价值或者革命纪念意义的城市"。历史文化名城根据其历史价值和影响分别由国家级、省级政府核定公布，由国务院批准公布的历史文化名城为国家级历史文化名城，由省、自治区或直辖市人民政府批准公布的历史文化名城为省级历史文化名城。

2. 历史文化名城的申报条件

申报历史文化名城必须具备5项条件：①保存文物特别丰富；②历史建筑集中成片；③保留着传统格局和历史风貌；④历史上曾经作为政治、经济、文化、交通中心或者军事要地，或者发生过重要历史事件，或者其传统产业、历史上建设的重大工程对本地区的发展产生过重要影响，或者能够集中反映本地区建筑的文化特色、民族特色；⑤在所申报的历史文化名城保护范围内还应当具有2个以上历史文化街区。申报国家级历史文化名城，要由省、自治区或直辖市人民政府

提出申请，经建设部会同国家文物局组织部门、专家论证，提出审查意见后，报国务院批准公布。

3. *历史文化名城保护规划的制定*

历史文化名城批准公布后，所在地人民政府应当组织编制历史文化名城保护规划，并在公布之日起一年内完成。规划的内容包括：①保护原则、保护内容和保护范围；②保护措施、开发强度和建设控制要求；③传统格局和历史风貌保护要求；④历史文化街区、名镇、名村的核心保护范围和建设控制地带；⑤保护规划分期实施方案。

4. *历史文化名城的保护要求*

历史文化名城的保护要求主要由法律法规以及保护规划确定。《历史文化名城名镇名村保护条例》规定：①历史文化名城要正确处理经济社会发展与历史文化遗产保护的关系，地方人民政府应当根据当地经济社会的发展水平，按照保护规划，控制历史文化名城的人口数量，改善历史文化名城的基础设施、公共服务设施和居住环境；②历史文化名城应当整体保护，保持传统格局、历史风貌和空间尺度，不得改变与其相互依存的自然景观和环境；③在历史文化名城保护范围内从事建设活动，应当符合保护规划的要求，不得损害历史文化遗产的真实性和完整性，不得对其传统格局和历史风貌构成破坏性影响；④历史文化街区、名镇、名村核心保护范围内不得进行新建、扩建（新建、扩建必要的基础设施和公共服务设施除外），区内的建筑物、构筑物应当区分不同情况，采取相应措施，实行分类保护；区内的历史建筑，应当保持原有的高度、体量、外观形象及色彩；⑤历史文化街区、名镇、名村建设控制地带内的新建建筑物、构筑物，应当符合保护规划确定的建设控制要求。

5. *历史文化名城的行政管理*

有学者认为，目前中国历史文化名城的管理是“双平行结构”，即由建设主管部门和文物主管部门共同负责历史文化名城的保护管理和

监督指导工作。但这仅仅考虑了行业的管理因素，实际上国家同样明确规定了地方人民政府的管理职责，即住房和城乡建设部会同国家文物局负责全国历史文化名城的保护和监督管理工作，各级地方人民政府负责本行政区域历史文化名城的保护和监督管理工作。历史文化名城保护规划由地方人民政府组织编制，由省、自治区或直辖市人民政府审批，报国务院建设主管部门和国务院文物主管部门备案。在历史文化名城保护范围内进行可能影响传统格局、历史风貌或者历史建筑等的活动，应当经城市、县人民政府城乡规划主管部门会同同级文物主管部门批准，并依照有关法律法规的规定办理相关手续：在历史文化街区核心保护范围内，新建、扩建或者拆除建筑，应当经城市、县人民政府城乡规划主管部门会同同级文物主管部门批准。

6. *历史文化名城保护的经费*

1998年9月，国家设立"历史文化名城保护专项资金"，财政部相应印发《国家历史文化名城保护专项资金管理办法》，当时规定专项资金主要用于历史街区的古建维护和基础设施改善。2009年5月，财政部印发《国家级风景名胜区和历史文化名城保护补助资金使用管理办法》，重新明确历史文化名城保护补助资金的使用范围是历史文化街区保护规划的编制及历史文化街区核心保护范围内历史建筑的修缮。可见，国家对历史文化名城的保护仅给予必要的资金支持。同时国家规定：历史文化名城所在地的县级以上地方人民政府，根据本地实际情况安排保护资金，列入本级财政预算。国家鼓励企业、事业单位、社会团体和个人参与历史文化名城、名镇、名村的保护。

自1982年以来逐步建立并不断发展的具有中国特色的历史文化名城保护制度，为中国历史文化名城的保护工作提供了重要的依据并发挥了积极的作用。2007年11月，中国城市科学研究会历史文化名城委员会以"历史文化名城25年回顾与展望"为主题，对中国历史文化名城保护的历程进行了回顾总结，会议认为："我国历史文化名城保护经历了不平坦的发展过程，从不自觉保护到盲目破坏，再到理性回归。有过许多的遗憾，也取得了重大成就。在城镇化、工业化、现代化快速发展中，保护了大批代表民族历史文化特色的城市、村镇、历史遗址、历史建筑、历史街区等物质文化遗产和非物质文化遗产。到今年10月止，有35处历史文化遗产被列入世界遗产名录，其中文化遗产24处，自然遗产6处，文化自然双遗产5处；国家级历史文化名城109座，名村、名镇157个"[①]。

但同时应承认的是，中国历史文化名城保护的制度有待改进完善。中国的历史文化名城的概念，不等同于西方的"历史城市"，它有如下特点。

(1) 保护地域和内容更加广泛，但保护边界和要求却相对模糊。中国历史文化名城保护的内涵十分广泛，除要求保护文物古迹、历史街区外，还要求保存城市的整体风貌和格局以及传统艺术、工艺及民风习俗等无形的文化内涵，保护的空间范围往往涉及历史文化名城的整个市域，和西方历史城市、历史遗产保护区边界明确、要求具体的特点形成对比。

(2) 保护的手法相对较为单一。虽然相关法规明确历史文化名城保护不同于文物单体保护，要求进行合理分类，采用多元保护手法，但在现实操作中，将单体文物保护概念和方法简单放大至历史文化名城保护的倾向广泛存在。此外，对于历史文化名城保护应包含的"控制、维护、更新"的多元内涵也有狭义化的理解倾向，目前仍聚焦于规划部门和文物部门的管理控制，而对历史文化资源的维护和更新机制关注较少。

(3) 保护实施的支撑体系尤为薄弱。虽然20多年间，中国社会的历史文化遗产保护意识增强很多，但总体上同西方社会相比还是存在较大差距；20多年来中国历史文化名城保护的相关法规不断建立、完善，但是相对于西方社会而言，法律法规的形成还相对滞后，保护的具体规定和法律责任也不够具体、明确，尤其是市场经济环境下，历史文化遗产保护的利益相关人的责任、权利和义务不甚明确；国家历史文化名城保护的专项资金至今仍仅能满足极小部分的保护需求，大

① 中国城科会历史文化名城委员会2007年年会暨纪要，长沙，2007年11月

部分的历史文化名城保护资金需依赖地方政府自筹，当地方财力不足或地方政府保护意识不强时，历史文化名城保护实际上就处于边缘化的地位，更有甚者，还有一部分城市为了能获得更多的“土地出让金”收入，不惜牺牲历史文化资源。

1.3 当前中国历史文化名城保护的困境分析

1.3.1 中国历史文化名城保护面临的现实困境

经过近 30 年的建设，中国历史文化名城保护的制度初步形成，不断改进，至今虽然仍有不少需要完善的地方，但是中国历史文化名城保护的问题更多来自外部的冲击，这也正是许多专家大声呼吁“不能就保护论保护”的原因所在。事实上，大规模的“建设性破坏”使得任何被动的、静态的、理想化的保护方法都难以取得理想的效果。

认真审视当今中国的历史文化名城现象，就会发现宏观的历史文化名城概念并不能防止一系列历史文化遗产保护负面事件的发生，在许多历史文化名城津津乐道其名城品牌的同时，名城保护的要求与城市的发展定位以及产业结构的选向并不一致；而当历史文化名城保护面临与房地产开发乃至市政工程项目矛盾时，决策的选项并没有倾向历史文化的保护，本质问题在于“保护与发展”的矛盾没有得到解决。

1. 与城市定位及产业结构的矛盾

在全球产业结构调整的大势中，中国已经成为全球制造业大国，以制造业为主的工业在我国城市现有经济格局中越来越占据着举足轻重的地位。根据国家统计局公布的数据①，2008 年我国国内生产总值（GDP）300 670亿元，分产业看，第一产业增加值34 000亿元，占GDP的比例为 11.3%；第二产业增加值146 183亿元，占 GDP 的比例为 48.6%；第三产业增加值120 487亿元，占 GDP 的比例为 40.1%。尽管 2008 年我国经济受到国际金融危机的冲击和影响，但仍未改变增

① 数据来源于中国国家统计局的官方网站

长的势头，2004～2008 年，工业增加值仍实现成倍增长，从65 210亿元增加到129 112亿元。

工业化是我国现阶段经济增长的主要特征，各城市也普遍将制造业作为经济增长的核心主题，在许多城市的定位和发展规划中，常常可以见到“大力发展制造业”这样的字眼。中国把“抓住国际制造业转移的契机”作为宏观发展战略，已被事实证明是正确的，但是问题在于具体到城市，是否都应无视城市的个性和特色做出完全相同的选项，尤其历史文化名城是否也应唯工业为发展导向。当大同以煤矿产业，南京以石化，洛阳、西安等古都以重工业为城市主要选向，并且城市发展过分倚重这样的产业时，人们不禁会担心历史文化名城保护的未来。

当城市过分倚重制造业时，政府会把绝大多数的精力放置在吸引投资、扩容生产、建设开发区等方面；当开发区的选址、工业项目的建设与历史文化遗产保护的要求存在具体冲突时，决策往往会把招商引资放在首位。不仅如此，过重的产业结构同人们心目中的历史文化名城的宏观意象也有差异。笔者认为，《北京城市总体规划（2004～2020 年）》能够一改以往提了几十年的“国家政治、经济、文化中心”的定位，而将未来北京的发展目标定位于国家首都、世界城市、文化名城，并首次提出“宜居城市”概念，是十分了不起的进步和成就，这样的城市定位可以从发展导向上减少不必要的矛盾和冲突。

2. *与城市过分商业化及房地产开发的矛盾*

随着我国城市投融资体制、财政分税机制、土地使用制度、住房制度等的变革，城市经营成为地方政府的重要策略。原本，历史文化名城的品牌效应、历史资源的挖掘利用等也是城市策划和经营的重要内容之一，但是由于现实中对城市经营概念的简单理解，把城市经营等同于市场化和商业化，而其中房地产开发由于投资大、产出高、同巨大的利益相关联，成为影响今天中国城市投资的重要力量，也是地方政府财政收入最主要的来源之一。2007 年 8 月，北京市劳动保障局曾发布 13 个行业的工资指导线，其中房地产开发经营企业的工资投入

与销售收入产出之比最高，投入产出比竟然高达 1∶141。丰厚的开发利润、巨额的土地出让收入和房地产税收收入，使得许多城市的发展为房地产开发所左右。

在市场经济的环境中，房地产开发企业的逐利天性、地方政府对房地产及相关产业链收入的过分依赖，使得许多有价值的历史文化遗存、有悠久历史的历史地段被房地产开发项目覆盖。而旧城，由于历史上形成的人口及各种设施资源的聚集，更成为房地产开发商激烈争抢的目标，旧城的寸土寸金使得历史文化遗产保护和房地产开发之间的矛盾表现得尤为尖锐。正是在这样的背景下，北京的菜市口胡同、官菜园上街、儒福里、蒜市口 17 间半、红星胡同等都在强制拆迁中消失（张杰等，2006）。

此外，房地产开发项目的建筑设计风格也对历史文化名城的风貌产生影响。在全球化的背景下，中国城市的快速发展为世界提供了巨大的建筑商机，洋建筑师们纷纷抢滩中国这个新生市场①，一时间中国城市成为西方建筑师的“试验基地”，标新立异的建筑、“欧陆风”的设计风格风靡一时②。在这些建筑中，除部分政府项目外，面广量大的是房地产开发项目。正是在这样的背景下，现代高层建筑逼近北京故宫；乐山大佛对岸建起了高层商业化建筑；杭州西湖地区的历史环境已经改变；南京老城的建筑风貌和城市轮廓、现代建筑和历史环境的图底关系已经变化……国家文物局局长单霁翔评价说：“近年来中国的建筑设计刮起欧陆风，各种流派堆砌在一起，追求形式上的独特和怪异，却很少考虑它与环境的文化关系，建筑的民族传统、地方特色不断失落。”③

另一方面，房地产业已经成为国民经济的支柱产业，对经济、社会发展作出了重要贡献④。目前，中国房地产业对经济增长的贡献率保持在 2 个百分点以上，2007 年中国房地产业增加值占 GDP 的比例已经

---

① 广东建设报社地域性、文化性、时代性，乃中国建筑灵魂，广东建设报，2007-1-26

② 住宅风格设计：京味与‘欧陆风’谁主沉浮．北京娱乐信报，2002-5-03

③ 《人民日报海外版》2006 年文化遗产日前夕对单霁翔局长的采访

④ 2008 年 3 月 17 日住房和城乡建设部齐骥副部长在十一届全国人大会议期间接受中外记者的集体采访时的讲话

超过5%，房地产业和建筑业增加值占GDP增加值的比例超过10%。房地产业能够拉动经济增长、促进就业，是政府财政收入的主要来源之一，为城市的发展建设提供了大量的财力支持，其中当然也包括地方政府用于历史文化遗产保护的资金投入。也正因为房地产及其相关产业对国民经济的重要作用，2008年下半年受国际金融危机的影响，在中国经济下行的背景下，国家连续出台刺激房地产业发展的政策：2008年9月，央行下调人民币贷款基准利率，个人住房公积金贷款利率也相应下调；2008年10月，财政部、税务总局降低住房交易税率和首付款比例；2008年12月，中央经济工作会议部署2009年重点任务，会议提出要加强和改善宏观调控，实施积极的财政政策和适度宽松的货币政策，保持资本市场和房地产市场稳定、健康发展（杨志刚，2008）。

无疑在市场经济环境下房地产业作为国民经济支柱产业之一的地位不会改变，笔者也无意非议房地产业对国民经济发展的贡献，但是上述房地产开发项目和历史文化名城保护的矛盾，清晰地揭示出：如果房地产开发未得到政府的有力引导和调控，将会对历史文化名城保护产生负面的影响。

3. 与政府其他工程项目间的矛盾

当前中国历史文化名城保护面临的冲击不仅仅来自市场和房地产开发，即便是在政府推动的工程项目之间，当城市道路拓宽、基础设施建设、危旧房改造等与历史文化遗产保护产生矛盾和冲突时，最终的决策平衡也并未因政府作为价值中立的公共决策者，使得矛盾得到妥善解决。

改革开放以来，中国城市在基础设施建设方面的投入就从未放缓过脚步。随着中国城市实力的不断增强，城市基础设施建设高速增长。以南京为例，2000年以来，每年城市基础设施投资和建设总规模均创历史新高，在“建设新南京、迎接十运会”的建设高潮期间，仅2002～2005年4年的投资总和就已经超过新中国成立1949～1999年51年的总和（王德等，2008）。在以基础设施改善为中心的大规模城市开

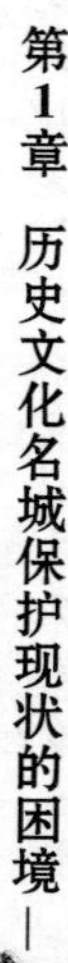

发建设背景下，需要小心保护、仔细研究、谨慎利用的历史遗存，似乎显得“陈旧”和“不合时宜”。虽然南京1984年版的历史文化名城保护规划提出要对河湖水系、历代城壕进行保护，但在城市基础设施建设的过程中，仍然出现了南唐的北护城河干河沿以及惠民河等被填事件，民国中山大道沿线浓荫蔽日的行道树曾在20世纪90年代因改善交通、拓宽道路的“需求”遭到砍伐，后经专家、市民呼吁才得到制止（南京市规划局和南京市规划设计研究院，2008）。虽然历史发展到今天，完全相同的问题已经不会在南京重演，但是不同形式的保护和建设、发展的矛盾和冲突仍然不同程度地存在。

对历史文化名城保护的另一大冲击来自危旧房改造。危旧房改造的原意是改善老百姓的居住水平，但在实际操作过程中，危旧房改造被简化为“拆旧建新”，“拆旧”越多越好，无暇鉴别老建筑的历史价值和文化内涵；“建新”越多越好，很少考虑新建部分与原有环境的协调。针对危旧房改造给历史文化遗产保护带来的破坏，国家文物局长单霁翔曾指出：“在推土机下一条条传统街道、一片片历史街区正逐渐消失，危旧房改造工程使历史文化街区遭到严重破坏”（单霁翔，2006）。

1.3.2 中国历史文化名城保护困境的成因分析

1. 价值观的问题：发展导向的单维

发展与保护的矛盾关系不唯中国历史文化名城之独有。世界在惊叹产业革命的巨大进步之时，也在深刻反思工业化等现代技术对传统文化的步步紧逼。近年来国际发展的趋势显示，历史城市的文化复兴已经越来越受到关注，历史文化遗产保护被赋予更多的内涵和外延。在很多国家，历史文化的保护反而成为城市发展的新动力。例如，英国的老工业城市格拉斯哥、德国的老工业城市柏林、西班牙的老工业城市比尔巴鄂等，在经历了工业的衰败之后重新确立了文化导向的城市定位和产业策略，从而重新回到历史舞台并成为区域文化的中心。这充分验证了保护与发展已经由冲突对立转向彼此融合的发展趋势（吴晨，2005）。

不同于西方以服务业为主的“后工业化”产业结构，今天中国的

产业结构尚处在工业化阶段。不仅如此，今天的中国处于特殊的“五化并存”的发展阶段，即“尚未完成城镇化和工业化就进入了信息化的时代，尚未完成社会主义市场经济转轨就跨入了全球化的世界”。这造就了中国城市独特的发展特征：漫长的、不同历史阶段的问题被浓缩在当代，呈现出古与今、新与旧、传统与现代等多种体系并存、碰撞与交融的错综复杂的状态（周岚和何流，2007）。

“快＋变”是当今中国的主调，高速发展的经济成为主导，中国城市发展之快令世界瞩目，其变化之多也让人惊叹，在此背景下要保持一颗冷静的头脑似乎难上加难。在“经济增长是唯一硬道理”的社会思潮影响下（黄钟，2004），城市的所有问题都围绕“增长”和“发展”展开，发展的思维和模式也呈现出“单维化”倾向（保江，2008），都以经济“贡献度高”的制造业为选向，都以开发区为载体，都以招商引资任务的完成作为官员的首要任务和年度考核的指标。为了确保任务的完成并落实到责任制，城市的经济增长目标被分解到区，区的任务分解到街道，县的任务分解到乡镇，乡镇甚至进一步分解到村，由此产生了镇镇办园、街街办厂甚至村村冒烟的局面。在巨大的经济推力下，城市规划倡导的保护和发展平衡、发展功能错位互补等理念似乎只是纸上谈兵的理论，历史文化名城保护在一些人的眼中也只是可有可无的点缀。

同时，在“旧貌换新颜”的社会思潮驱使下，在中国城市发展的历史上，没有任何一个时代像今天这样迅速刷新、改变着城市的旧有面貌。在这个快速发展的年代里，变化被认为是积极的、正面的，而“不变”、“慢变”都被认为是消极的、负面的。媒体讴歌着城市“一年一小变、三年一大变”的欢欣，而变化过程中城市历史的保护和文化的传承成为次要的问题。“在追求城市现代化的过程中，城市建设正处于多、快、好、省地大跃进阶段，发展速度十分惊人。有些时候，往往只注重过程的求新求变，缺乏理想的文化追求。城市空间的发展变化缺乏宏观的把握，缺乏文化的底蕴。大规模的城市建设正在以最少的投入试图获得最大的效益”（陆维馨，2003）。

当然，也应该看到社会的进步。近年来，伴随着社会的进步和价值

观念的发展，不少地方政府开始就历史文化遗产保护采取措施，但总体而言，相对于巨大的开发改造力量，政府在与历史文化名城保护配套的政策、法规、资金、行动策略等方面的推动仍然显得被动和迟缓，历史文化遗产保护还是处于缺乏明确的法规保障、社会共识不足、保护资金和行政支撑不够的弱势地位（何树青，2006）。令人欣慰的是，国家倡导的科学发展观为历史文化名城保护工作带来了新的机遇和光明的未来。随着科学发展观的不断深入实践，对发展的认识在重新定义，对社会经济发展的要求已经不仅仅是速度和规模，而是要求努力实现由快速、粗放到又好又快发展的转轨。这种认识的进步有助于改善社会对历史文化遗产保护的认识，目前人们对“现代化”的认识已经开始逐渐摆脱了过去对“高楼大厦、立交桥”的盲目追逐，转而关注文化传统、关心历史遗产、关心中华文化的复兴和发展。说到底，现代城市的竞争最终是文化的竞争，历史文化将成为城市竞争力的重要核心资源。

2. *方法论的问题*

英国学者鲍尔将城市历史遗产的保护分为三种不同的情况：保存（preservation）是指保持建筑物或建筑群原来的样子；而保护（conservation）主要是指对现有的美好城市环境予以保护，在保持其原有特点和规模的条件下，可以对它做修改、重建或使它现代化；复兴（rehabilitation）是综合性的工作，包括有选择的保存、保护和改建，复兴是代替全部推倒重盖和全面改建的一个重要方案（鲍尔，1981）。按照中国《城市规划基本术语标准》所给出的相关术语定义：“保存”，一般指各级重点文物保护单位应根据相关法规和技术规范，不允许改变文物原状，含改建和拆毁；“保护”，一般指对历史街区、历史建筑和传统民居等文化遗产及其景观环境的改善、修复和控制；“整治”，指对历史建筑外观、户外环境、基础设施建设的整理和美化（张松，2001）。可见，“保存”、“保护”一般是从城市历史文化的历史价值、文化价值、科学价值和情感价值出发，着重对城市历史遗存进行维护、修复和对历史环境进行建设控制，强调的是历史遗产物质的生命延续。这些讨论都说明历史文化遗产的保护需要深入的研究和有针对性的多

元保护举措。但是目前中国历史文化名城保护存在历史研究不足、资源调查薄弱、保护方法单一、学科研究不足等问题。

1）历史研究不足

新文化地理学把文化景观列为人类储存知识和传播知识的三大文本之一（唐晓峰，2005），可见空间/景观作为文化载体的重要性。新人文地理学提出，人类的生存环境可以从文化和空间两个方面来理解，就本质而言，人类的生存环境即人类文化的空间化，更加强调了空间作为文化的载体，二者密不可分。但目前中国的历史文化名城保护在学科上尚存在分离观象，城市规划师往往关注空间景观，历史学家往往关注史实变迁，而关于城市实体空间的历史文化遗存，学科交叉融合研究相对较少，这样的学科现实使得规划师可以直接引用的历史遗产研究结论不够充分。

以南京为例，在 1992 版的历史文化名城保护中，就针对南京有不少朝代，尤其是六朝以前的地面遗存不多的客观情况，提出要划定地下遗存控制区；1999 年 11 月，南京市人大公布了《南京市地下文物保护管理规定》；2002 版的历史文化名城保护规划据此确定了 13 片地下文物重点保护区，并提出按照《南京市地下文物保护管理规定》的要求进行保护。但史学、考古研究对地下文物埋藏区范围界定模糊，论证不足。近年来，南京一系列的考古发现，如六朝遗存、将军山墓葬群、江宁上坊六朝大墓等，都证实了当初划定的保护范围存在不少错漏，尤其是关于六朝地下文物埋藏区界定的错误（南京市规划局等，2008k），使得原本应纳入保护控制范围的重要地段未得到更有效的保护控制，遗址的主动考古挖掘工作不够，后期的被动考古虽然也挖掘出了一批遗存，但使得保护工作十分被动，也使历史文化名城保护规划的科学性和严肃性受到挑战。

2）资源调查薄弱

同历史研究不足类似的另一个操作性的困难是历史文化资源调查和数据工作的薄弱。一些人在谈论城市曾有的历史辉煌时，洋洋洒洒数万言，但是对当今尚存的历史文化遗产“是什么、在哪里、保护状况如何、如何有针对性地具体保护”等问题的回答都缺少系统研究。文物部门虽

然曾经在 20 世纪 80 年代开展过全国文物普查工作，这原本是一项十分有意义的工作和有价值的研究成果，但是存在资料共享不充分的问题，资料主要保存在文物部门，资源保护缺乏社会共识的基础，不少尚未公布为文物保护单位的历史文化遗存，在规划管理部门核发新建许可时，在不知情的情况下就已经永久地消失了（南京市规划局和南京市规划设计研究院，2008j）。当然，经过 20 多年的发展和进步，回过头来“吹毛求疵”地看当初的文物普查工作，尚存在保护内涵不全，保护举措针对性不强，缺乏明确图示坐标、空间定位困难因而难以将保护要求落实到具体地块和项目等问题。加上时间久远，这 20 多年正是城市快速发展变化的时期，原来的文物普查成果已经亟须更新。

以南京为例，以民国建筑为主体的近现代建筑是南京一笔重要的历史文化财富。以前由于意识形态等问题，其保护一直未能得到应有的重视。2002 年，南京市规划局委托东南大学对近现代建筑开展研究（刘先觉等，2002）；在此基础上，2006 年 2 月，南京市规划局编制民国建筑保护行动规划，建议市政府启动民国建筑保护行动，并得到市政府批准（周岚和叶斌等，2006）；2006 年 10 月，南京市人民代表大会通过《南京市重要近现代建筑与近现代建筑风貌区保护条例》，使民国建筑为主体的近现代建筑保护有了法规依据；至今，南京市规划局已公布了六批保护名录，计 258 处建筑、10 片建筑风貌保护区。这些详细名录的调查研究论证工作持续近两年，一经公布立即得到社会关注，公众认为这次公布的名录将大量过去没有纳入法定保护框架的非文物建筑列入，一一公布，对南京历史文化名城的保护工作具划时代意义，他们同时指出，只有将南京所有应该保护的历史资源都以类似形式一一找出并一一编制有针对性的保护方案，历史文化名城的保护才能真正落到实处。

也许，笔者组织的这一工作开展得已经太晚，因为在此之前，已经有大量的民国建筑和建筑风貌区在现代化进程中消失。笔者常常反思，如果当初有详细的资源调查名录，有针对性的保护举措，有部门的联动和社会的支持，是否可以减少许多有价值的历史遗存的消失。好在南京自 2005 年起启动了南京历史文化资源普查工作（图 1-1 为南京民国建筑普查建库成果），国家 2007 年起启动了第三次全国文物普查，相信这些工作将根本地改变资源调查薄弱的现状。

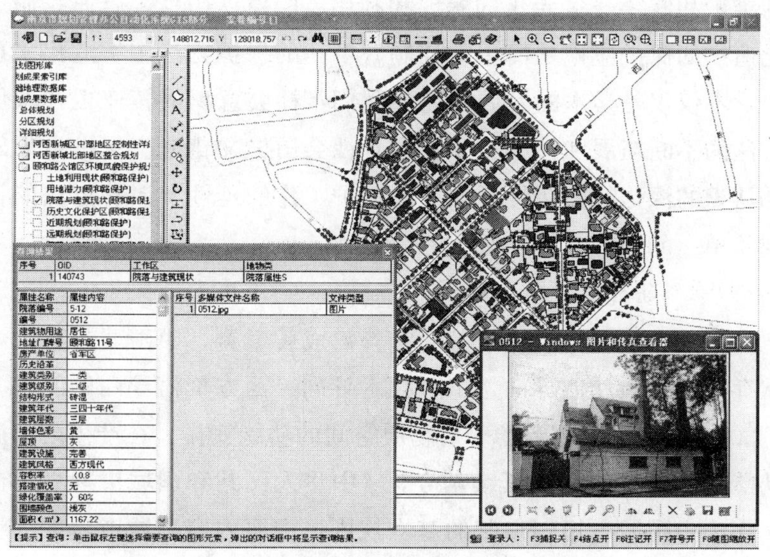

图 1-1　南京民国建筑普查建库成果

3）保护方法单一

“在这种紧急情况下，历史文化名城是作为一种限制性的规定，或者说是一种控制性的措施而诞生的，因而导致我国某些历史文化名城保护规划以一种静态的、消极的方式为主，以划定保护范围，限制建筑高度、体量甚至建筑风格、形式为主要内容”（张松，2001）。至今，这种保护方法仍是中国历史文化名城保护的基本方法，但是，20 多年来我国城市发展的实践表明，仅仅依靠这种理想化的静态的保护方法，在城市迅猛发展的时代，往往难以起到良好的保护作用。

应该承认，20 多年来我们在对“保护和发展的关系”问题认识上，缺乏足够的预见和把握，对于中国快速城镇化的特征及其可能带来的对历史文化名城保护的冲击认识不够，相应地缺乏战略层面的前瞻性研究，应对不足（周干峙，2003），多就保护论保护，保护规划的视野和内容偏于狭隘，保护的要求也偏概念性描述，措施针对性不强，保护方法单一。这些都不能适应快速城镇化和快速现代化的时代背景要求（仇保兴，

2006）。

西方国家在历史文化遗产保护方面曾经经历的“简单保存→技术性的维护和修缮→多元化的展现和利用”的发展历程，启迪我们历史文化遗产的保护应该从简单的控制、单一的保护方法中解放出来。事实上，不仅仅是学术的发展在启迪我们，社会意识的转变也在敦促保护方法的不断拓展和持续进步。随着社会历史文化遗产保护意识的提高和认识的深化，公众将更加关注保护工作的理性和保护方法的科学性现状单一的保护方法必须随之改变。

4）学科研究不足

作为一门需要在实践中不断完善的成长学科，中国城市规划学科现状存在着物质功能导向、工程技术导向、西方价值导向的问题（坚石，2006）。城市规划起源于对物质空间的功能安排，在产生之初就带有功能导向的色彩，并延续至今。《中华人民共和国城市规划编制办法》作为中国城市规划编制的基本规则，主要内容是城市功能的综合平衡和空间层面，编制办法中涉及文化遗产保护的内容仅有4条①，其中最为主要的是明确了编制历史文化遗产保护规划的必要性。有学者评论：“近10年来，世界各国的专家及机构对城市发展和规划的研究已有显著的进步。然而，这些城市规划仍然较多侧重经济方面的需要，而忽略自然、社会和文化等因素，尤其与人文环境之间较深层而微妙的关系。因此，规划表面已有某种整体的构思，但却欠缺‘人’的味道”（郭少棠，2003）。

关于城市规划的简单工程化倾向，一篇更加锐利的文章指出：“城市规划仅仅是工程与技术，还是其他？很多人可能觉得一个城

① 该4条内容分别为：第二章 第十四条 在城市总体规划的编制中，对于涉及资源与环境保护、区域统筹与城乡统筹、城市发展目标与空间布局、城市历史文化遗产保护等重大专题，应当在城市人民政府组织下，由相关领域的专家领衔进行研究。第三章 第十八条 编制城市规划，要妥善处理城乡关系，引导城镇化健康发展，体现布局合理、资源节约、环境友好的原则，保护自然与文化资源、体现城市特色，考虑城市安全和国防建设需要。第三章 第十九条 编制城市规划，对涉及城市发展长期保障的资源利用和环境保护、区域协调发展、风景名胜资源管理、自然与文化遗产保护、公共安全和公众利益等方面的内容，应当确定为必须严格执行的强制性内容。第三章 第二十五条 历史文化名城的城市总体规划，应当包括专门的历史文化名城保护规划。历史文化街区应当编制专门的保护性详细规划

市建了几个重点工程，如以前修大马路、修大广场到现在修步行街，旧房子拆了建新楼，就是城市规划搞得好。所以，不少城市在城市建设过程中，为了建设一条笔直的道路，不惜毁坏自然地貌和历史文化遗存；另一方面，不断拓宽道路红线、到处修高架立交来解决城市交通拥堵问题也是我们经常可以看到的事实，似乎汽车才是城市规划的标准和尺度而不是人。实际上，这正是反映我们将城市规划简单工程技术化最明显的例子”（坚石，2006）。城市规划简单工程化的倾向，更深层次上还是由于缺乏对城市本身文化价值的发现和塑造，城市无法体现其固有的价值观和人文关怀，从而丧失城市的独特魅力。

当前学术研究的不足，表现在对中国建筑与城市文化的遗产缺少深入的研究，没有注意中国城市文化的深厚底蕴和自立的体系，可以与西方文化并驾齐驱；甚至认为，中国城市空间形态仅仅是西方城市空间理论的一个特例，而未关注触及东西方文化体系的差异与融合；对于中国古代建筑的研究偏重于个体，而对建筑群体，乃至城市以至区域空间环境创造的整体研究，则显得远远不够；对于建设，则偏重于人工环境的建设，缺乏自然的山水文化、环境的保护与生态环境的建设；对于中国城市建筑的研究，多从建筑领域出发，缺乏多学科的思考，尤其是从城市文化角度的深层次的探索（吴良镛，2009）。因此城市规划要发展，学科必须展阔，展阔的一个重要方面就是多学科交融。吴良镛认为，关于城市的历史文化、自身的文化传统以及历史城市的文化复兴等，国内研究得十分不够，而城市规划学科在这方面尤显欠缺。

3. 制度保障的问题

虽然当前中国历史文化名城保护尚存在不少学科不足有待进一步改进，但笔者认为，中国历史文化名城保护工作中更重要、或者说更艰难的问题是发展导向的价值观问题以及制度保障问题，表现为法律法规的欠缺、资金保障的不足、管理制度的交叉以及背后的社会共识不足、公众参与不够（周岚，2010）。

1）公众参与不够

在高速发展的城市中，历史文化遗产的保护必然面临很多的困难。过去的实践和国外的经验告诉我们，要搞好城市的历史文化遗产保护工作，必须要形成政府、专家、业主和公众的基本共识，而共识形成的基础是相关角色的共同参与。目前，中国历史文化名城保护工作仍然主要依靠专家呼吁、媒体曝光、规划监督等外部手段，名城保护的内生机制还未建立。

张兵认为，文化遗产的提出本身就是一种选择的过程。从众多的历史遗存中筛选出值得保护的对象，体现了一个时代、一个社会的文化价值取向。当前，遗产的选择过程更多体现了精英阶层的文化品位。在这个领域，我们强烈感受到知识与权利的互动关系 。它表现为两个方面的意义：一是当大众对于自己的历史文化没有足够的保护意识时，对遗产的历史文化价值的判断可能就不得不依靠一些精英，以对大众产生教育和启发作用；二是保护工作过于专业化和群众基础的缺乏必然会影响到保护的效果，仅仅依赖保护专家的呼吁是远远不够的。由于居民的积极性没有被调动起来，整个的保护行动中居民处于被动地位，这可能造成规划推崇的公共利益同居民切身利益的冲突。有形的物质形态可以通过严格的规划管理得到保护，但是当遗产中那些无形的、蕴涵在日常生活中的文化内容得不到来自居民的自觉维护时，规划反而可能成为一种破坏遗产的外部力量。发达国家的遗产保护受到公众的支持以及在法律建设方面的发展，得益于公众对保护原因的理解（张兵，2001）。

相对于西方而言，目前中国公众参与历史文化遗产保护的发展进程相对滞后，中国大多数的保护工作是自上而下单向进行的，政府、专家与公众、业主的交流不够。然而要实现真正的保护，最重要的根基是让公众和市民拥有保存城市历史、弘扬自身传统的自费意识。只有社会有了共识，才会形成保护历史文化的社会导向和价值理念，才能在此基础上形成保护法规、完善保护制度。在具体工作中，也能更好地发挥历史文化遗产保护的社会监督作用。

目前，国内在公众参与的途径和方式上主要包括：官方组织的关于保护规划的公众意见征询、公示、公布等过程；民间自发组织的如媒体监督、社会讨论等方式，多局限于单点历史文化资源和单个历史文化遗产保护事件。由于保护体系尚未完全建立，不少历史文化资源未能呈现在公众面前，公众对于历史的研究和保护的认识也有待进一步发展，因而目前公众参与并监督历史文化遗产保护工作的深度和广度远远不够。比之中国，西方国家公众参与的方式相对多元和丰富，如社会对保护经费投入和使用的监督、参与保护实施的具体工作等，纳税人将对历史文化的保护和监督作为自己的权利和义务，成为重要的保护力量，起到了十分重要的作用。因此，未来在历史文化名城保护工作中，要更加注重社会共识的寻求以及公众参与水平的提升。

2）法律法规的欠缺

根据《中华人民共和国立法法》规定，“宪法、法律、地方性法规、行政法规和行政规章、自治条例和单行条例构成了我国的法律体系”。目前我国现有历史文化名城保护相关法规主要有《中华人民共和国文物保护法》、《中华人民共和国城乡规划法》等（表 1-1），能够以立法的形式明确对历史文化名城以及历史文化资源的保护反映了国家立法思想的进步。

表 1-1　国家层面与历史文化遗产保护相关的法律、法规

法律体系	名称	批准/公布机构	施行时间
法律	中华人民共和国城乡规划法	全国人民代表大会	原《中华人民共和国城市规划法》为 1989 年颁布，1990 年施行；现《中华人民共和国城乡规划法》于 2008 年 1 月 1 日起施行
	中华人民共和国文物保护法	全国人民代表大会	1982 年颁布，分别于 1991 年、2002 年、2007 年修订，2007 年 12 月 29 日施行
行政法规	中华人民共和国文物保护法实施条例	国务院	2003 年 7 月 1 日
	历史文化名城名镇名村保护条例	国务院	2008 年 7 月 1 日
行政规章	历史文化名城保护规划编制要求	建设部、国家文物局	1994 年 9 月 5 日
	城市紫线管理办法	建设部	2004 年 2 月 1 日
	历史文化名城保护规划规范	建设部	2005 年 10 月 1 日

但是，中国历史文化名城保护立法工作仍然需要不断补充完善。在国家层面，关于文物保护的法律法规，在体系上相对完整，包括宪法、法律、行政法规、部门规章等，但是关于历史文化名城保护的法律法规体系建构则相对薄弱，反映出国内对历史文化名城保护的相关认识，仍然停留在以文物（单体）为主的阶段，历史文化名城整体保护的社会意识和立法保护工作尚有待改善；在地方层面，由于每个历史文化名城都有其独特的历史，在历史进程中形成了极具个性的名城特色和历史资源，这些需要有更富针对性的地方法规加以保护，但遗憾的是，这一工作显得尤为滞后。

3）行政管理的交织

法律法规的欠缺和不足，使得行政管理的意义更加重要，这需要目标一致、部门协同、工作联动、职责分明的行政管理机制体制作支撑，但是现实的状况与理想有很大差距。目前，中国的历史文化名城保护工作，从条线上就涉及规划部门、城建部门、文物部门、宗教部门、园林部门等多个机构，而且条块之间尚存在交叉。以目前的南京明城墙风光带沿线历史文化资源的管理责任主体来看，有市文物局、宗教局、园林局、建设局，还有秦淮区、玄武区、下关区、鼓楼区、白下区等多个行政主体。如果部门、条块之间的责任能够清晰、价值导向和诉求能够基本一致，多部门分工协作也无可厚非。但遗憾的是现实中往往造成职能扯皮、利益争斗、管理交叉、各不负责的被动局面。

此外，更大的行政管理难题来自上级或者地方政府的行政干预和命令。出于经济发展或招商引资的需要，当不利于历史文化遗产保护的行政决策被制定时，行政管理许可就成为一种外在形式的“履行执行程序”，这反而可能给了破坏历史文化遗产的行为以合法的行政外衣；另一方面，在快速发展的压力下，城市中也时常出现突破常规、不遵循正常审批程序的建设行为，造成行政管理的失效。

4）资金保障的不足

近年来，各级政府投入历史文化遗产保护的资金快速增长，但即便如此，历史文化名城保护的资金保障远远不够。一方面，是资金投入数量的问题，这与一个国家或者城市的综合国力和经济发展水平有很大的关系，也与发展的导向和保护的理念密切相关；另一方面笔者认为，更大的问题在于中国目前尚未完全建立起责、权、利一致的历史文化名城保护资金框架。

笔者认为，国家级历史文化名城，是指对于国家的遗产保护和文化发展具有重要意义的城市。从这个角度来看，在目前的中央地方分税体系架构中，应该建立国家级历史文化名城保护基金，或建立起一定的历史文化名城保护财政转移支付制度，使具有国家意义的重要历史资源具有必要的资金保障和合理的资金支出结构。但遗憾的是，目前有限的历史文化遗产保护方面的投入，尚不足以使全部的国家级文物保护单位得到妥善保护，更不用说面广量大的其他历史文化资源和更广意义上的历史文化名城了。

保护资金渠道和框架的不健全、保护资金的不足，给具体的历史文化遗产保护工作带来极大的困难。当地方政府寄希望于通过拍卖土地来获得建设资金时，历史文化遗产保护工作面临“与虎谋皮”的窘境，土地开发的“净地”政策以及地方政府“经济就地平衡”的要求，使得民居型的历史文化街区和历史地段的保护更新工作存在制度性的、难以跨越的经济门槛（南京市规划局，2006）。

相比于中国，西方在历史文化遗产保护资金方面的制度更加健全、渠道更加稳定，凡是具有国家意义的保护建筑，政府每年都有专项资金进行维护并免费对公众开放。以日本为例，其历史文化遗产保护的资金以补助金、贷款和公用事业费为主，其中，补助金是最重要的资金来源，是由国家和地方政府提供的专门的财政拨款，各地的补助金约有50％来自国家，为历史文化遗产保护提供有力的资金保障。并且其筹集经费的方式也十分丰富，可以发行“文物保护券”等。从使用情况上看，中国历史文化遗产保护资金的分配、运作一般具体由各地政府自己计划、安排，由地方的财政、文物保护部门或文物保护机构监管，事实上以政府控制为主，而没有专门的资金管理部门。日本的保护资金则由保护对象所在地的居民监管，一般成立由当地居民参加的财团等机构负责具体管理。

综上，中国历史文化名城保护制度自1982年正式建立以来，近30年间取得了长足的进步和发展，对中国历史文化名城保护起到了积极的作用。但同时必须正视的是，在中国111座国家级历史文化名城中，尤其是发展变化比较迅速的历史文化名城，类似南京“老城南历史保护事件”的保护和发展的矛盾及冲突较为普遍地存在。

上述的现实让我们不得不反思既有的历史文化名城保护的理念、方法、实施制度的不足，这些不足在经济全球化、快速城镇化的特定历史阶段显得尤为突出。因此，求解中国历史文化名城保护的积极、有效之道，已成为当前中国城市发展中刻不容缓需要解决的问题。

第2章

历史文化遗产保护理论和实践的国际趋势

由于中国的国情现实、发展的历史阶段、保护的基本概念、社会的保护意识都有异于西方，因此中国历史文化名城的保护不能简单地套用西方的模式，但是这并不妨碍我们从国际，尤其是从西方已经经历的遗产保护和城市更新的探索和实践中了解人类思想的发展与变化，进而清晰了解、掌握国际发展方向、趋势和规律，从而为中国历史文化名城保护理论的发展和完善开拓思路。

历史文化遗产保护理论和实践的发展是一个不断完善的过程，是一个更广泛地汲取世界各地保护实践经验的过程。在国际历史文化遗产保护的发展进程中，第二次世界大战是一个重要的时间节点，战前主要是以欧洲国家为主流的、早期的保护理论与实践的发展，战后包括亚洲在内的多个国家开始积极参与，开创了更广泛的历史文化遗产保护的理论探寻与实践探索的国际新局面。众多国际宪章的通过标志着历史文化遗产保护国际共识的逐步形成，历史文化遗产保护逐步成为真正具有国际性特征的社会潮流，其趋势呈现出发展与保护理念的逐步融合，历史文化遗产保护内涵的日益扩充、保护方法的日益多元

以及实施制度的不断完善。

2.1 早期欧洲历史文化遗产保护的发展

较之中国传统的木构建筑，欧洲石构建筑更容易保存和流传，但这并不是欧洲对历史文化遗产保护的认识和实践领先的决定性基础，而是由于其相对领先的社会经济发展水平以及相对较高的社会教育程度和全民文化意识。1434年，勃鲁乃列斯基设计的佛罗伦萨大教堂穹顶的建成，标志着欧洲文艺复兴运动的开始，这场伟大的运动推行人文主义观念，改变了欧洲中世纪基督教神权一统的面貌，人们开始重新认识古希腊和古罗马建筑的艺术价值，同时也促进了文物建筑的保护和修复（张凡，2006）。随着文艺复兴运动的兴起，人们开始重新审视古老的建筑。到了18世纪末，有关考古学的知识已经成为教学的必修科目，对于建筑设计的评价重点是看它是否正确诠释了古老的“罗马式”、“希腊式”等经典范式（范文兵，2004）。而系统地研究城市文物建筑的保护和修复，则起源于19世纪的欧洲文物修复运动，其中以法国的“风格性修复”运动、英国的“反修复”运动以及意大利的“文献性修复”和“历史性修复”运动的影响最为广泛。

2.1.1 “风格修复”运动

“风格修复”运动起源于19世纪的法国，1837年，法国政府设置了专门的历史委员会，开始了对城市个体文物建筑的系统保护与修复运动。建筑学家维奥莱·勒·迪克（Viollet le Duc，1814～1879）是这场运动的领军人物，他的理论与实践对欧洲的文物保护与修复影响深远。维奥莱·勒·迪克的基本修复思想是艺术至上，强调建筑风格的统一，他认为应把建筑恢复到原来的风格，他的这套理论和实践被称为“风格修复”（王瑞珠，1993）。维奥莱·勒·迪克在实践中认为，应把古建筑修复成理想的形式，即所谓“完整的状态”，即使这些状态从来没有真正存在过。他对巴黎圣母院（图2-1）、圣德尼斯教堂及卡尔卡松城堡的修复即是所谓按统一完整风格“改造”了的古建筑。当时，差不多所有的欧洲国家都接受了这种“风格性修复”的做法。几

千座历史建筑，特别是中世纪的教堂，都被重建改造成所谓“理想形式”。

图 2-1　维奥莱·勒·迪克“修复”的作品：巴黎圣母院

这种“破坏”建筑文物意义的修复方法在以后英国的“反修复”运动以及意大利的“文献性修复”和“历史性修复”中受到了批判并得到了修正。尽管如此，维奥莱·勒·迪克的功绩是不可磨灭的。他提出修复工作必须建立在对建筑进行深入研究的科学基础上，他还主张修复后的建筑必须能适应当代的功能要求。由于他的这些观点具有一定的科学性，以及他在抢救许多濒于毁灭的极有价值的古代建筑中所作出的杰出贡献和他本人在建筑学、建筑历史学方面的造诣，加之法国当时在欧洲的领导作用，以维奥莱·勒·迪克为代表的法国建筑保护学派成为19～20世纪初欧洲文物建筑保护运动的一个具有决定性地位的流派（吕舟，1997）。

2.1.2　“反修复”运动

“反修复”运动起源于19世纪中叶的英国，当时在英国兴起了以艺术评论家拉斯金（John Ruskin，1819～1900）和美术工艺设计家莫里斯（William Morris，1834～1896）为代表的“反修复”运动。他们

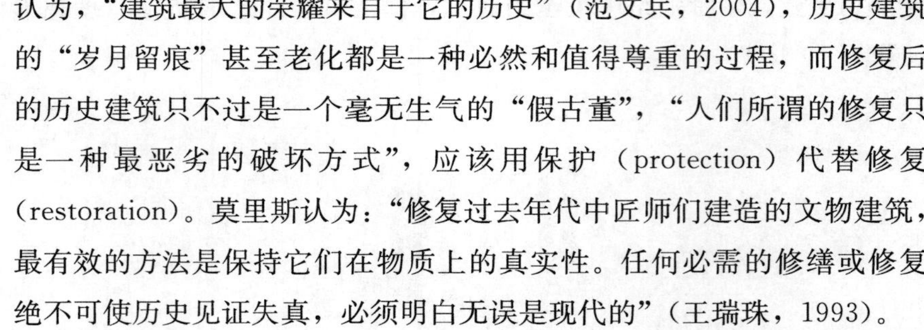

认为，“建筑最大的荣耀来自于它的历史”（范文兵，2004），历史建筑的“岁月留痕”甚至老化都是一种必然和值得尊重的过程，而修复后的历史建筑只不过是一个毫无生气的“假古董”，“人们所谓的修复只是一种最恶劣的破坏方式”，应该用保护（protection）代替修复（restoration）。莫里斯认为：“修复过去年代中匠师们建造的文物建筑，最有效的方法是保持它们在物质上的真实性。任何必需的修缮或修复绝不可使历史见证失真，必须明白无误是现代的”（王瑞珠，1993）。

通过拉斯金、莫里斯等的努力，建立起以保护文物建筑的历史信息和内涵的历史价值为价值取向的文物保护和修复流派，不仅促使英国于1882年通过了第一个古迹保护法令，而且这些见解都已经成为现代西方保护文物“原真性”修复理论的基础（张凡，2006）。

2.1.3 “文献性修复”和“历史性修复”运动

“文献性修复”和“历史性修复”这两种修复思想均起源于19世纪末的意大利，它们综合了前面两种学说，对它们的思想采取了兼收并蓄的态度。

“文献性修复”运动的代表人士是卡米洛·波依托，他是当时意大利历史建筑保护理论的带头人，他推动了1891年的建筑规范相关规定的出台——“严禁那些损毁和破坏历史建筑的完整、真实和外表面图案的做法”。波依托认为，历史建筑应被视为“一部历史文献，它的每个部分都反映着历史”。波依托引用古罗马广场的提图斯凯旋门（Arch of Titus）为例，指出各个历史时期都对它进行过修复和增补，这些历代增补的东西如同历史文献里面的批注一样，同样具有文献意义，应该予以保留，拆除这些增补实际上等于抹杀这座凯旋门的历史踪迹。他批评维奥莱·勒·迪克的理论和方法是把建筑的历史和形式的存在性，即时间和空间的关系混淆了。“风格修复”与“文献性修复”相比较，前者强调表现历史建筑形式的完美性，后者注重历史形式存在的真实性。

“历史性修复”是“文献性修复”观点进一步发展的产物，它的主要特征是：在修复建筑的形式上，不仅强调建筑的文献意义，更要反

映历史文献的严格性。在结构和材料上突破传统观念的限制，大胆采用新结构和新材料，以求达到历史、结构、形式以及材料诸多矛盾的协调统一。其代表性人士卢卡·贝尔特拉米认为，“历史性修复”的实质是在严格尊重历史的态度下，更准确、更真实地反映历史面貌，而不是拘泥于建造方式和建筑材料的传统性。他的思想集中体现在他修复的最知名作品威尼斯圣马可教堂广场钟塔上。1902年7月，钟塔因结构问题而倒塌，消息传出，欧洲震惊，认为这一事件消殒了古老威尼斯价值的标志。旋即重建，当时立下的原则是“原址原样”。贝尔特拉米设计的钟塔立面形式乃至细部均脱模于原塔，但大胆地采用了砖和混凝土材料（张凡，2006）。

20世纪以后，意大利派的保护思想更加成熟。这一时期的主要代表人物是乔瓦诺尼（Giovannoci）。乔瓦诺尼强调保护历史建筑存在的好方法应当是“维护、修缮和加固”，没有存在也就丧失了真实。对待历史建筑真实性的根本目的，是要尊重历史建筑的“原真的艺术生命”，而不仅仅是它的形式。他把建筑修复按工作性质分为四种类型：加固性修复、组合性修复、离解性修复和创造性修复。其中，组合性修复是乔瓦诺尼最为推崇的，将其解释为“形象解析”，基本方法是保持原结构和原材料的特性，按照历史发展层理中最合理的形式进行修复。例如，对古罗马广场的元老院（Curia）遗址的修复，他的意见是：若以古罗马形式修复这座遗址，那么就破坏了这座遗址在第六七世纪仍旧作为重要教堂使用的这个历史层理。而创造性修复中的创造，指的是那种基于谨慎考证和系统研究的创造，以求得所创造的建筑形式在当时历史层理中的最大意义上的吻合。在建筑修复的许多情况下，乔瓦诺尼同意使用现代方法和材料，如水泥、混凝土甚至钢材。但是，他坚持一个标准，即新方法、新材料的使用绝不能超过建筑的历史层理所能承受的量度。他提出的“形象解析”的观点被1931年的《雅典宪章》吸收。

2.2 历史文化遗产保护国际宪章的发展

上节讨论的早期欧洲历史文化遗产保护，主要集中于有特殊重要

意义而受到关注的历史建筑，通常是城堡、宫殿、教堂、博物馆和其他重要的公共建筑。并且这种关注多集中于建筑物本身，而忽视了建筑物与其周围环境之间的关系。例如，巴黎圣母院被保存下来了，但围绕在它周围的其他历史建筑都被拆毁了。

在第二次世界大战中，欧洲国家的许多历史老城被大规模破坏。在经历了两次世界大战的惨痛经历之后，许多国家都面临着战后重建的问题：在为了未来而重建的过程中，应该如何对待历史？此时的历史保护、建筑修复和重建已经超出了专家、学者研究与争论的范畴，战后大量家园成为废墟，人们的生存空间重建问题压倒了一切。战后空间建设高潮过后，城市又开始面临经济发展的巨大压力。在资本和经济自由的城市里，土地投机成为当时破坏遗产保护的最大因素，各国城市政府在经济发展的诱惑下常常纵容旧城更新和改造活动。

正因如此，这一时期对城市历史文化遗产保护的社会呼吁异常强烈。随着社会对历史文化遗产保护意识的提高，各国纷纷在理论与实践等多重领域展开努力，特别是亚洲、拉丁美洲等地区也开始加入相关的探讨，使得历史文化遗产保护的行动和实践在全世界发展。现代国际历史文化遗产保护的发展历程清晰地印刻在一部部不断丰富拓展的相关国际宪章中（张松，2007）。

2.2.1 国际古迹遗址理事会的《威尼斯宪章》(1964 年)

第二次世界大战结束后的 1946 年，国际古迹遗址理事会（ICOMOS）宣告成立，1964 年，ICOMOS 在威尼斯召开了第二届历史性纪念物建筑及专业技术国际会议，并通过了《威尼斯宪章》，对古迹纪念物与历史遗址提出了美学与文明见证的标准。这种考古学式的美学伦理与恢复历史见证、不容伪造真实的保护与修护态度，影响了此后相当长时间的遗产保护。

《威尼斯宪章》在开篇就强调了文物建筑保护及其真实信息传达的重要性："世世代代人民的历史文物建筑，饱含着从过去的年月传下来的信息，是人民千百年传统的活见证。人民越来越认识到人类各种价值的统一性，从而把古代的纪念物看作共同的遗产。大家承认，为子孙后代而妥善地保护它们是我们共同的责任。我们必须一点不走样地把它们的全部信息传下去。”《威尼斯宪章》在“定义”第一项中指出：“历史文物建筑的概念，不仅包含个别的建筑作品，而且饱含能够见证某种文明、某种有意义的发展或某种历史事件的城市或乡村环境，这不仅适用于伟大的艺术品，也适用于由于时光流逝而获得文化意义的在过去比较不重要的作品”（陈志华，1986）。这一定义扩大了历史建筑物的概念，宪章还特别强调修复的目的，不应是追求风格的统一，而是预先就要禁止任何重建。《威尼斯宪章》为整合欧洲文物保护的各个流派的做法起到相当重要的作用，促成了 20 世纪 60 年代末到 70 年代初以后，保护城市历史建筑和遗产的国际潮流的显现。

2.2.2 联合国教科文组织的《保护世界文化和自然遗产公约》(1972 年)

1972 年，联合国教科文组织（UNESCO）第十七届会议在巴黎召开，并通过了《保护世界文化和自然遗产公约》（简称《世界遗产公约》）。

《世界遗产公约》规定，文化遗产为“从历史、艺术和科学观点看，具有突出的普遍价值的建筑物、碑雕和碑画，具有考古性质成分或结构的铭文、窟洞以及联合体；从历史、艺术和科学角度看，在建筑式样、分布均匀或环境风景结合方面具有突出的普遍价值的单立或连接的建筑群；从历史、审美、人种学或人类学角度看，具有突出的普遍价值的人类工程或自然与人联合工程及考古地址等”。《世界遗产公约》还提到，“文化遗产保护区”包括历史建筑、历史名城、重要考古遗址和有永久纪念价值的巨型雕塑及绘画作品。《世界遗产公约》规定，自然遗产为“从审美和科学角度看，具有突出的普遍价值的由物质和生物结构或这类结构群组成的自然面貌；从科学或保护角度看，具有突出的普遍价值的地质和自然地理结构以及明确划为受威胁的动物和植物生境区；从科学、保护或自然美角度看，具有突出的普遍价值的自然景观或明确划分的自然区域等”，包括国家公园和其他早已指定的物种保护区。文化与自然双重遗产则是指文化和自然价值相结合

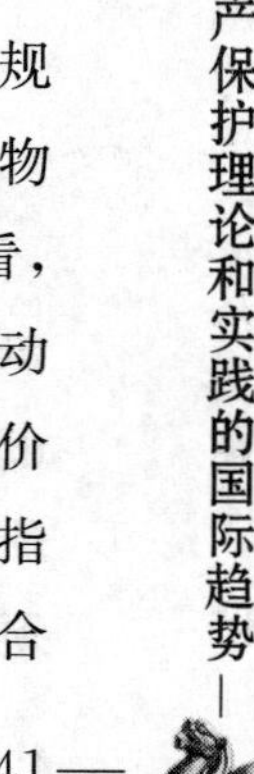

的遗产。

《世界遗产公约》自1975年起正式生效，迄今已有逾180个国家和地区加入该公约，是目前加入缔约国最多的国际公约之一，它的通过标志着国际上关于历史文化遗产保护的共同价值观的形成，在国际历史文化遗产保护的发展历程中具有里程碑的意义。中国于1985年加入该公约，截至2008年7月，中国已有共计27处文化遗产、4处文化与自然双遗产以及7处自然遗产被列入《世界遗产目录》。

2.2.3 联合国教科文组织的《内罗毕建议》(1976年)

1976年，联合国教科文组织在华沙内罗毕通过了《关于保护历史的或传统的建筑群及它们在现代生活中的地位的建议》(简称《内罗毕建议》)。

《内罗毕建议》把历史文化遗产保护的范围扩展到“历史的或传统的建筑群”，涵盖历史城市、古城区、古村庄和纯文物建筑群。同时还将保护的视野拓展到“普通人”的生存空间，提出那些看似并非具有“重大历史价值”的“普通”房屋，因其反映了历史中“普通人”的生活状态其具有的系统价值远大于单个因素的价值总和，因此，对建筑群中那些“普通”房屋的价值，不应孤立地进行评定，而应该从系统、整体的角度来衡量。

《内罗毕建议》进一步丰富和完善了世界历史文化遗产保护体系，它对“保护”也做出了特别定义，指出“保护”(conservation)的意思是：鉴定、防护(protection)、保存(preservation)、修缮复生、维持历史的或传统的建筑群及其环境并且使它们重新获得活力。

2.2.4 国际古迹遗址理事会的《马丘比丘宪章》(1977年)

1977年，国际古迹遗址理事会在秘鲁首都利马召开，并提出了《马丘比丘宪章》。《马丘比丘宪章》指出，城市的个性和特征取决于城市的体形结构和社会特征，因此，不仅要保存和维护好城市的历史遗址和古迹，还要继承一般的文化传统；强调在城市设计和建设中，必须尊重传统，并从城市发展的文脉中去寻求设计的依据；保护、恢复

及重新使用现有历史遗迹和古建筑，必须与城市建设过程结合起来，以保证它们具有经济意义以及生命力。

《马丘比丘宪章》的提出说明：通过欧美等国的历史文化遗产的保护实践，城市历史文化遗产保护的内涵在不断拓展，不仅关于历史文化遗产保护的空间范畴在不断增加，而且还拓展到社会的文化传统继承层面，同时已经深刻地认识到不能孤立地就保护论保护，而必须将历史文化遗产保护与城市的建设发展进程有机地结合起来。

2.2.5　国际古迹遗址理事会的《佛罗伦萨宪章》(1981 年)

从《威尼斯宪章》伊始，历史文化遗产的概念不断扩大，人们将那些能见证“一种独特的文明、一种富有意义的发展或一个历史事件”的“城市或乡村环境”，包括城市、园林、历史地段等亦纳入古迹范畴。这种理念的形成无疑对历史园林的保护有重要的意义。

1981 年，国际古迹遗址理事会与国际风景园林师联合会共同设立的国际历史园林委员会在佛罗伦萨召开会议，起草了《历史园林保护宪章》，由国际古迹遗址理事会于 1982 年 12 月登记作为《威尼斯宪章》的附件，即《佛罗伦萨宪章》。宪章开宗明义地指出：“作为古迹，历史园林必须根据《威尼斯宪章》的精神予以保存。然而，既然它是一个‘活’的古迹，其保存亦必须遵循特定的规则进行，此乃本宪章之议题。”

《佛罗伦萨宪章》的意义在于：它随着遗产保护对象的不断拓展，根据保护对象的特征，发展了对遗产保护“原真性”等概念的理解，强调历史园林保护要“寓不变于变之中”。如果说古建筑遗产保护旨在保证“原物”的最大化存在，那么历史园林保护则旨在借助人的维护抵抗变迁，保证一种“寓不变于变”的“原态”的最大化存在，始终不偏离原初的造园意匠、构图和意境。因此，《佛罗伦萨宪章》将历史园林保护的宗旨表达为实现一种平衡：四季轮转、自然的变迁、造园家和园艺师力求保持其长盛不衰的努力之间不断地平衡（傅岩和石佳，2002）。

2.2.6　国际古迹遗址理事会的《华盛顿宪章》(1987 年)

20 世纪 80 年代后期，兴起了一股以古迹和历史建筑为主要内容的文化旅游潮流。与以往不同的是，这种旅游已经不仅仅局限于对古迹表面的观光，游客们更加希望通过旅游进一步了解地域的社会文化，即居民的生活方式、传统文化。古迹已不再仅是一个静止的历史意象，而是发展成为一个动态的历史场景，城市也成为现代社会中对遥远过去的再现。许多城市开始着手开发古迹，除了彰显历史意义外，也为了创造就业机会，并使历史文化遗产保护成为经济发展的动力。

在这样的背景下，1987 年，国际古迹遗址理事会通过了《保护历史性城市和城市化地段的宪章》，即《华盛顿宪章》，聚焦于保护具有历史意义的城镇。它在开篇原则和目标中就指出，“为了取得最好效果，历史性城市和城区的保护应该成为社会和经济发展的整体效果的组成部分，并在各个层次的城市规划和管理计划中考虑进去”，并指出“在历史性城市和地段保护中，当必须改建或者重新建造时，必须尊重原有的空间组织，主要是原来的地块划分尺度，并要把原有建筑群的价值和素质赋予新建筑，不反对引进与周围相协调的现代因素，因为这种面貌能使一个地区丰富起来”。

《华盛顿宪章》在价值导向上肯定了保护与发展结合的必要性，它认识到历史文化遗产保护必须同城市发展相结合，孤立的保护，特别是对历史地段的保护，难以取得预期的效果。它还揭示出：当历史文化遗产保护的视野拓展到城镇——这个范围更广阔、内涵更综合、要素更复杂的动态有机体后，历史文化遗产保护的理念、方法要有别于历史建筑单体甚至建筑群，需要更多地考虑在历史进程中城镇发展的动态性特征。同时，这个宪章还表现出可贵的实事求是精神，务实地看到历史总是留下些什么、同时，也改变着什么，相应地，为了城镇的可持续发展，不仅要考虑保护什么部分，还要考虑在谨慎选择后牺牲什么部分。

2.2.7 联合国教科文组织与国际古迹遗址理事会的《奈良真实性文件》(1994 年)

西方社会对遗产保护十分强调维持遗产原貌，但东、西方存在较大的文化差异，主要体现在两个方面。一是物质的层面，西方多为“石构建筑”，而东方则多为“木构建筑”；二是精神的层面，西方对世界、宇宙皆追寻“真”、“实”，讲究“形”，而东方则强调“意”，讲究“韵”。当有人质疑东方“臆测性”的修复、重建等行为有悖《威尼斯宪章》精神的同时，东方学者就“原真性”发出自己的声音，逐渐获得国际的认可，并通过《奈良真实性文件》加以确认。

1994 年，联合国教科文组织与国际古迹遗址理事会在日本奈良共同通过了《奈良真实性文件》，对文化遗产“原真性”的概念和应用作了进一步发展的阐释，提出“出于对所有文化的尊重，必须在相关文化背景之下来对遗产项目加以考虑和评判”，真实性的衡量并没有一定的标准，应该依据对文化资产原始与后来特性与意义的了解，即真实性已不仅是针对文化资产的原始价值，也包括它之后的使用以及被赋予的意义。

《奈良真实性文件》以东方的视角重新解读了《威尼斯宪章》中所述的文物修复的真实性，它更加重视世界文化的多样性和亚洲文化的特殊性，改写了国际历史文化遗产保护中原有的、西方主导的评判标准，并推动各国在历史文化遗产保护工作中更加重视自身文化的独特性。

2.2.8 国际古迹遗址理事会的《国际文化旅游宪章》(1999 年)

1999 年，国际古迹遗址理事会通过了《国际文化旅游宪章》，该宪章提出文化旅游将在人们对地方性文化的认识过程中扮演重要的角色，承担重要的作用。地区性的历史文化遗产是当地历史文化的突出代表，也是人类社会共同拥有的宝贵财富，因此，地方性文化发展的经验应当被世界所了解，并向其他国家和地区提供学习和实践的机会。该宪

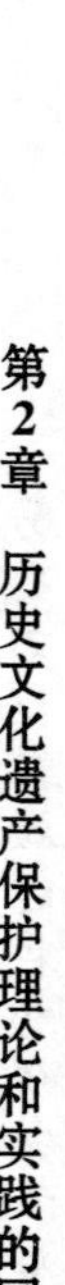

章的意义在于将历史文化遗产的保护、国际文化旅游以及通过地方文化个性的保持和国际旅游的发展促进当地的发展和进步，紧密关联了起来。

2.2.9 国际建筑师协会的《北京宪章》(1999年)

1999年，国际建筑师协会第20届大会在北京召开，通过了由吴良镛主持起草的《北京宪章》。该宪章总结了百年来建筑发展的历程，并在剖析和整合20世纪的历史与现实、理论与实践、成就与问题以及各种新思路和新观点的基础上，展望了21世纪建筑学的前进方向（吴良镛等，2000），被认为是指导21世纪建筑发展的重要纲领性文献。

关于历史、传统、文化和建筑创造，《北京宪章》指出：文化是历史的积淀，存留于城市和建筑中，融会在人们的生活中，对城市的建造、市民的观念和行为有着无形的影响，是城市和建筑之魂。但是，技术和生产方式的全球化带来了人与传统地域空间的分离，地域文化的多样性和特色逐渐衰微、消失；城市和建筑物的标准化和商品化致使建筑特色逐渐隐退。建筑文化和城市文化出现趋同现象和特色危机。由于建筑形式的精神意义植根于文化传统，建筑师需要适应这些存在于全球和地方各层次的变化。建筑学的问题和发展植根于本国、本区域的土壤，必须结合自身的实际情况，发现问题的本质，从而提出相应的解决办法；以此为基础，吸收外来文化的精华，并加以整合，最终建立一个“和而不同”的人类社会。

虽然《北京宪章》作为国际建筑师共同遵循的纲领侧重于建筑学的发展，但是其提出的传统和现代结合的思想，同样适用于历史文化遗产的保护和发展。

2.2.10 联合国教科文组织的《文化多样性宣言》(2001年)

2001年，参加联合国教科文组织第31届大会的188个成员国一致通过了《文化多样性宣言》。《文化多样性宣言》指出，文化在不同的时代和不同的地方具有各种不同的表现形式。文化多样性对于人类来讲就像生物多样性对于维持生物平衡那样必不可少，从这个意义上说，文化多样性是人类的共同遗产，应当从当代人和子孙后代的利益的角度考虑并予以承认和肯定。

该宣言高度肯定了世界文化多样性的意义，由此可以引申出关于历史文化遗产保护的多元理念和价值观并存也具珍贵的价值。

2.2.11 联合国教科文组织的《保护非物质文化遗产公约》（2003年）

2003年，联合国教科文组织通过了《保护非物质文化遗产公约》，它明确将文化遗产分为两类，即物质文化遗产和非物质文化遗产。前者是具有历史、艺术和科学价值的文物；后者则是“被各社区、群体，有时是个人，视为其文化遗产组成部分的各种社会实践、观念表述、表现方式、知识、技能，以及与之相关的工具、实物、手工艺品和文化场所”。该公约的通过标志着历史文化遗产的概念得到进一步拓展（张磊，2009）。

2.2.12 国际古迹遗址理事会的《关于历史建筑古遗址和历史地区周边环境保护的西安宣言》（2005年）

2005年，国际古迹遗址理事会第15届大会在中国西安召开，并通过了《关于历史建筑古遗址和历史地区周边环境保护的西安宣言》（以下简称《西安宣言》）。该宣言第一次系统地确定了古迹遗址周边环境的含义，强调了文物古迹环境保护的意义，建议用多学科知识和不同信息资源理解周边环境，通过规划手段和实践来保护和管理周边环境，扩大地区间、学科间和国际的合作，提高保护周边环境的意识。

该宣言进一步延伸了对历史文化遗产保护范围和内涵的理解，强调将文物古迹的保护及其周边历史环境的保护和发展有机结合起来，使历史文化遗产保护的概念更加丰富完整。

2.3 国际历史文化遗产保护的发展趋势

2.3.1 保护的理念和导向：“保护”与“发展”的双向融合

价值观念的更迭与演替总是伴随着人类发展的进程，正如美国社

会学家David Popenoe指出的，价值观是决定一个社会的理想和目标的一般和抽象的观念，价值观决定了行动，同时行动也体现了价值观。现代国际历史文化遗产保护的发展，正是人类社会不同阶段、不同类型的价值取向相互碰撞的结果。

1. 西方战后城市更新的相关讨论

产业革命的爆发，使现代技术这把“双刃剑”一方面极大地增强了人们改造自然和创造财富的能力，另一方面也增加了人们对自然和历史的破坏力。正如《北京宪章》中的描述，“技术改变了人类的生活，也改变了人和自然的关系，怎样才能使技术这把‘双刃剑’，更好地为人类所用，而不造成祸患？技术和生产方式的全球化带来了人与传统地域空间的分离，地域文化的特色渐趋衰微；标准化的商品生产致使建筑环境趋同，设计平庸，建筑文化的多样性遭到扼杀”（吴良镛，1999b）。

“技术的建设力量和破坏力量在同时增加”，它打破了传统的生产、生活方式，直接孕育了现代主义的思潮，坚持对传统的批判和对道德观念的重建，带有鲜明的颠覆性和创造性。其中，最具代表性的是柯布西耶在1925年巴黎国际艺术博览会上所提出的巴黎中心的改建方案。这一方案集中体现了他在《明日之城市》一书中所倡导的规划思想，将巴黎塞纳河北岸的古城区全部拆除，代之以彼此重复的高层建筑和超大尺度的开敞空间，使其成为一个完全体现人对城市空间调控能力的“机械城市”。现代主义的这种功能至上和机器美学的思潮深刻地影响了城市规划的发展。工业客体取代了古典的自然主义，历史的连续性由此断裂，不再是可借鉴的对象，相反却成为城市迅速发展过程中被改造与更新的主要目标。

在传统文化受到现代化的冲击而日益沦丧的背景下，西方国家出现了“人文主义”的复兴。1977年的《马丘比丘宪章》强调在城市设计和建设中，必须尊重传统，并从城市发展的文脉中去寻求设计的依据。历史文化作为“人文主义”的倡导思想开始对城市规划产生影响。1987年的《华盛顿宪章》指出，“为了取得最好的效果，历史性城市和城区的保护应该成为社会和经济发展的整体效果的组成部分”，从而在认识上肯定了保护与发展结合、统一的必要性，说明了保护观念的变化，由刚开始对文物古迹采取“博物馆”式的保护（或“废墟”式的保护），发展为强调保护行动应“和谐地适应现代生活所需的各种步骤”。《国际文化旅游宪章》则肯定了历史文化遗产与城市产业之间的互动关系，从而在理念上明确了保护与发展协调、统一的必要。

回顾过去是人类的一种情感本能。人们常常被历史文化遗产所蕴含的深厚的文化魅力所吸引，但更多的则是获得心理上的回归和认同。通过对历史文化遗产的回顾，人们获得心理需求的满足，而城市则得到经济发展的促动。城市独特的历史文化吸引着来访者，促进了地区旅游业、商业及地产业的发展，提高了土地价格、商品价格及投资价值，持续吸引了开发商投资建设。从另一方面来看，借助所在城市经济发展过程中的规划建设和开发商的投资，历史文化遗产亦可获得包括完善的基础设施、完整的地段特征等环境支撑，并具有适应当代生活的功能意义，而不仅仅是做一个飞速发展的世界边缘的旁观者。事实上，发达国家对历史文化遗产及其赖以产生和存在的环境的保护，正是随着社会经济水平及保护观念的发展而不断发展的，并且城市的发展建设也越来越多地依靠历史和文化的底蕴作为其内在动力和外在竞争力。

最近20多年来，西欧、大洋洲和北美洲持续致力于开展关于文化发展与城市复兴的研究与实践，这种趋势逐渐传递到世界各个角落；欧洲重大的城市设计实践，包括巴黎贝尔西公园地区城市设计、伦敦圣保罗大教堂周边地区城市改建等，都以保护和发展的结合为主要价值取向，注重对历史的尊重以及对景观和环境的再创造。这种以文化发展为导向、以历史文化资源的保护和利用为核心、发挥历史文化资源当代活力的做法已经清晰地表明，从产业革命之初遗产保护被当作发展的阻碍而“置之死地”，到后来其价值获得重新认识，再到今天被作为发展的动力“而后生”，人类对历史文化的认识已经从保护与发展的对立转变为二者的相互结合。

2. **西方保护和发展融合的城市复兴实践**

“城市复兴”的概念出现于20世纪70年代末的北美洲，但事实上，西欧自40年代起就已经开始了“城市复兴”的实践。城市复兴的目标是通过政府的资金和政策的杠杆作用，吸引私营开发部门进入衰败的城市中心区，使这些地区在物质空间、社会、经济、环境和文化等方面得到全面的改善，再生其经济活力，恢复其已失效的社会功能，改善生态平衡与环境质量，并解决相应的社会问题。随着对复兴问题的研究和实践的发展，复兴的策略和方式也呈现出多样化的特点，包括以房地产为导向的物质形态复兴、以文化为导向的城市复兴等。目前“城市复兴”已经从概念逐渐发展演变成一种理论思潮，是国际城市建设领域使用频率最高的词汇之一（吴晨，2005）。

综观城市复兴的发展历程，共经历了三个发展阶段。

第一阶段是20世纪40～60年代的“战后重建时期”。城市复兴的实质是“重建”，着力于修复第二次世界大战中受到损毁的城市，改造城市环境和基础设施，清除“贫民窟”，恢复经济增长。在这一时期，同步开始了城市文化的教育普及，表现为剧院、博物馆等设施的建设。

第二阶段是20世纪七八十年代的“城市活力恢复时期”。自70年代起，西方私人小汽车得到普及，许多城市出现郊区化的现象。并且由于全球制造业转移，许多传统工业城市出现严重的衰落，工厂、码头的关闭以及工人的失业持续发生。城市复兴开始作为一个正式的规划议题获得广泛的关注和讨论。当时社会矛盾的激化孕育了活跃的文化思想，各种多元的文化思想先后出现，如女权、同性恋、民族激进主义等，传统的高雅文化与现代的通俗文化激烈交锋。政府宽松的文化政策也给了新生文化极大的支持，试验剧场、摇滚乐团等在此期间极为活跃。一种以文化为导向的城市复兴开始出现，但在此阶段并没有发展成为城市复兴的主题和主流。以英国为例，整个80年代，英国城市复兴策略的主题为“以地产开发为导向的城市复兴策略”，大量新的开发项目在城市中开展。但由于当时城市的郊区化进程远远快于市中心的开发，仍有许多传统老城在80年代末至90年代初步入了衰落

的低谷（张乃戈等，2007）。

第三阶段是20世纪80年代至今的“文化复兴时期”。西方社会城市复兴的根本目的在于振兴经济，在信息化的时代，随着产业结构由制造业向知识经济的转型，西方国家发现文化不仅仅是精神财富，也是发展的战略资源。通过文化发展可以促进经济基础的多样化，增加就业机会，同时提升城市的外在形象，吸引投资，文化成为参与全球竞争的核心竞争力。“城市文化”包含历史文化、生态文化和创新文化三个方面的内容，其中历史文化是城市发展的灵感源泉，是需要继承和保护的对象（仇保兴，2007）。

以文化为导向的城市复兴找到了以历史遗产保护和利用为前提的文化发展途径，位于城市中心区域的历史遗产的作用日益引起人们的重视，研究并运用这些历史遗产成为城市复兴领域的新课题。历史遗产的利用，是指对城市历史的主要物质载体——历史建筑物和构筑物的再利用，是对历史建筑物和构筑物物质功能和文化功能的再开发。一般有三种方法：对历史标志物加以保留，如烟囱、船坞、塔吊的保存和作为地标的再利用；对历史建筑进行改、扩建，做适应性地改造，使其原有功能在新的历史条件下得以延续；对历史建筑进行功能转换，利用其部分或全部的建筑外壳，但在其内部注入或增添新的使用功能，创造出新的空间环境。此外，以文化为导向的城市复兴策略还重视在利用历史遗产的同时，新建并发展新的文化设施，来进一步提升老城中心的活力与吸引力，吸引人们回归老城中心居住、就业和旅游。例如，罗维尔和卡斯菲尔德利用历史遗产促进文化消费，如开办博物馆、游览中心、国家历史公园和解说节目等，将历史街区转变为旅游街区；坦普尔则以一个文化制作中心的文化氛围和场所特色创造了街区活力和生机（史蒂文·蒂耶斯德尔，2006），他们在寻求保护传统地域特征的同时，重新创造新的地域特征，更好地表达和提升本地文化。

上述西方城市复兴的实践历程反映出历史遗产对于文化发展和城市综合竞争力的意义，从城市发展的角度，从当初的强调城市更新改造发展，逐步演变为重视将保护与发展相融合，采用以文化为导向的城市复兴主导策略；而从历史文化遗产保护的角度，从国际发展历程

和趋势来看，同样是从单纯的保护逐步走向保护与发展的融合。两条不同的发展线索、两个原本动机不同的出发点，有了殊途同归的双向融合和结合点。

2.3.2 保护的内涵和方法：内涵日益丰富、方法日益多元

国际历史文化遗产的保护经历了长期的发展与演进过程，它的发展历程揭示出人们对历史文化遗产保护的认识是随着社会的进步而不断发展的。随着社会的发展，历史文化遗产保护的内涵不断拓展，从保护可供人们欣赏的艺术品发展到历史建筑，从单一的古建筑到多元的历史文化资源，从建筑单体到历史地区，从遗址本体到作为社会、文化发展见证的历史环境，进而保护与人们当前生活密切相关的历史城市，从物质文化遗产到非物质文化遗产等。这些都反映出历史文化遗产保护内涵的持续拓展和丰富、发展。

在保护内涵不断扩充的同时，对于保护概念的理解也日益深化。从虔诚地保存"精品式"文物到以可持续发展的理念、以更有创造性的眼光看待旧建筑再利用的适应性变化，保护方法从单一、僵硬、静态走向整体、综合、多元（范文兵，2004），更加强调尊重地方文化传统，强调历史文化遗产保护的因地制宜；同时，东方的经验也正以其独特的视角、有价值的思想内涵，丰富完善着国际历史文化遗产保护体系，从《奈良真实性文件》到《北京宪章》、《西安宣言》，说明了历史文化遗产保护这个源自于西方的价值理念体系，逐渐从单极走向多元，从过去局限于西方的价值和理念，调整为鼓励多个国家平等交流、对话、互相学习借鉴；相应地，历史文化遗产保护的方法总体上更加趋向综合多元，更加强调尊重地方文化传统，强调历史文化遗产保护的因地制宜。

1. 历史文化名城的保护要素和多元手法

1）微观层面——文物保护单位及历史建筑

关于文物保护单位的保护，聚焦于对"原真性"的理解、讨论和

实践的差异，由此形成了前文所述的“修复”与“反修复”两种相互对立却又影响深远的学说（卢永毅，2006）。

“修复”学说在对历史和历史建筑价值的认识上与“反修复”学说有着本质区别。对于历史，该学说认为，每个时代都有属于自身的系统与方式，挽回过去总是无望，所以否定了对历史建筑持续真实状态的保护方法。对于历史建筑，只有被视为同属于当下和过去两个世界，才能实现其“关联历史”的价值。“修复”就是要将历史建筑关联于历史的价值回归其自身，将其复原到一种完整的状态（张凡，2006）。

“反修复”学说对修复行为进行猛烈抨击，批判了其思想基础，即人可以沉浸到历史中去体验和认同过去。“反修复”学说强调历史建筑的物质真实性，认为历史印记已经成为其本真的一部分，任何修复都意味着用新的物质手段干预了历史的原有状态，其独特性和原真性就遭到了破坏。所有历史建筑都会衰落、死亡，这才是历史的真实。Raskin 及其学生 Morris 主张以历史建筑的“维护”取代“修复”，忠实地保存它们的材料、建造、使用以及历经沧桑的真实状态，“尽最大努力看护它们。但是，一旦这种看护无力留存它们时，那就让它们一寸一寸地消逝，也不要去触碰它们”（王瑞珠，1993）。

20 世纪初，奥地利著名艺术史学家 Riegl 分析指出，历史建筑具有两种不同角度的价值：一是历史的、岁月的和意向的“纪念价值”；另一是使用的、艺术的、崭新的和相关联的“艺术价值”。这两种价值既相互交织又相互矛盾，所以才会有历史建筑的价值保存中两种观念的激烈碰撞。对两大学说的孰是孰非，Riegl 并没有给出一个最终的评判标准，因为这两者之间的争论事实上是后代人诠释历史建筑存在价值的两种思维方式，很难找到一个普适的保护准则。事实上，在“修复”与“反修复”相互争论的后期所出现的“文献性修复”一说，正是对二者进行了微妙的折中，已经给予后来人极大的启示。

笔者认为，不能简单地抽象讨论历史遗产保护或修复更新，而应根据保护对象的特征因“物”制宜地确定原样保护或者修复更新的方式、方法。对于珍贵的历史遗迹，其历史的“纪念价值”高于使用和相关联的“艺术价值”，必须尊重考古学的原真性，正如罗马城内精心

维护的一处处古罗马遗址、希腊的帕提农神庙，正是保存了其历史废墟的真实，才显露出如此恢弘、深沉的岁月之美；但是对使用和相关联的“艺术价值”高于其历史的“纪念价值”的其他文物古迹和历史建筑，则可以结合新的功用，让专业建筑师、设计师巧妙地将其整合在新的空间秩序中，成为历史文化名城历史遗迹的组成部分。英国著名文物保护专家费尔顿博士说过，“维护文物建筑的一个最好办法是恰当地使用它们”；日本著名建筑师黑川纪章也认为，“新陈代谢运动的首要目的是将再生过程引进建筑和城市规划中去，这个名词表示了这样的信念，建筑作品不应该是一旦建成就固定不再变动的，而应将它理解为从过去到现在到将来逐步发展的某件事物和共生”。

2）中观层面——历史地段和历史文化街区

历史地段和历史文化街区的保护要远比历史建筑和单体文物古迹的保护综合和复杂，其保护要素包括历史建筑、街巷肌理、传统形态、街区功能等。

由于历史地段和历史文化街区的建筑往往是在不同的历史阶段形成的，对其的处理需要针对不同建筑的不同特点采用不同的应对措施，包括：①保护，即保护建筑的原有风貌，并在保护历史街区风貌完整性的基础上改善生活条件，具体做法是对于建筑的外立面要求按照原有历史特征，使用相同材料和工艺进行修复，以存其真；对于建筑的内部设施和空间布局，则根据具体情况进行必要的变动，以改善生活条件；②整饬，主要针对两类建筑：一类是局部改变但仍然保留部分原有风貌的传统建筑；另一类是通过整饬可以使其建筑风貌与历史街区的整体建筑风貌相协调的新建筑，“饬”有强制性改正的含义，即根据历史地段和历史文化街区的风貌特征和要求，对建筑的立面和形体上不符合历史风貌的部分进行强制性的整饬，通过整饬恢复建筑的原有风貌或者减小它们与历史文化街区环境的冲突；③暂留（或保留），即针对一些应该拆除的不协调建筑，暂时维持现状，待以后条件成熟时拆除或改建；④更新，主要针对与周边环境风貌有较大冲突的建构筑物，采取拆除更新的措施，具体手段有三种：一是重建，即拆除后根据历史资料、依据历史原貌，重建历史上该历史文化街区中曾经存在的建筑；二是新建，即拆除后新建在风貌上与历史文化街区环境较为协调的建筑；三是拆除后不再建设，根据功能的要求将空地更新改造为公共空间和绿化广场。

针对不同历史地段和历史文化街区内历史资源的比例、聚集度和分布特征，同样需要采用因地制宜的多元保护方法。当地段和街区内历史建筑比例较高、传统风貌保持较好时，需要更多地采用“保护为主”的更新方法，保护原有的街区格局和建筑物，房屋内部允许进行改造，但建筑物外立面严格维持原有风格。例如，英国伦敦圣保罗大教堂地区、日本京都祇园新桥地区均属于这种保护方式。而当地段和街区内历史建筑比例较低、传统风貌已经有较大改变时，就不宜大面积地采用简单复原历史建筑的方法，可以采用更新改建为主的方式，典型的例子如巴黎中心市场。

3）宏观层面——历史城市和历史文化名城

历史文化名城涵盖单体文物古迹、历史地段和历史文化街区，所以在遵循上述方法对微观层面的单体文物古迹及中观层面的历史地段和历史文化街区进行保护的同时，还需要对宏观层面的城市整体格局进行保护。

关于历史文化名城的保护，王景慧等（1999）提出，“要通过城市规划确定保护的内容、范围和要求，还可以从城市总体的角度采取综合性、全局性的保护措施，如调整用地布局、开辟新区、缓解古城压力、分区控制建筑高度、保护古城空间秩序、做好城市设计、处理好新老建筑的关系等，这些措施为保护一个个具体的文物创造了外部条件”。笔者认为，从总体规划上开辟新区、保护古城、控制建筑高度等举措十分重要。例如，意大利古都罗马在古城外开辟了新城区，老城区则划定为历史遗产保护区，制定专门的保护政策；锡耶那市政府早在1956年开始就不允许在城墙以内建新建筑，即使在古城外的新区，新建建筑也不能超过四层，这些都是比较成功的保护案例。

根据历史城市遗产保留程度和完整性的现状差异，可将历史城市分为整体式保护、格局式保护和片断式保护三种不同情况（南京市规划局和东南大学建筑学院，2008a）：①整体式保护的城市，包括罗马、巴黎、巴斯、京都、苏州、平遥等，这类历史城市老城区延续至今仍相对完整，新的建设多采用多中心疏散的空间发展策略；②格局式保

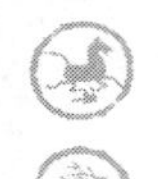

护的城市，包括伦敦、法兰克福、柏林、首尔、北京、南京、杭州等，这类城市的历史格局基本存在，有一定的文物古迹和成片的历史街区，但是历史城区的完整风貌已经不复存在；③片断式保护的城市，如东京、上海等，这类城市的历史格局已经发生较大变化，保留下来的历史遗存较为分散，散布于较大规模的新的建设中。

值得关注的历史城市保护趋势是，无论历史城区的保护状况属于整体式、格局式，还是片段式，对历史城市进行“整体保护、多元保护”的呼声和实践正与日俱增，即便是仅保留有片段历史遗存的城市，也努力用多元的手法综合再现历史的格局和风貌。仇保兴认为，历史文化的保护需要“多层次、整体式的保护”，涉及城市、街道、建筑、城市近郊、规划管理体制等五个层次（仇保兴，2007）。吴良镛则在“有机更新”的理论基础上大力倡导“积极保护、整体创造”（吴良镛，2007）。

2. 不同类型历史名城的多元保护实践

1）巴黎——整体式保护的实践

作为世界级城市，巴黎集中了众多国际企业和研究机构，但重要的是它同时还具有丰富的文化遗产。巴黎市政府始终将古城的保护作为发展战略的重要组成，对古城实行了整体式的严格保护，所以巴黎市中心至今仍保持着19世纪奥斯曼改建后形成的城市肌理、整齐的街坊和统一的建筑风格（图2-2）。

图2-2　巴黎城市中心鸟瞰

在发展思路上，巴黎特别强调“区域化”，将古城积聚的各种城市功能发展的压力化解到区域的层面，通过规划建设新城和城市副中心来解决发展与保护的矛盾。1960 年的《巴黎地区战略规划白皮书》已经提出以新城作为平衡中心区人口和就业、分解中心城区功能的主要发展方式。1965 年的《大巴黎区规划和整顿指导方案》又明确提出，在更大范围考虑城市布局，改变原有聚焦式向心发展的城市平面结构，沿塞纳河发展成为带形的城市结构，建设一批新城（现已建成其中的 5 座）和 9 个城市副中心（图 2-3），并在城市周围建立 5 个自然生态平衡区。同年出台的《巴黎大区国土开发与城市规划指导纲要（1965～2000)》还提出，新城的规划建设将顺应自然规律与历史人文的发展取向，采用“切线”的方式，依托塞纳河与巴黎中心城区相切发展，以利于接驳巴黎中心区的辐射交通，同时又减小对中心城区的影响。

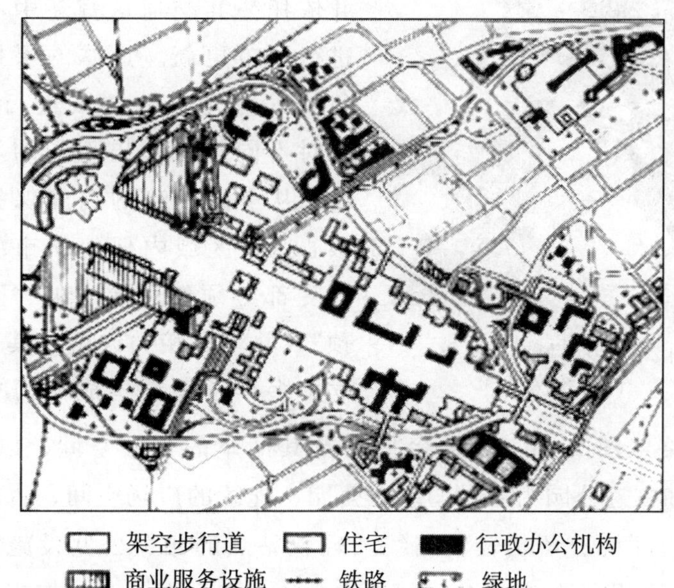

图 2-3　20 世纪 70 年代起开始在香榭丽舍主轴延长线上建设新的城市副中心——“德方斯”的平面规划图

为配合这一“区域化”的发展战略，巴黎特别通过强化地区合作、制定土地政策和成立地区管理委员会等措施来推进区域合作，实现对

中心城区的保护。巴黎市集中发展第三产业，将工业和人口向周边巴黎大区疏散，并在大区内修建联系巴黎城区与卫星城的配套设施和交通通道等，实现区域的协调发展。此外，国家高度重视历史遗产保护立法工作，法国关于历史遗产保护立法的进程延续超过百年，其中《历史古迹保护法》、《历史纪念建筑和其周边范围法》以及《马尔罗法》三项具有历史性的意义。

2）罗马——整体式保护的实践

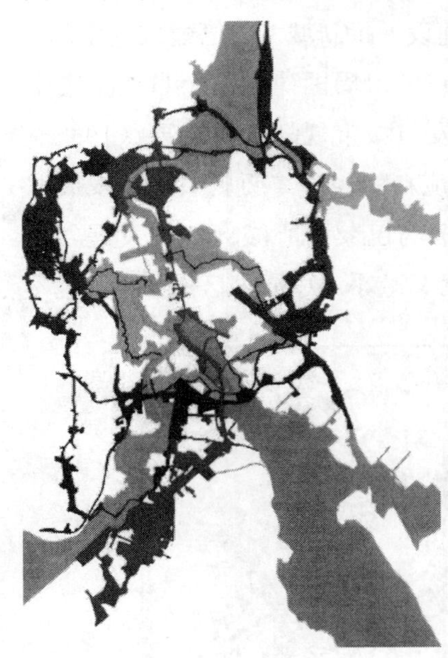

图 2-4　罗马城市历史空间系统网络

罗马古城也采取了整体式保护的模式。1997 年罗马城市总体规划涉及城市、文化、经济的再生与复兴。规划同样采取了疏解老城压力的“多中心”的空间结构，并依托公共交通培育新中心以及进行城市更新。具体的保护措施包括：首先，对全城进行分区，针对不同区域提出不同的发展策略，从全城战略的高度保护历史核心区，区域内任何城市肌理的改变都必须经过政府的“直接干预”，并获得相关许可；其次，建立由多个子系统构成的历史空间系统网络（图 2-4），包括台伯河及其两岸的开敞空间、以 Appia Antica 和古迹公园为主导的绿地公园、连续的广场空间、古代城墙及其周边环境、环状轻轨路线及轻轨站点的相关公共设施等；再次，在区域层面构建以公园绿地为主的自然生态系统（南京市规划局和东南大学建筑学院，2008a）。

在系统规划的同时，罗马提供了较为有效的实施保障支撑，包括：制定了清晰、明确的行动规划，以及针对历史核心区及其周边环境协调区的直接干预政策，对历史建筑实行免税和强制维修的管理政策，鼓励公共交通的交通政策等。

3）伦敦——格局式保护的实践

伦敦古城区的面积为1.6平方千米，是伦敦最古老也是最小的一个区，保留了残存的古罗马墙和伦敦塔等历史建筑，同时也汇集了各种金融交易机构。由于战后大规模重建导致旧城肌理的破坏，伦敦古城在战后遗产的基础上采取了格局式保护的模式。

1967年英国颁布的《城市文明法》提出了保护“有特殊建筑艺术和历史特征”的地区，如建筑群体、户外空间、街道形式以及古树等。法令规定的保护区包括古城中心、广场、传统居住区、街道及村庄等。该法令明确在城市规划部门确定保护规划以后，任何个人和部门不能任意拆除保护区内的建筑，如有要求，应事先申请，必要时当局可作价收购。区内新建、改建项目要事先报送详细设计方案，其建筑风格要符合该地区的风貌特点。法令还规定不鼓励在这类地区进行任何形式的再开发。

1991年，伦敦古城划定了23个保护区，确定了每个保护区明确的保护范围和保护内容，并确定有543处登录建筑，及54处古迹，城市道路也基本上保持了原有的格局和宽度，建筑风格得以保持统一。伦敦关于历史文化遗产保护的实践，尤其是保护区规划及其实施，为当时的历史文化遗产保护带来了很多启发，也成为国际上历史文化街区保护规划的前身。

4）东京——片断式保护的实例

作为与纽约、伦敦、巴黎齐名的四座“世界性城市”之一，东京在第二次世界大战后经济高速增长的过程中，并没有把城市的历史文化遗产保护作为重要的建设因素，因此，许多历史文化资源在大规模的开发中消失，历史东京的格局和风貌已经难以完整再现。

但即便如此，东京也努力致力于保护各类遗产，并将历史文化遗存纳入景观保护的体系，图2-5为日本皇宫一角。1988年，东京列出景观清单，把历史文物纳入其中，通过景观保护开展历史遗产保护。1997年，东京制定了《东京都景观条例》，提出保护历史遗产应设置景观基本主轴和“历史景观保护指针”。2003年，东京制定了《创建活力街道推进条例》，列举了“街道景观重点地区”，确定了继承历史文化

特色的街道景观要求。2004年，东京颁布了关于创建景观城市的综合法——《景观法》，相关内容和具体制度包括：指定历史建筑物中的景观重点建筑物，指定历史遗产中的景观重点公共设施，指定历史遗产保护区中的景观地区及景观规划区域，成立管理机构等（张松，2008）。

图 2-5　日本皇宫一角

2.3.3　保护的实施和支撑：强调综合联动、多元制度支持

关于历史文化遗产保护的实施途径和支撑制度，近年来国际上特别强调经济产业发展和历史文化遗产保护的综合联动，更加注重保护规划的可实施性和可操作性，包括公众参与、法规建设、制度支撑和财务支持等。

1. 以文化为导向的城市定位和产业策略支撑

美国文化学家克罗伯和克拉克洪曾对“文化”做出相对完整并为东西方学术界广泛认可的定义：“文化由外显的和内隐的行为模式构成；文化代表了人类群体的显著成就；文化的核心部分是传统的（即

历史获得和选择的）观念，尤其是它们所带来的价值；文化体系一方面可以看做活动的产物，另一方面则是进一步活动的决定因素。”

上述文化的定义表明，历史是文化的核心内容。历史文化具有丰富的价值，主要体现在五个方面：历史和考古的价值；文化艺术和审美的价值；科学研究的价值；情感归属与慰藉的价值以及综合使用的价值。德国历史学家斯宾格勒也在其专著《西方的没落》中提到，没有一般意义的人类历史，世界的历史就是人类各种文化的传记，并且通过各种文化的兴衰加以体现。

在经济全球化的时代，发达的通信技术使国际的交流更加频繁和便捷，城市间无论是基础设施还是空间形态、经济运行方式、日常行为都日益趋同，只有城市文化始终保持着独特的内容，成为人在标准化生产的世界中，追寻历史、感受自我的精神家园。

与此同时，有关后工业化时代“新经济”的文献著作将人力资本的重要性提到了空前的高度，认为以人才为资本、以创新为生产力的文化产业或创意产业将成为未来经济的支柱之一，人力资本才是决定未来经济发展竞争力的关键。要想在新的全球经济秩序中立于不败之地或取得突破跃升，城市就必须塑造高品质的文化环境和优越的生活环境以吸引人力资本，进而吸引投资。许多西方学者提出，在后工业化时代，场所、文化和经济已经成为一种共生体。无论是从象征意义上还是从政治意义上，文化和经济的联系从没有像今天这样紧密过。人们相信文化将在后工业化时代中提升城市在全球经济中的竞争力，城市文化已被认为是一种新的资本动力形式，就如同知识经济、信息经济或者消费经济（吕学斌，2007）。

拥有发达文化的城市被普遍认为将在新经济时代在世界城市序列中占有突出的地位，因此，越来越多的城市强调利用文化资源来促进经济复苏、创造社会财富、形成文化消费、改善城市景观、促进城市繁荣。文化已经成为支撑经济发展、区域复兴及塑造城市形象的重要内容，城市文化策略从没有像今天这样被认为是城市发展战略中的一个核心内容。例如，欧洲委员会通过的《欧盟可持续城市发展：行动框架（1998）》强调将文化遗产的保护、地方文化的强化和文化的提升

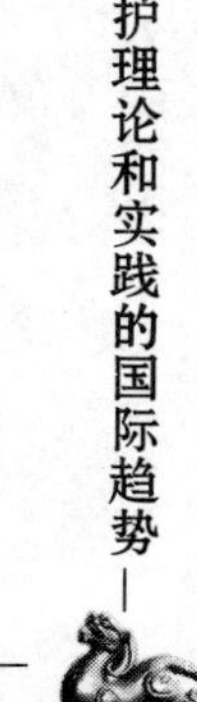

图 2-6　伦敦泰德现代艺术馆
伦敦泰德现代艺术馆的前身是泰晤士河畔的大型发电厂（Bankside Power Station），现在改造成英国国立现代艺术博物馆

作为一项重要的财富，并作为一个国家以及地方的重大发展目标（于立和张康生，2007）。伦敦、东京等国际性城市也都明确地提出了“城市文化发展战略”。

以伦敦为例，伦敦是世界历史文化名城和经济发达的国际性城市，拥有丰富的历史文化资源，它以历史文化底蕴为基础，追求传统文化与现代文化的有机结合。图 2-6 为伦敦泰德现代艺术馆。在其 2003 年公布的《伦敦文化战略纲要》中将文化发展战略定位为卓越的国际创意和文化中心。

再如，英国的老工业城市格拉斯哥，19 世纪是世界上最知名的船舶制造业和海运城市之一，但是随着制造业和海运业的逐步衰落，城市人口流失、失业率居高不下。在城市再开发过程中，格拉斯哥采用了以文化为导向的城市复兴策略，利用历史城区和衰落地段开发新的文化项目，每年 5～9 月，举行以国际爵士音乐节、合唱节等为标志的文化活动，吸引了大批旅游者，给城市带来了巨大收益。特别是 1990 年举办的“欧洲城市文化节”，使这个城市不仅在经济上发展了实力，而且增强了城市的文化信心，并在 1999 年获得了“欧洲文化城市”称号（吴晨，2005）。

西班牙的巴塞罗那也是一座因文化而闻名的城市。巴塞罗那城中充满了古建筑，包括世界文化遗产名单的奎尔宫、奎尔公园和米拉公寓（著名建筑大师安东尼·高迪的作品）以及圣克劳医院和加泰罗尼亚音乐厅（著名建筑大师路易斯·多米尼克·蒙坦纳的作品）。在充分保护历史文化遗产的基础上，巴塞罗那还通过举办多种文化体育盛会，成功地将城市推向世界。1992 年举办了奥运会，2004 年又举办了“巴塞罗那论坛 2004”，通过文化活动成功复兴了城市，在世界城市体系中强化了自己的地位。

随着汉堡火车站的改建完工以及现代博物馆的竣工，柏林已逐渐实现了由工业城市向现代文化艺术中心的转变。柏林汇集了3家歌剧院、150多个剧场和戏院、175个博物馆和收藏所、300多间画廊、250多座国家图书馆、130家电影院等。与此同时，柏林一年一度的"文化狂欢节"在国际上也产生了较大的影响，它使不同国籍、文化和信仰的人聚到一起，成为国际文化的融合的活动载体。

在这些城市的文化发展战略中，"文化"已经不仅仅是单纯的精神层面的追求，静静地躺在博物馆里等待人们的瞻仰，而是作为城市发展的重要支撑，活跃在现代经济社会生活中，发挥着重要作用。城市通过建设有标志性的文化场所，举办有影响力的文化事件或艺术节，成为当代文化的空间和消费的场所，对投资者、居民和劳动力产生巨大的吸引力。

2. "多元制度支持"的实施保障系统

行政管理、法律法规、公众参与、资金保障等多个方面共同构成了历史文化遗产保护的实施保障系统。

1）公众参与

公众参与度高是西方历史文化遗产保护的重要特征之一。英国将公众参与作为全部规划过程中的重要部分；法国更是有一半的重点文物管理权属于私人（张凡，2006）。

中国历史文化名城规划学术委员会在其2004年的分析报告中指出，中国的保护规划存在缺乏面向实际管理的可操作性、保护规划多方咨询制度不健全以及公众参与度不够等问题。张兵从历史文化遗产保护的价值选择方面进行分析，认为中国目前的保护体系所反映的是国家权力阶层和社会精英阶层的价值取向，因为过于专业化和缺乏群众基础而影响了保护的效果，"当遗产中那些无形的、蕴涵在日常生活中的文化内容得不到来自居民的自觉维护时，规划反而可能成为一种破坏遗产的外部力量"，并提出"我国遗产保护工作要走向成熟，必须将保护行动的社会化与专业化结合起来"（张兵，2001）。

2）法律法规

西方国家在历史文化遗产保护方面有较为健全和严密的法律法规保障体系，法国的历史文化遗产保护立法，范围覆盖了纪念物、历史街区，甚至景观环境；英国对不同层次的保护对象、各个层面的保护主体制定了详尽的规定；韩国在面对发展压力和对历史文化的破坏问题时，也首先通过制定法律的途径来解决问题。

中国目前关于文物保护的法律法规相对健全，而关于历史文化名城和历史地段的保护法规则相对缺乏。但令人感到欣慰的是，近年来这一状况得到改观，在国家层面，《历史文化名城名镇保护条例》等法规、规章相继推出，在地方层面，关于保护规划立法的努力与尝试不断涌现，特别是上海、武汉、南京等城市关于优秀历史建筑、近现代历史风貌区以及传统街道的立法保护，在全国引起了热烈的反响。

3）行政管理

西方对城市历史文化遗产保护有较为完善的管理体制和较为明确的管理导向，例如，英国形成了中央和地方两级严密的历史遗产保护组织网络，比利时将历史建筑与城乡历史区域的保护作为城市更新的重要价值取向（张凡，2006）。

吴良镛（2007）认为，历史文化名城保护需要在深入研究国内外城市经验的基础上进行政策创新。武庭海（2008）认为，应以“制度化的保护”作为保护理论向政府公共政策落实的途径，要从管理体制、管理程序与依据、管理立法等方面着手，对保护的评价、修缮、新建和基金补助等各个方面进行规范化、制度化。张兵（2001）也提出，保护规划的技术要点不应仅是划定保护范围和提出保护规定，而应寻找将遗产纳入一种较为理性的变化过程的规划政策手段。

4）资金保障

在历史文化遗产保护的资金保障方面，西方国家除了政府的大力投入外，还积极地拓展资金渠道：法国每年斥资近 3 亿欧元，用于修整13 000余座历史建筑和维修 24 000 余座有历史价值的建筑；意大利古城及古建筑的保护经费除了政府划拨外，还将旅游收入用作维护经费；美国社会和私人捐款更是占据了保护资金的绝大部分。

以英国为例，保护资金主要来源于国家和地方政府的财政专项拨款和贷款。数额一般由国务大臣和地方政府根据保护建筑、保护区等的重要性来决定。凡是登录建筑，房产主可以向国家或者地方政府提出补助金申请，但必须专款专用。此外，政府通过相关政策间接为保护提供资金，例如，1969 年的《住宅法》授权地方政府给旧城住宅区提供资金补助，主要进行结构维修及卫生设备更新，补助金额最高可达总费用的 50%；1974 年的《住宅法》将补助比例进一步提高到 75%，规定在特殊困难的情况下可提高到 90%。这些都为历史保护提供切实的帮助和支撑（王景慧等，1999）。

综上，国际历史文化遗产保护的演变呈现出三大趋势。

一是关于保护的理念和价值导向，呈现出保护与发展双向融合的态势。随着对历史文化遗产保护认识的深化，对于保护概念的理解也日益多元化，从虔诚地保存“精品式”文物，到以可持续发展的理念、以更有创造性的眼光看待历史建筑的当代再利用及适应性变化，保护方法从单一、僵硬、静态走向整体、综合、多元（范文兵，2004）。同时，随着西方城市更新和复兴理念的变化，从当初简单的更新改造，到以文化为主导的城市复兴策略，重视历史保护和文化创新对旧城复兴的价值。两条不同的发展线索、两个原本动机不同的出发点，有了殊途同归的、重视保护与发展双向融合的结合点。

二是关于保护的内涵和方法，呈现出日益丰富多元的态势。随着保护理论和实践的发展，历史文化遗产保护的内涵不断拓展，从保护可供人们欣赏的艺术品发展到历史建筑，从单一的古建筑到多元的历史文化资源，从建筑单体到历史地区，从遗址本体到作为社会、文化发展见证的历史环境、进而保护与人们当前生活密切相关的历史城市，从物质文化遗产到非物质文化遗产等。相应地，随着历史文化遗产保护内涵的拓展，保护方法日益丰富、多元，更加强调尊重地方文化传统，强调历史文化遗产保护的因地制宜。

三是关于保护的实施和支撑，呈现出强调综合联动、多元制度支持的态势。因为历史文化遗产保护需要一系列的经济、社会、政策和制度环境的支撑，包括城市定位、发展方向、产业协同、社会共识、

法规支撑、行政管理、资金保障等。

最后，需要指出的是，历史文化遗产保护的国际趋势还揭示出：人们对历史文化遗产保护的认识是随着社会的进步而不断发展的，历史文化遗产保护的理论和实践的发展是一个不断完善的过程，是一个更广泛地汲取世界各地保护实践和经验总结的过程。国际历史文化遗产保护经验逐渐从单极走向多元，从过去局限于西方的价值和理念，调整为鼓励多个国家平等交流、对话，互相学习借鉴，东方的经验也正以其独特的视角、有价值的思想内涵丰富、完善着国际历史文化遗产的保护体系。相信未来随着中国的和平崛起、中华文化的复兴，中国关于历史文化遗产保护的声音、理论和实践将越来越被世界所关注。

中国历史文化名城保护新说
——“积极保护、整体创造”论

国际历史文化遗产保护发展的历程告诉我们，历史文化遗产保护的理论和实践的发展是一个不断完善的过程，是一个更广泛地汲取世界各地保护实践和经验总结的过程。历史文化遗产保护的理念、方法、手段、实施途径等，需要跟随时代的发展而不断进步。世界各地需要在汲取、借鉴国际先进经验和方法的基础上，结合自身的遗产特点、保护传统、文化程度、社会发展水平和经济支撑能力，因地制宜、有针对性地提出历史文化遗产的保护方法和保护体系，并通过实践不断发展完善。中国的历史文化名城保护同样需要在认清现状问题、掌握国际发展趋势的前提下创新。西方的经验可以为我们开拓思路，但却不能照搬拿来解决问题，必须深入分析中国的国情、发展的阶段、社会的需求、文化的传统、遗产的特点等，寻找到更加适合中国国情、具有中国特色的历史文化名城保护的理论和方法。

2007年中国第二个“文化遗产日”在北京召开的“城市文化国际

研讨会”上，吴良镛发表了“文化遗产保护与文化环境创造”的主题报告，针对现代化建设过程中文化遗产保护面临的严峻形势以及传统保护方法的困境，提出必须对原来的理论体系、方法等重新加以审视，应该用“积极保护、整体创造”的思路加以应对。虽然此前在北京城市总体规划的制定过程中，吴良镛率领的团队已经综合运用了这一思想以解决北京城市保护与发展的矛盾，但较为完整地阐述这一理论学说尚是首次。

吴良镛指出，从理论上讲，面对建设与保护的矛盾局面，关键是寻求将保护与建设结合起来的理论方法；而既有的保护方法，由于“孤立地保护文物建筑，就建筑论建筑，结果是尽管文化遗产本身得到了保护，也难免淹没在体型各异的新建筑的汪洋大海之中，文化遗产保护显得支零破碎，势单力薄，城市失去原有文化风貌”。

为此，提出“积极保护”的观念，即将遗产保护与建设发展统一起来。不仅保护遗产、文物建筑本身，保持其原生态、环境与风格，在周边确定缓冲区、保护区，而且对保护区内发展中的新建筑，必须使它遵从建设的新秩序，即在体量、高度、造型等方面要尊重历史文化遗产所在环境的文脉，要尊重历史文化遗产所在主体的情况，以烘托历史文化遗产、加强原有文化环境特色为依归。这样使所在地区不致孤立，既保持和发展城市建筑群原有的文化风范，又使新建筑富有时代风貌，即“有机更新”。这种理论在北京菊儿胡同整治工程与苏州等地旧街区保护的效果中得到验证。

“积极保护”并不否定既有的保护方式，我们敬重文物保护工作者的艰辛努力和可贵的贡献，同时又审视处于转型模式中的新的发展潮流，不仅要保护传统建筑，而且要把各方面的问题综合起来考虑，化建筑的个别处理为整体性创造。例如，北京历史文化名城的保护就必须包括交通、行政功能疏解、环境等方面，对新旧建筑及其环境创造有整体的考虑，积极地加以创造，而不是“就保护论保护”。

总体看来，新建筑要在高度、色彩、肌理等方面与要保护的建筑环境在可能的范围内达到整体协调，保持一定的体形秩序，兹称为“整体创造”（holistic creation）。例如，北京城的规划被称为“都市计

划的无比杰作”，其传统的中心建筑群、街道、名居、公共建筑等是整体统一的。在过去的半个多世纪，对这种整体统一的要求有所忽略，传统的、绝对的、统一的整体性今天已被破坏了，但整体保护的原则不能丢弃。某些地区，如故宫、皇城、中轴线、朝阜大街等某些尚未被完全破坏的街坊等，仍然力争保持“相对的整体性”，千方百计地加以保护。整体创造是维护文物环境的整体秩序，不是复旧，在具体设计上仍然可以并且也需要创新。通过建设过程中的不断调节、有机更新，追求城市成长中的整体秩序。

关于“积极保护、整体创造”，2007 年 12 月，吴良镛在清华大学建筑学院进行《人居环境科学概论》课程总结时，做出了更加清晰的阐述：在全球化的影响下，“强势文化”的传播、平庸的商业化开发、超负荷的旅游开发和房地产经营等，对历史环境风景名胜带来不同程度的破坏。例如，历史文化名城，对历史建筑虽然以极大的努力予以保护，但仅仅如此并不能“堵”、“挡”住破坏“洪流”。应将保护与建设发展统一起来，进行“积极保护、整体创造”，要在这些历史文化遗产的周边设立“缓冲地区”，用设计风格与传统建筑相协调、同时又有新意的“中间地带”相配衬，建设既有时代气息，又富传统特色的新环境。建立新的建筑秩序，积极地、高质量地发扬地方文化，形成今天的多元的城市文化。

关于“积极保护、整体创造”的哲学思考，吴良镛曾经指出：从哲学上说，它不是机械的还原论、复旧论，而是一种生成的、有机的整体论。这种整体是以人的生活需要为中心，在传统的优秀的构图法则基础上灵活创造（representation or reinvention），随机生成，而不是抱守僵死的教条、一成不变。以北京为例，今后北京旧城的基本城市设计原则还应从当下的混乱无序重新回归整体性的传统。2007 年 7 月在南京旧城保护座谈会上，吴良镛更加明确地提出，要“整体地面对问题，哲学上讲就是整体论与还原论的辩证统一，保护与发展的辩证统一。这个整体不是机械的、一成不变的整体，而是生长的、有机的，是生成整体”。

吴良镛提出的“积极保护”，在价值导向上，其保护态度积极，坚

持历史资源论，把历史文化遗产作为发展的资源而不是包袱；其保护思维辩证，坚持城市发展论，既正视城市发展，尤其是中国快速城市化对历史文化遗产保护的冲击，又看到中国快速城市化为当代规划建设、整合历史资源提供的机遇，珍惜随着社会进步历史文化遗产保护意识的提高以及随着经济发展保护实力的增强。在方法论上，其保护方法理性，坚持渐进更新论，用可持续发展的思维对待历史文化遗产，坚持当代在建设同时应为未来发展进行保护和控制，既防止现代化建设对历史资源的破坏，同时又注重促进历史城区、历史地段的当代复兴和有机更新；坚持科学保护论，强调科学务实地保护历史文化遗产，重视对历史文化资源的系统普查、理性评价、科学分类，对策明确。在制度支撑上，坚持战略协同论，不是就保护论保护，而是要求历史文化遗产保护与城市其他综合战略相协同，包括与城市的功能定位、城市的产业结构以及城市空间总体战略的协同，“疏导结合”、“建新城、保老城”；坚持社会支撑论，认识到历史文化名城保护绝不仅仅是少数文人名士的理想，它涉及发展权的公平问题以及巨大的空间利益，因此，需要有公众参与、法规保护、规范支撑、管理联动、制度创新、财务支持、实施行动以及社会监督。

吴良镛提出的“整体创造”，在价值导向上，坚持城市发展论，既珍惜城市快速发展为规划建设带来的“黄金机遇期”，又重视规划建设不当对未来城市空间环境的长期负面影响；坚持历史资源论，把历史文化的资源和脉络，作为当代建筑和空间塑造的珍贵素材，作为提升空间品质和文化内涵不可复制的宝贵资源。在方法论上，坚持整体设计论，要求综合融贯思考各种发展机遇、历史文脉、当代需求和空间素材，整合塑造一体化的宜人空间，形成点、线、面有机协调的整体城市意象；坚持文脉承创论，要求规划建设者不仅仅学习西方的规划经验，还要深入研究自己的传统，传承传统精华，保护历史文脉，并将历史的保护与新建设的传统发展有机结合起来。在制度支撑上，坚持社会支撑论，重视社会共识的形成，既坚持积极保护，又强调新旧联动思考，倡导基于历史资源保护的文化创新；坚持战略协同论，重视城市历史文化内涵的当代发挥，倡导历史文化名城以文化为导向的

城市发展定位，倡导城市将历史文化积淀转化为当代创意产业发展和城市竞争力提升的资源。

综合上述笔者关于“积极保护、整体创造”论的深度剖析，历史文化名城的“积极保护、整体创造”核心理念可解析为“八论”（图3-1），即“城市发展论”——从静态的历史遗址到动态发展的城市、“历史资源论”——从历史保护的负担到文化发展的资源、“科学保护论”——从价值观的争论到科学务实的保护行动、“整体设计论”——从孤立的历史保护到整体的文化创造、“渐进更新论”——从一蹴而就的改造到试点渐进的有机更新、“文脉承创论”——从历史传统的割断到文脉的继承发展、“战略协同论”——从“就保护论保护”到综合战略的协同、“社会支撑论”——从专业技术的历史保护到社会支持的公共政策。

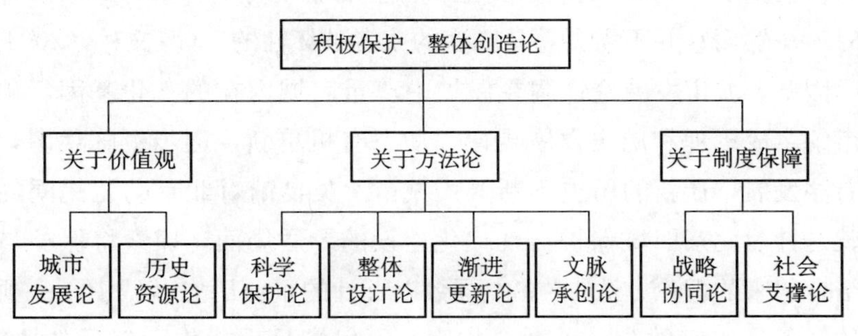

图 3-1　“积极保护、整体创造”论之解析

3.1　城市发展论——从静态的历史遗址到动态发展的城市

虽然国家《历史文化名城保护规划规范》明确规定，“名城不能采取博物馆式的保护方式，不能冻结在某一时段”[①]，但是传统的历史文化遗产保护观和方法论往往把微观的单体文物建筑的保护方法和思维简单放大，视历史文化名城为静态的保护遗址。

变化是城市发展永恒的主题。城市在区域中的地位是随时代的发

① 《历史文化名城保护规划规范》条文说明 1.0.5

展而不断变化的，城市空间也是不断因应时代变化要求的动态有机生命体，随着城市的生长，城市与山水的关系在变化，同时城市内部的空间格局、街巷系统、建筑形态等都会随着社会经济的发展而不断变化。因此，遗存至今的物质空间文化遗产，包括历史建筑群和历史文化街区等，也都是随着时代的变化而不断变化的产物。而城市文化的发展更是随着时代的发展以及城市的区域地位、人口结构、社会变迁等而不断发展变化的。

城市发展论以发展的眼光看待历史文化名城，认为历史文化名城“不是僵死的历史街区，而是活的历史文化名城”，不是停止在某一个历史年代上的静止的“遗址”，而是一个动态发展的有机“生命体”，会随着时代的发展和社会的变化而发展变化。但在城市发展变化的环境中，要保护好城市的历史文化遗产。就像 *The Architectural Review* 中一篇社论所说的：“变化是文化和社会的驱动力——所有的东西都会过时——然而它并不需要总是剧变的或者破坏性的”（范文兵，2004）。

因此，城市发展论强调在保护中尊重名城内在的文化基因，顺应城市的生成机理和历史发展规律，动态有机更新，逐步新陈代谢，不断有序发展，让新的历史不断融入城市。吴良镛对北京菊儿胡同的研究就是针对北京旧城保护与现代化建设的矛盾局面，探索将保护与建设结合起来的理论方法，“在中国数以百计的重要历史名城中，一项迫切的任务是如何创造一种社会住宅，不仅满足现代生活舒适的要求，还要使之与原有的历史环境密切结合”（武廷海，2009）。就此，吴良镛特别指出，“改革开放以后，我对北京旧城的四合院胡同体系提出了‘有机更新’。为什么提出这个概念呢？因为城市不是死的、静止的，是在不断发展变化的”[①]，同时，“地域文化本身是一潭活水，而不是一成不变的”（吴良镛，2009h）。

3.2 历史资源论——从历史保护的负担到文化发展的资源

现实中由于对短期经济发展目标的过分追求，一部分人片面看待

① 吴良镛2007年7月3日在南京旧城保护座谈会上的讲话摘录

历史文化遗产保护，将发展和保护对立起来，把历史文化遗产保护当成城市发展的“绊脚石”，正是在这种思想的驱动下，许多历史文化遗产遭到了建设性破坏。还有一部分人认为，虽然历史文化遗产应该得到保护，但是历史文化遗产保护是城市难以支付的昂贵代价和“沉重负担”。

历史资源论视历史文化遗存为祖先留给我们的宝贵精神财富，因为每个历史文化名城的历史资源都是独特的、具体的存在，而不是抽象的、宏观的文化概念，这些历史资源以生动的方式反映着城市独特的演变历史和文化的发展业绩。如果说经济决定城市的物质财富，那么，文化就承载着城市的精神追求。人不能没有精神，城市亦然。一个城市如果缺少文化底蕴和内涵，便会显得空洞和贫乏。历史文化名城是中国历史文化遗产中的重要组成部分，是人类共同的宝贵财富，同时也是不可再生和无法替代的文化资源，是城市的底蕴所在和魅力特色所系。

历史资源论充分认识到：经过了快速城镇化进程对历史文化资源的冲击，当代的历史文化遗存已经十分珍稀。在大规模快速化的城市建设背景下，历朝历代的历史文化遗存加起来的数量和规模，也无法与当代建设相比，历史遗存仅如同“沧海一粟”。吴良镛在讨论北京旧城的历史资源时谈到：“北京目前这类历史文物建筑尚有故宫、景山、北海、天坛等，内容固然不少，但在相对数量上已并不是太多了；原因是在现有旧城内新建筑数量与日俱增，早已超过旧有房屋，数量的变化已引起旧城风貌质的变化”（吴良镛，2009）。

历史资源论以辩证的观点看待保护与发展的关系，重视将城市历史文化遗产转变为城市发展资源。历史文化遗产保护不是城市发展的包袱，历史文化遗产是城市的精神财富，是市民认同感、归属感、自豪感之所在。通过历史文化遗存，人们可以直接感知民族的历史、触摸祖先的过去，可以借鉴、反思未来发展的轨迹和道路。历史文化遗产也是城市的物质财富，是城市特色内涵的集中表现和城市文脉所在，能够丰富、立体地折射出城市的文化魅力和吸引力。在文化竞争力正演变成核心竞争力的今天，它是城市不可再生的精神资本、文化资本、经济资本和社会资本，如保护、运用得当，可以成为城市发展的重要

战略资源。

对此，吴良镛曾指出："文化意义与经济是一回事，文化是经济的发动机，文化的繁荣可以促进社会教育，推进旅游业"①。实际上，自20世纪80年代后期起，国际上就兴起了一股以古迹或历史建筑为主要内容的文化旅游潮流。与以往不同的是，这种旅游已经不仅仅局限于对古迹表面的观光，游客们更加希望通过旅游进一步了解地域的社会文化，即居民的生活方式、传统文化。随着中国经济的发展和人民的逐步富裕，文化之旅也逐渐成为国人生活的时尚。历史文化名城已不仅仅是一个静止的历史意象，更加发展成为一个动态的文化场景，历史文化遗产保护成为经济发展的动力。

此外，历史资源还是我们在全球化背景下保有自身文化特色、并为世界文化多样性的保护作出贡献的载体。《文化多样性宣言》指出：在经济全球化的时代，经济强国的文化产品在"自由贸易"的旗帜下，伴随资本在全球的流动和扩张，冲向世界的每一个角落。其势之猛，使世界上许多国家猝不及防。它造成的后果是文化产品的标准化和单一化，致使一些国家的"文化基因"流失。如同物种基因单一化造成物种的退化一样，文化单一化将使人类的创造力衰竭，使文化的发展道路变得狭窄。历史资源的保护有助于维护世界文化的多样性。

3.3 科学保护论——从价值观的争论到科学务实的保护行动

历史文化名城的保护是一项系统工程，既涉及价值理念，又涉及技术方法，还要求制度支撑，但目前我国的历史文化名城保护在技术方法和制度支撑上研究和应对不够。对引发社会热议的保护话题，讨论往往停留在价值观交锋上，舆论也多以"保"与"不保"对保护对象和相关人群进行简单的"二分"，而忽略了对历史资源的深入调查研究和理性科学评价；关于保护和更新的方法，也往往局限于或"原封不动全保"或"完全彻底改造"的简单"两极"。

① 吴良镛在2004年介绍南京江宁织造府博物馆设计方案时的说明

科学保护论认为，关于历史文化遗产保护价值的讨论是必要的，但是历史文化名城的保护更加需要大量扎实、深入、理性的工作，需要对全城的历史资源进行系统的调查和普查，需要对普查出的资源逐一进行分析、理性评价，需要建立科学、完整的历史文化名城保护体系，需要在保护体系下确定各类资源的保护要求和保护举措。

因此，科学保护论更加重视科学、理性的保护态度和务实、深入的保护行动，强调对历史文化资源在系统普查、深入调查、理性评价基础上的全面保护、整体保护和多元保护。这要求历史文化名城保护在内容上全面，在思维上整体，在手法上多元，在普查上深入，在评价上理性，在对策上有针对性。

全面保护，是指要全方位拓展保护的内涵，全面挖掘历史文化资源，实现应保尽保。在类型上，不仅要保护法定对象——各级文物保护单位，还要保护大量有价值的非法定历史资源；不仅要保护辉煌的府衙官属和公共建筑，还要保护同样记录城市记忆的工业遗产以及反映普通市民生存状况的传统民居；不仅要保护物质文化遗产，还要保护非物质文化遗产。在时代上，不仅要保护古代的历史遗存，也要保护近现代的历史资源；不仅要保护都城时期的历史遗存，也要保护同样反映城市历史的非都城时期的历史资源。在空间上，不仅要保护地面尚存的历史建、构筑物，也要保护文化遗址和地下文物埋藏区；不仅要保护城市核心建成区的遗存，也要保护周边的历史村镇和历史资源。

整体保护，是指要构建科学、完整的历史文化名城保护体系，将各类应保尽保的历史文化资源纳入整体的保护框架。同时，要改变过去微观局部的“孤立”保护，更加重视对历史资源及其所在历史环境的保护，更加重视对单个资源与历史格局的关联保护，更加重视对历史文化名城整体格局和总体风貌的保护。

多元保护，是指要改变过去将针对单体文保单位的保护方法简单运用于各类历史文化资源乃至整个历史文化名城的倾向，要区分历史资源点、历史地段、历史镇村、历史文化名城等不同类型、不同特点、不同尺度以及有不同保护要求的对象，要对内涵大大拓展后的历史资

源细分保护类型，针对各个历史文化资源的现状、历史格局、资源特点、保护需求等多个要素，逐一科学开展理性评价，在此基础上提出有针对性的多元保护举措。要重视法定保护、登录保护、规划控制等多种手法的综合运用，对于调查发现的重要历史文化资源，要尽快公布为法定保护对象，划定保护范围和控制地带，严格保护控制；对于达不到法定保护要求、但有一定历史价值的资源，可由市政府公布名录、进行登录保护，保护方法可相对多元；对于历史价值相对较低的资源，可通过历史文化名城保护规划确定多元的保护再现的具体方法，同时将其纳入城市规划管理信息系统进行保护控制。在保护方式上，也要从过去的简单控制、禁止建设，调整为更加重视历史资源的修缮、改善和整修①。

3.4　整体设计论——从孤立的历史保护到整体的文化创造

目前我国的历史文化遗产保护思想侧重于“防范和控制”建设行为的侵扰，吴良镛指出：“现实中存在的另一个问题是，保护与发展的脱节。这些年来，我们城市一般认识到保护的必要性，工作也是有成绩的，一些专业工作者力排众议，保护了一些建筑，功不可没。然而也毋庸讳言，一般常拘泥于就建筑论建筑，就保护论保护，尽管在多方努力下，有些零星建筑得到保护，但是由于新建设发展太快、规模太大，周边建筑体量过大、过高，历史建筑即使得到保护了，也将被淹没在新建设的汪洋大海之中，传统环境风格也就荡然失去了原有的魅力”②。

当前历史文化名城保护既有遗产保护不力的问题，也有保护手法单一的问题，对历史文化遗产往往简单划定同心圆的保护范围和建设控制地带，而忽略历史遗产与周边环境、历史资源与当代发展的关系，使得历史文化遗产成为孤立在当代城市生活之外的“历史孤岛和碎片”

---

①　修缮：对文物古迹的保护方式之一，包括日常保养、防护加固、重点修复等；改善：对历史资源所进行的在不改变历史外观特征的基础上，调整、完善内部布局及设施的建设活动；整修：对与历史风貌有冲突的建（构）筑物和历史环境要素进行的改建活动

②　吴良镛2007年7月3日在南京旧城保护座谈会上的讲话摘录

（张宏平，2006）。同时还存在着新文化创造力匮乏的问题。

关于历史文化名城的保护与创造的关系，吴良镛曾精辟地指出：文化遗产的保护要与文化环境的创造并举，不能脱节（吴良镛，2007）。“我们必须认识到，光靠保护既有遗产是远远不够的，必须把历史地段与历史建筑物的整体保护工作同新环境的创造工作融为一体，即在保护的同时更要进行开拓创新”（吴良镛，2009f）。由此，整体设计论强调保护利用思考要综合、创造要整体。思考要综合，是指要综合考虑历史背景、建筑功能、艺术表现、建筑造型、周边环境、人文内涵、当代活力等多种要素；创造要整体，是指要“在变化中求统一，在纷繁中求整体”①。吴良镛（2009g）曾引用中国古代《释名》中“巧者，合异者共成一体也”道出了创作的真谛，“在可能的条件下，把一些可以共通的东西加以梳理、概括、整合，包括将东西方建筑文化的某些方面在新的基础上加以互补、融会，并根据变化中的实际情况加以创造。如果如此，我们就有可能达到多样统一（unity from diversity）、和而不同（unity from difference）、乱中求序（order from chaos）”，“我们需要朝着文化融合的方向前进，在不同的文化间构建桥梁，致力于培养凝聚力，并从我们城市里支离破碎的各种文化中产生新的东西，以这种方式来更新我们本土的文化和智慧”（吴良镛，2009h）。

整体设计论倡导保护与创新工作的整体综合融贯。从各层次城市规划和建筑设计的有机衔接上，在城市总体规划层面，要有新老联动的空间战略，建立以历史资源为支撑、以文化廊道为串联、历史资源和当代资源有机融合的城市空间特色系统；在详细规划层面，要在具有一定规模的历史地段、历史城区中形成可感知、可深入体验的真实历史文化环境；在建筑设计层面，要在认真保护历史建筑的基础上，重视新建筑设计的文化内涵和精神的塑造；从城市空间塑造的体系架构上，整体设计论要求将历史资源的保护与城市公共空间的塑造有机结合起来，内容包括历史文化地标点的当代塑造、历史文化廊道的串联整合以及整体历史文化网络体系的构建。

---

① 吴良镛在2004年介绍南京江宁织造府博物馆设计方案时的说明

整体设计论要求把城市有形和无形的历史文化资源传承下来，以整体创造的思维和城市设计的手法，把经过保护的历史“碎片”与当代空间创造联结起来，与当前城市的经济发展、居民的工作生活衔接起来，建立历史资源与周围用地、功能、景观及环境间的互动关系，形成相对完整的历史文化空间体系，并融入为市民大众服务的现代城市公共空间体系中，使之对当代城市生活、城市文化起到更积极的作用。

因此，这项工程不是保守的，不能理解为仅仅是旧有历史建筑的恢复。关于设计创造的新与旧，吴良镛在《弘扬首都壮美秩序，重振北京古都新貌》一文中指出：从大的方面来说，新建筑的创作要服从北京整体秩序格局的需要；从小的方面来说，应该在新的情况下培育类似于旧有建筑环境的“地点感”（the spirit of place）。这个新的“地点感”的创造，就在于从城市的某个地区、某个地段出发，分层次地根据特有的条件进行具体分析和探索，“寓新于旧”；要从城市的造型特性、尺度结构、空间特色、人文内涵等方面来思考和探索新建筑的创造；各个建筑形式的创造既要具备城市整体性，又要有各自的表现力，“和而不同，违而不乱”，共性中有个性。

整体设计论鼓励新文化的培养、发育，即要在保护的前提下，在新的城市社会经济背景下，整合历史、文化和艺术的遗产以及当代的建设和文化的创新，对历史文化遗产及当代环境进行再设计，创造新旧交融的当代文化和空间秩序，形成城市文化发展的空间新载体，并赋予时代的功能和活力，使历史文化遗产能够成为市民喜闻乐见的、植根于当代生活的文化场所和空间，实现历史文化名城保护的根本目的。

3.5 渐进更新论——从一蹴而就的改造到试点渐进的有机更新

历史城区的保护更新比一般地区复杂得多，有更加严格的历史建筑和地段保护规定，有更加严格的城市规划控制要求，往往经济的投入更大，而近期的经济产出却不明显，再加上多年历史累积问题的叠加，使得许多城市历史城区、历史地段的复兴步履维艰。也正因如此，现实中广泛存在两种错误的导向：一是认为历史文化遗产保护难以达成共识，容易招致社会批评，在实践中干脆不触及矛盾，任由历史地段被自然侵蚀、人为破坏；二是期望用一次性房地产开发的方式改造、更新，在短期内一下子“改善”空间面貌。

渐进更新论反对上述两种倾向，倡导渐进更新，即采用“有机更新”的手法和“渐进改善”的程序。渐进更新论认为，历史文化名城、历史地段的进步要靠真实的行动去推动。历史城区、历史地段是居民今天仍然生存的空间，由于历史的原因和长年缺乏维护，建筑多已变得破败，缺少基本的配套设施。因此，不能无视居民要求改善生存空间、拥有现代化生活权利的呼声，不能简单否定更新，将保护仅停留在口头上。同时，历史文化名城是在长时间的发展进程中，由许多参与者共同创造、逐渐形成的，因此历史信息丰富、文化内涵深厚、空间丰富多元。同时这些地区往往也是社会结构、产权制度十分错综复杂的地区，私房、公房、经租房政策不一，原业主、老住民、后租户的需求不同，需要深入、细致的调查和分析，而不能仅凭事前的简单调查以及多数居民的改造呼吁就做出一次性简单改造的决定①。对于这样的地区，简单的一蹴而就、大拆大建的大规模改造，将使得丰富的历史信息被粗暴处理，深厚的文化内涵被简单覆盖，丰富多元的空间关系难以留存，同时复杂的产权纠纷、历史遗产保护的社会呼吁也将使得这种方法难以为继。这样的错误一旦犯下，就再无纠正的机会，今后再无法通过渐进改善的思路，通过试点实践—总结反思—完善再实践来不断改进、完善保护工作。

---

① 对引发社会广泛讨论的南京老城南改造“事件”，笔者曾分析过不同居民的不同愿望。虽然在改造前，根据区政府的调查，在数量上，绝大多数的现住户要求政府帮助改造改善居住条件。但分析下来，这一呼吁多来自经租户、而非私房业主，对经租户而言，老城南只意味着拥挤和破烂，如果拆迁改造，政府的补偿以及住房保障制度可以让他们大大改善居住条件。而随着时间的变迁，老城南地区经租户的比例已大大高于私房业主。另一方面，私房业主的心态也是复杂矛盾的，不借助政府的改造，他们永无希望让经租户离开，真正拥有自己的私产，因此一些私房主选择了在改造前期沉默甚至支持，但一旦经租户离开，他们就借助媒体呼吁保护自己的老宅和物权；还有一部分产权继承关系较为复杂的业主们，多个产权人之间的利益难以协调，使得他们倾向于接受较易分割的房屋改造补偿款

因此，渐进更新论以谨慎仔细的态度对待历史文化名城的保护，反对以往的大规模推倒重建和改造，倡导小规模渐进改善、小尺度有机更新。关于有机更新，吴良镛（2009b）提出：“城市永远处于新陈代谢之中，居住区内的住房更是如此，城市的细胞总是要更新的，保留（相对）完好者，逐步剔除破烂不适宜者”，“规划建设时，新的建设宜较为自觉地顺其肌理，用插入法以新替旧，一般无法全面推倒重来”。吴良镛（2009e）在《弘扬首都壮美秩序，重振北京古都新貌》一文中特别讨论了如何通过处理好中间地带建筑使得有机更新的历史环境协调：“在重点建筑地段周围地区，应该严格控制处于陪衬地位的新建筑物的高度，体量上不宜大；若有可能，布局上宜采用类似庭院式的空间组合方式；造型上应当协调而不宜过于突出。总之，在这些地方可以有意识地发展所谓‘中间地带建筑’（architecture of intermediary zone），以陪衬历史的建筑群。”

同时，渐进更新论将历史城区、历史地段的复兴过程视为一个不断完善的发展过程，提倡通过试点项目积累经验，不断反馈完善，直至找寻到解决复杂敏感问题的妥善之路。西方历史文化和旧城保护实践也表明，保护实践过程是“一个强调连续而非断裂的有机过程”，“一种累进重读（incremental rereading）的规划过程”，强调将每一次建筑整治或插建、功能改善或调整都看作对以往的“医治”，是历史城区对于现代适应性的一次尝试。

3.6 文脉承创论——从历史传统的割裂到文脉的继承发展

文化传统是先人智慧的结晶，是千年累积的经验。虽然全球化时代的中国已经完全不同于故步自封的封建帝国，但是中国文化传统中关于人与自然的关系、人和社会的关系、“天人合一”、“和谐共存”的理念，仍然适用于当代社会。自然山水的环境告诉我们身在何处，历史文化的印迹告诉我们来自何方。在日益全球化的世界里，文化传承显得尤为重要，它是我们在所谓世界“地球村”里自我认知的基础。

但是文化传统的当代传承，特别是历史资源和传统风格的当代运

用是个有争议的话题，对此，吴良镛曾经就北京的建筑风格问题展开论述："对于北京新建筑的艺术特征，建筑师们的认识还不一致，这有历史和现实两方面的原因，问题较为复杂，不足为怪。过去建筑界批判'复古主义'，人们谈古色变，心有余悸。时至今日，建筑界仍认识混乱，担心'复旧'，而当前的主要问题已经是历史虚无主义的问题。改革开放之后，国外各种流派潮水般地涌进，一时令人应接不暇。我们当然要借鉴外国的经验，但在文化多元、学派纷繁的情况下，要提倡分析、辨别、消化、吸收；对传统建筑存在偏见，甚至肤浅地嫌弃它陈旧、过时等，说明对传统建筑的修养不够、理解不够、功底不够；为了解决'燃眉'之急，搬用传统的部件来拼装新建筑，其中除了手法高明低下的悬殊差别之外，建筑师的主观努力也有问题"（吴良镛，2009e）。

正是因为上述价值观和设计技法的问题，文化传统的传承在现实中往往被简单误读。由于对文化传承的简单表层理解，形成了现实中两类错误的倾向：一种是割裂传统，认为当代社会已经完全不同于传统社会，先人的经验难以学习借鉴，一味强调学习西方的先进经验；另一种是冻结传统，忽视传统文化传承中的新时代特征，在当代社会仍然简单复制传统风格建筑。事实上，这两种倾向都不利于文化传统的继承和发扬。南京作家叶兆言指出："历史既可以是面引以为鉴的镜子，又可以是个深不见底的大陷阱。如果不用开拓的思维对南京这座古城进行新的审视，一味地缩手缩脚，南京人将在巨大的历史负担面前，不知所措，走投无路"（叶兆言，2009）。

对于传统的认知，需要辩证理性。传统是个广义的概念，既有物质文化的传统，也有非物质文化的传统；既有优良的传统，也有糟粕的部分。无疑我们需要继承的当是传统中的优良部分，对于糟粕部分，则需要扬弃。

文脉承创论以辩证的思维对待历史传统和发展中的新传统，在当代环境中探索继承发展传统的途径，需要认识到变化是时代的大趋势。同封建帝国时期的都城营建相比，当代城市建设发展的变化节奏、变化规模、变化内容、变化尺度都发生了根本改变，工业时代的城市景

观和特征完全不同于小农经济时代的城邑。封建社会的君臣、父子、等级、秩序等社会关系在现代都市中也发生了根本变化，城市人口的流动性、社会发展的民主意识都使得今天的城市越发多元，更加强调多元人群的包容和平等，而从文化的变迁来看，今天的城市已经很难用一种秩序、一种道德规范、一种文化来约束，多元文化并置已经成为时代的潮流。因此需要在当代环境中发展新传统。

文脉承创论以辩证的思维对待历史传统和发展中的新传统，以综合融贯的方法处理历史传统的继承与新文化的创造的关系，它需要对传统进行深入研究和理解，需要在当代环境中探索继承发展传统，需要结合城市的实践不断形成经验。对此，吴良镛曾经指出："在这全球化、跨文化的大时代，为什么不能尝试运用一点新时代的、中国的、具有地方主义与历史主义的中国元素结合西方现代建筑理念"，"当新则新；又不怕被人指为'泥古'，其风格所尚，是在现代建筑的意蕴之上，运用历史主义的手法，表述地域主义的话语"（吴良镛，2009a）。这一思想在吴良镛主持设计的北京菊儿胡同中得到很好体现，它成功地传达了中国民居文化中的"邻里精神"，在提供现代建筑公寓住宅所具有的便利性和私密性的基础上，发展了传统民居在现代城市中的模式，创造了符合时代的新四合院居住类型，使得现在居住在其中的居民可以适应现代生活需要。

3.7 战略协同论——从"就保护论保护"到综合战略的协同

摆脱我国历史文化名城保护面临的困境不仅需要保护方法、手段、机制的不断完善，更需要超越保护工作自身，让历史资源保护促进当代文化发展，使遗产保护、文化发展成为城市内在的动力要求，成为城市综合发展战略的有机组成部分。这要求必须调整现有的城市发展过分强调经济增长的价值取向，尤其是历史文化名城，要特别重视将以文化为导向的发展作为城市发展战略的基本取向。

更加重视以文化为导向的发展也是中华民族复兴的内在要求。在经历了改革开放30多年的快速发展之后，中国正以自己独特的方式在世界上和平崛起，这为中华民族的复兴奠定了重要的物质基础。但要真正崛起成为世界大国，仅仅有经济实力是不够的，还必须有足够的文化影响力和核心价值，中华民族的复兴必须有坚实的文化基础作为支撑。这就要求中国在保持经济持续发展的同时，必须更加关注文化的意义和精神的追求。

战略协同论强调：在国家倡导更加全面、协调、可持续的科学发展的时代背景下，要调整过去唯经济增长的导向为更加科学、协调、平衡的发展追求。而在历史文化名城，历史资源的保护利用以及以文化为导向的城市发展应当成为城市综合发展的基本方略。一方面，历史文化名城保护需要城市科学合理的功能定位、谨慎选择的产业结构作为经济基础的支撑，需要经济发展与城市空间战略的协同，需要历史文化遗产的保护与当代新的城市建设发展的有机协调；另一方面，以文化为导向的发展战略可以在知识经济到来的时代里，给城市带来持续的竞争力和经济的活力。

3.8 社会支撑论——从专业技术的历史保护到社会支持的公共政策

历史文化名城保护表面上看起来是技术问题、专业问题，但实际上历史文化遗产保护之所以困难，是因为这是一个涉及立场、价值观和利益的社会问题，涉及众多的社会利益群体。因此说历史文化名城保护归根到底不是技术问题、专业问题，而是社会问题，同时也是复杂问题、困难问题。

首先，传统保护规划的致命弱点是把历史文化遗产保护视为专家和个别部门的一项技术工作，而忽略其社会属性和公共政策属性。到目前为止，我国的历史文化遗产保护还是在国家的保护体系基础上，主要由少量专家来推动的，保护工作过于专业化并且缺乏群众基础，必然会影响到保护的社会实效，完全依赖保护专家的不辞辛劳和四处奔走呼吁是远远不够的（张兵，2001）。历史文化遗产保护在最初阶段需要有前瞻性的专家引导推动，但长久的发展、真正的全面实施不能仅仅依赖文化精英，而要依靠社会和民众的集体力量（焦怡雪，

2002)。关于历史保护的市民参与问题，吴良镛指出："宜居环境的建设是广大市民参与的共同创造，要相信群众，相信公众的创造精神。时代不断前进，新的事物永续成长，城镇是复杂系统，又是生成整体，具有自组织性。我们要相信社会大众蕴藏着丰富创造潜力，尊重人民的积极性与首创精神建设家园"（吴良镛，2009d）。

其次，传统保护方法对规划实施的政策和制度支撑的研究不够。对此，吴良镛曾经指出："错综复杂问题的解决不能仅寄托于技术因素，而必须与非技术因素综合予以解决，否则不能找到解决问题的答案"（吴良镛，2008b）。当历史文化遗产保护缺乏政策和制度支撑时，历史文化名城保护的有效性和实效性就容易成为一个"偶然"的行为和结果，取决于一城一地的专家力量、民众意识和领导水平，取决于一时一任的发展思维和导向，无法实现历史文化遗产保护的可持续性。

还有，既有的保护方法多局限于物质空间的保存，而较少关注空间背后的社会经济生活和综合活力。但实际上，如果抛开老百姓的需要，只简单保护物质空间，而物质空间与现代化的生活内容、设施、交通条件相冲突的话，保护的目标最终也难以实现。关于历史保护与市民的关系问题，吴良镛认为，首先要解决好居民的需求，他指出，"在旧城更新中，原住民全部迁出，民怨很多，各地有这样做但效果不好。保证市民得以安居是政府的基本职责之一，特别普通人的安居可以通过非营利组织、自助或社会住宅等方式推动，逐步解决。普通人住房问题不能寄希望于开发商。20世纪80年代末北京菊儿胡同的实验被总结是'一举四得'：新建设与历史文化遗产保护相结合；新建设与房改相结合（三分之一是原住民回迁，三分之一灵活处理，还有三分之一是高价商品房，以补助原住民回迁的费用）；新建筑与危房改造相结合；旧城改造与新区建设相结合"（吴良镛，2007b）。单霁翔也有针对性地指出：文化遗产应融入社会生活，在保护中利用，在利用中进一步诠释和丰富它们的综合价值。应关注文化遗产对于提升民众生活质量、创造城市文化环境所具有的不可替代的作用。保护文化遗产不应排斥对其合理利用，而且合理利用恰恰是最好的保护。

社会支撑论强调社会问题应该靠社会来解决，需要全社会的参与

和支撑，需要多元社会角色的协同。复杂问题必须要有一揽子的综合策略支撑来解决，而实施问题则必须综合考虑当代可能、代际平衡及代际的可持续问题。

社会支撑论重视历史文化遗产保护的社会属性，重视历史文化名城保护与城市发展、社会进步、百姓利益的关联，鼓励公众参与，重视民众的宣传教育，重视社会共识的培育过程。要求建立一个包容、开放的决策过程，建立多方平等参与的平台与机制，变“自上而下”的改造为“自下而上”的多元参与性复兴，鼓励各收入阶层的居民按照各自的方式积极参与加入到保护工作中来，通过公众参与达成社会共识，获得保护规划实施的广泛社会基础。

同时，社会支撑论重视历史文化遗产保护的政策和制度支撑。“保护规划的技术要点不是划定各种各样的保护范围和提出保护规定，而是要解决保护范围和规定背后，如何通过规划政策手段将遗产纳入到一种较为理性的变化过程当中，引导可能的变化，使新的发展可以延续过去历史的和场所的精神的问题”（张兵，2001）。社会支撑论强调在制度支持下进行保护和复兴，要求建构一套完整的实施支撑体系，包括不断完善的法律规范体系、多元角色协同的责任保护体系、多渠道的资金保障体系、政府主导部门联动的实施行动机制等。

第4章 城市发展论——以历史南京城的演变为例

城市从来就不是静止的遗址，历史文化名城自产生发展到现在，本身就是动态演变的产物。那些不能适应时代变化的城市，在大浪淘沙的历史进程中，有的已经被自然淘汰，有的则逐渐衰落。只有那些能够不断适应时代变化要求的城市，才能演进发展生存至今。

自公元前472年范蠡筑越城起，南京至今已经有2480余年的建城史、450余年的建都史。自孙权定都建邺起，南京先后经历了东吴定都建邺、东晋南移建康、南朝兴盛辉煌、南唐随后中兴、明初鼎盛盛极、民国建都再盛等历史沧桑。其间虽因作为都城的政治原因，有数次被抑制发展的短暂历史，但它总能撅而再起、衰而复振，非人力所能抑制，表现出顽强的生命力，也形成了延绵不息、灿烂辉煌的历史文化。

南京位于长江下游，在长江三角洲的西端，地跨长江两岸，东距长江入海口约300千米（图4-1为历史南京城周边地形图）。万里长江自西南滔滔而来，绕过南京折向东去，古为天堑，屏障江南，其形势山环水绕、易守难攻。由于便利的水陆交通，南京又在中国东西关联、南北沟通中占有重要地位。南京得天独厚的自然条件，加上位于长江下游富庶的太湖流域和江淮平原之间的地理条件、区域位置，使其成为六朝古都、十朝都会之所在。诸葛亮赞曰“虎踞龙盘”；朱元璋认为，“建邺长江天堑，龙蟠虎踞，江南形胜之地，真足以立国”。

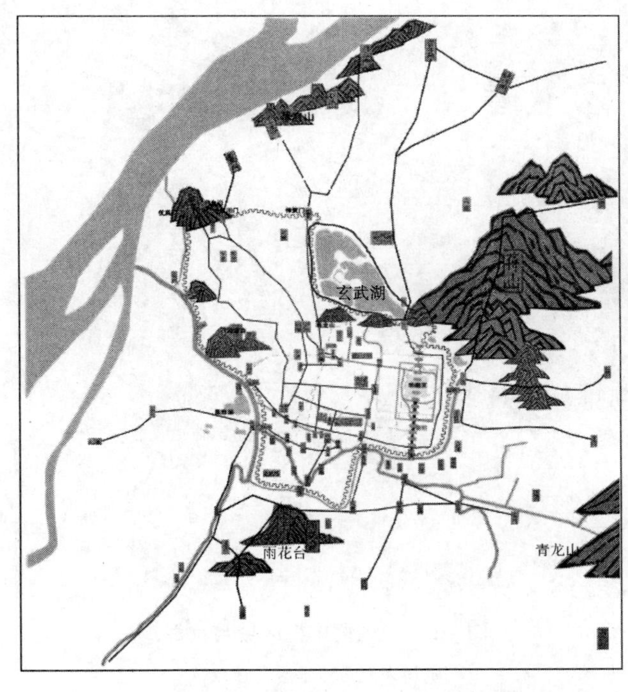

图 4-1　历史南京城周边地形示意图

众所周知，在中国历史上，都城往往是一定时期内国家的政治、军事和文化中心，因此选择都城的区位时必须掌握全局，富有高远识力和富强远图的眼光。沙学浚（1943）认为，都城所在的区域应该是国家的“中枢区域”：“欲统治中国，必先统治腹里，欲统治腹里，必先统治中枢区域。首都为国家生活之指导中心，政治力量之策动源泉，自必于中枢区域求之”（图 4-2）。从地理上看，古代中国的中枢区域大致相当于南岭以北、长城以南、西起太行山及贵州高原东缘、东迄于海的区域，面积约占全国五分之一，人口则占五分之三，而其中南京与北京正分居中国核心地区的南、北核心位置，大运河是联系二者的重要途径（武廷海等，2008）。

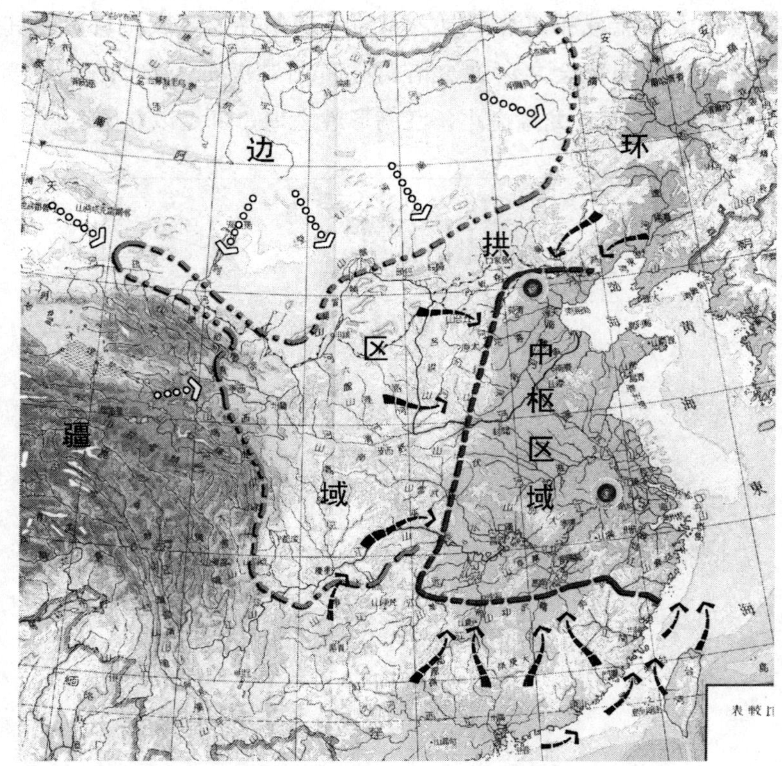

图 4-2　中国之中枢区域与首都

资料来源：沙学浚，1972

4.1　早期南京地区城镇的发展和空间演变

3000 多年以前，中国的政治经济和文化中心都位于黄河流域，南京一带尚被认为是“荆蛮之地”。公元前 12 世纪，商朝末年，西伯君主周太王姬亶父欲将王位传于少子季历，长子太伯、次子仲雍让国于弟季历及侄昌（即后来的周文王），出走“奔荆蛮，自号勾吴”。公元前 1122 年，周武王封太伯、仲雍之后周章于吴地，国号“吴”；封楚子鬻雄于丹阳，国号“楚”；封越祖少康之子初于越，称“东越”。南京地属吴，西邻楚国，故有“吴头楚尾”之称（苏则民，2008）。

4.1.1　春秋战国时期

春秋时期（公元前 585 年～前 476 年），吴楚争雄，兵戈连年，南

京在二者交界处，进退于吴楚之间。出于战争的需要，楚在今南京江北的六合县建棠邑，吴在今南京江南的高淳县建濑渚邑（后世称“固城”）。棠邑、濑渚两城邑为今南京地区最古老的两座古城邑，其归属频繁更替于吴楚之间。

战国时期，七雄争霸中国。“周元王四年（公元前472年），范蠡佐越灭吴，欲图霸中国，立城于金陵，以张威势。”越城是南京可考的最早城池，为南京建城之始。它位于今南京中华门外长干桥西南雨花台一带，城周“二里八十步”，北凭秦淮河，南与“长干山相连，形势特重”①。

随后越国不敌楚国，楚的势力逐步发展到南京长江以北，夺得棠邑，将其作为楚在江淮一带统治的据点。公元前333年，楚伐越，尽取吴故地，于今南京城内清凉山置金陵邑，南京由此得名金陵②(图4-3)。

图4-3 春秋战国吴越楚地图

资料来源：陈沂，2006

① 读史方舆纪要．转引马伯伦（1994）

② 据六朝史料集《建康实录》记载：“越霸中国，与齐、楚争强，为楚威王所灭，其地又属楚，乃因山立号，置金陵邑也。楚之金陵，今石头城是也。或云地接华阳金坛之陵，故号金陵。”

4.1.2 秦汉时期

秦汉是中国历史上第一个封建大一统帝国时代。当时的南京地区，与中原相比，仍属不发达地区，“楚越之地，地广人稀”。

秦始皇统一中国后，在全国推行统一的郡县制，“分天下以为三十六郡”（辛德勇，2006）。南京地区属会稽郡。秦始皇二十六年（公元前221），在今六合境内置棠邑县，后又先后设置了江乘县（今南京栖霞山江崃村一带）、秣陵县（今江宁秣陵镇）、丹阳县（今江宁小丹阳镇附近）、溧阳县（今高淳县古固城）、胡孰县（今江宁湖熟镇）等（蒋赞初，1980）。

为有效控制全国，秦始皇于统一全国后的第二年，下令修筑以咸阳为中心、以驰道为主的全国交通干线（图4-4）。史料记载，秦始皇

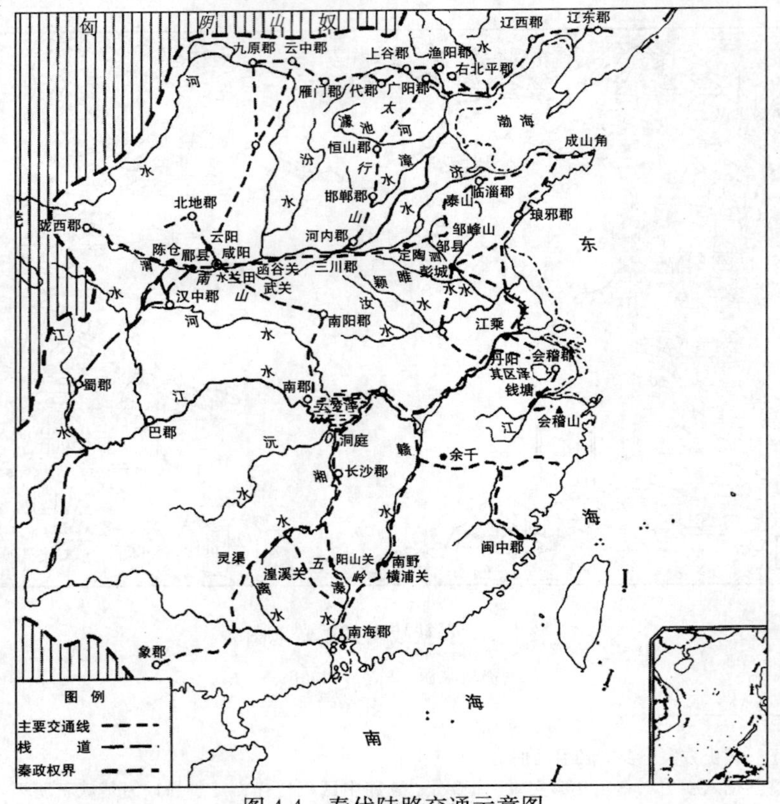

图4-4 秦代陆路交通示意图

资料来源：蓝勇，2002

三十七年，“始皇出游……过丹阳，至钱唐。临浙江……上会稽，祭大禹，望于南海……还过吴，从江乘渡”[①]，说明当时已有“国道”驰道经由丹阳、江乘，与都城咸阳相通。

入汉后，汉因秦制，行政建制无大变化（图 4-5）。东汉末年，政局动荡，军阀征战。南京以其守江凭淮、“龙蟠虎踞”的地理形势脱颖

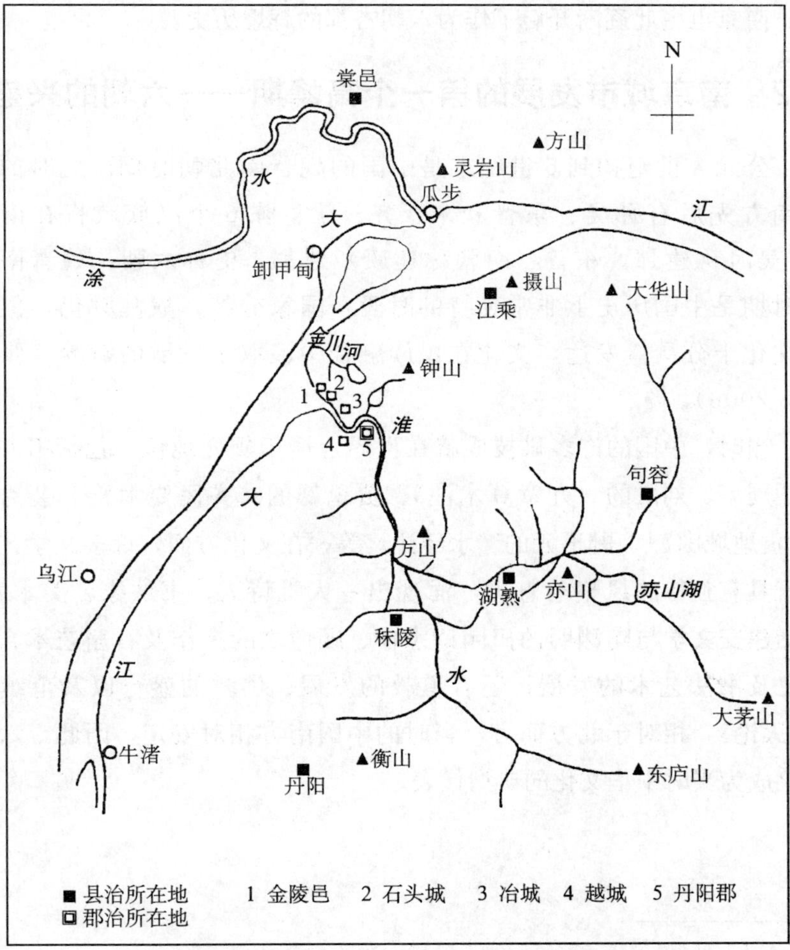

图 4-5　南京地区秦汉时期郡县图

资料来源：苏则民，2008

① （汉）司马迁．史记・卷六・本纪六・秦始皇本纪．转引自周岚等（2008a）

而出。195～200年，江东孙策在今南京城中心地区建立了将军府邸。211年，孙策弟孙权将孙氏统治中心从京口迁到秣陵。次年，孙权在孙策府第的基础上修建“府寺”①，并在当时秦淮河与长江交汇的战略要地“石头山”上建造“石头城”②，城周“七里二百步”，同时改“秣陵县”为“建业县”。由此，孙权就以建业作为他成就东吴建国大业的基地，南京也由此逐渐开启了作为六朝古都的辉煌历史。

4.2 南京城市发展的第一个高峰期——六朝的兴盛

公元3世纪初到6世纪末是中国的魏晋南北朝时期。此时的中国南方先后有孙吴、东晋和宋、齐、梁、陈6个汉族政权在南京（孙吴时称建邺，东晋、南朝称建康）建都，史称六朝。魏晋南北朝时期是中国历史上非常独特的时段，国家分裂，战乱频仍，但科技文化十分昌盛发达，文化在民族融合中汲取了发展的营养（张学锋，2006）。

当时，中国的许多科技成就在世界上居于领先地位，包括祖冲之的圆周率、刘徽的《九章算术注》、贾思勰的《齐民要术》③、裴秀的《禹贡地域图》④、郦道元的《水经注》等；在文化方面，许多文学艺术成就具有独特的风格与魅力，涌现出一大批诗人、书法家、美术家，包括建安文学与陶渊明的田园诗杰作、顾恺之的杰作及石窟艺术、王羲之及书法艺术的发展，还有道教的发展、佛教的盛行以及范缜的《神灭论》。相对于北方而言，当时的中国南方相对安定，因此，六朝文化成为当时中华文化的典型代表。

---

① 《三国志》卷四十七《吴书·吴主传》注引《江表传》载吴大帝孙权于赤乌十年改作太初宫（一称“建业宫”）时诏曰：“建业宫乃朕从京口来所作将军府寺……”转引自周岚等（2008a）

② 同上注，曰“建安十六年，权徙治秣陵。明年，城石头，改秣陵为建业”。转引自周岚等（2008a）

③ 贾思勰撰写的《齐民要术》是中国现存的最早的最完整的农书

④ 英国著名科学家李约瑟（Joseph Needham）在《中国科学技术史》中赞誉裴秀“堪称中国科学制图学之父”

4.2.1　东吴的定都

229年4月，孙权在武昌称帝，当年9月迁都建邺（今南京），开创了南京作为都城的历史。

随着三国鼎立版图格局的逐步形成，当时的南京作为孙吴的首都，迅速发展成为当时长江中下游地区的政治、经济和文化中心。为了加强都城与太湖地区及宁绍平原的沟通与融合，东吴开凿了“句容中道”及“破岗渎”[①]，使得建邺与周边的城市，如京口（今镇江）、芜湖、宛陵（今宣城）、吴（今苏州）、会稽（今绍兴）、武昌（今鄂州市）等形成了密切的联系。

都城建邺（图4-6），作为与曹魏都城洛阳、蜀汉都城成都三足鼎立的都城之一，市井繁华，正如左思在《三都赋·吴都赋》中所描述，市内店肆林立，百货齐备，车水马龙，以至“挥袖风飘而红尘昼昏，流汗霡霂而中逵泥泞”，“开市朝而并纳，横阛阓而流溢”，“轻舆案辔以经隧，楼船举帆而过肆”，“乘时射利，财富巨万”[②]。

4.2.2　东晋的南北交融

东晋时期，中原及北方先后有10多个政权更迭，淮河以北陷入战乱之中。相对于黄河流域的军事纷乱，江南地区相对安宁，为避战乱，大批北人南下。司马睿等利用旧都建业的有利条件，融合南北士族的势力，积蓄力量，于317年在建康（今南京，图4-7）建立东晋王朝。

东晋的定都和北人的南迁，不仅为南方增加了劳动力，而且也带来了中原的先进生产工具和生产技术及文化风俗，促成了建康城人口

---

① 《三国志·吴书·吴主传》载赤乌八年八月“遣校尉陈勋将屯田及作士三万人凿句容中道，自小其至云阳西城，通会市，作邸阁。”《建康实录》卷二载赤乌八年八月，“使校尉陈勋作屯田，发屯兵三万凿句容中道，至云阳西城，以通吴、会（稽）船艦，号破岗渎，上下一十四埭，通会市，作邸阁。”转引自周岚等（2008a）

② （晋）左思．三都赋·吴都赋．转引自王永平（2009）

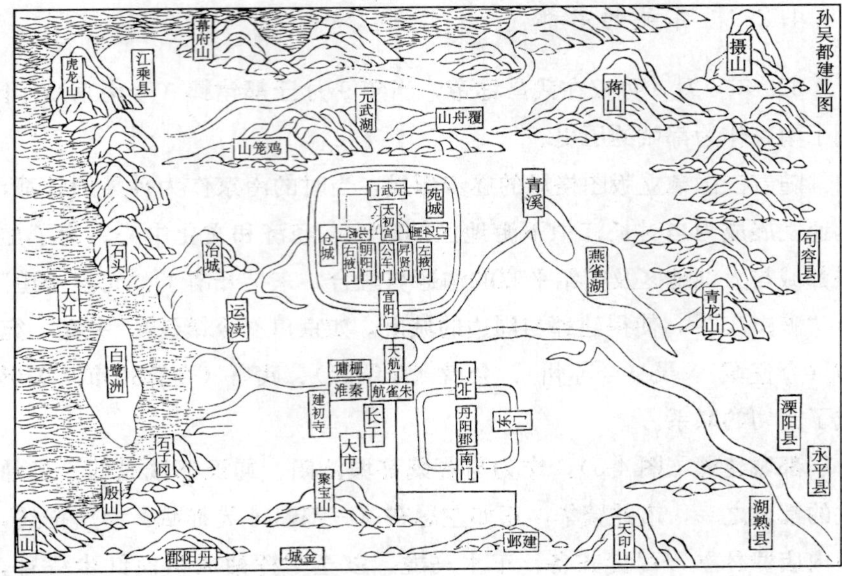

图 4-6　孙吴都建邺图

资料来源：陈沂，2006

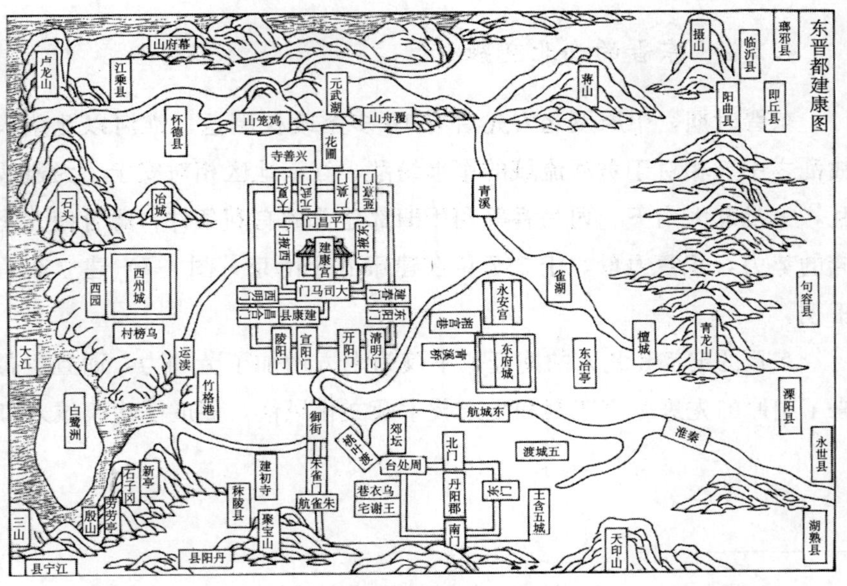

图 4-7　东晋都建康图

资料来源：陈沂，2006

的迅速增长。南京也在这一阶段从一个典型的吴地城市逐步转变为南北文化融合的中心城市，南京的方言也由此开始了由吴语系向北方语系的转变，反映了吴文化与中原文化的融合（张学锋，2005）。图 4-8为东晋都建康复原示意图。

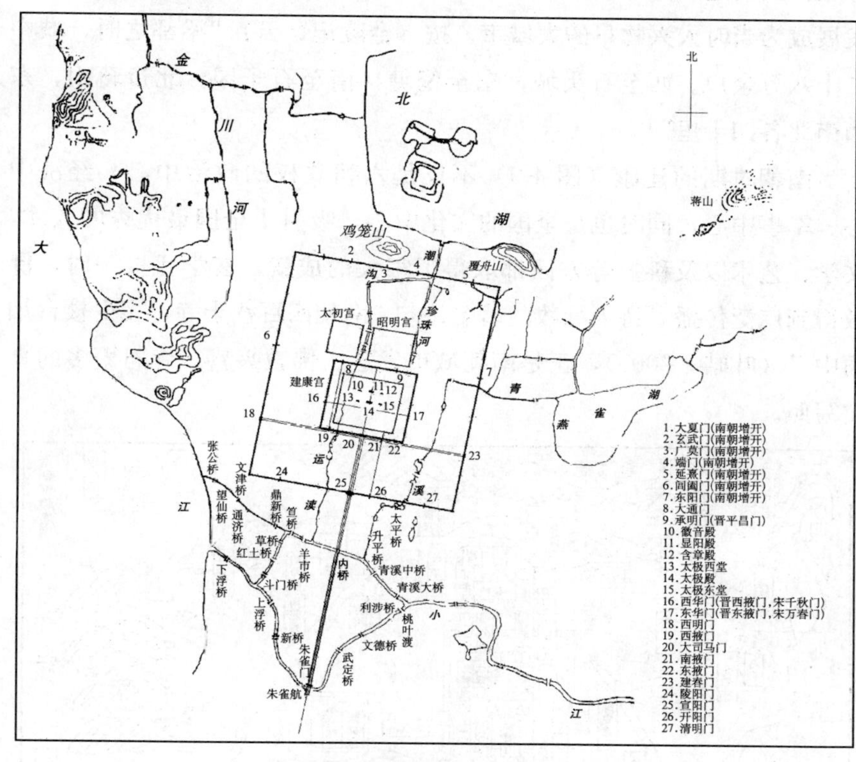

图 4-8 东晋都建康复原示意图

资料来源：苏则民，2008

4.2.3 南朝的兴盛

东晋之后，中国南方相继出现宋、齐、梁、陈四朝，史称“南朝”，皆以建康为都城。经东吴、东晋对南方的开发和经营，到南朝时期，中国南方已经比较发达，“全吴之沃，鱼盐杞梓之利，充仞八方；丝绵布帛之饶，覆衣天下”①。

① （梁）沈约．宋书·列传第十四．转引自成林等（2005）

而从文化的角度看，六朝时期是中国历史上非常独特的时段，国家分裂，战乱频仍，但文化十分昌盛发达。由于分裂时期官方控制力的降低以及北人南迁带来的文化交融，多样化的思想流派、艺术风格、宗教派别迅速产生、传播和发展，江南得到进一步发展，六朝的建康发展成为当时人兴物阜的大城市。按《金陵记》云："梁都之时，城中二十八万余户。西至石头城，东至倪塘，南至石子冈，北过蒋山，东西南北各四十里"[①]。

南朝时期的建康（图 4-9）不仅是六朝政权的政治中心、经济中心、军事中心，同时也是全国的文化中心，吸引了全国最优秀的人才，文学、艺术以及科技等方面都取得了很大的成就，玄学盛极一时，佛教得到广泛传播。诗人杜牧的著名诗句"南朝四百八十寺，多少楼台烟雨中 "（叶皓，2005），正是南朝城市发达、佛教兴盛、寺庙繁多的真实写照。

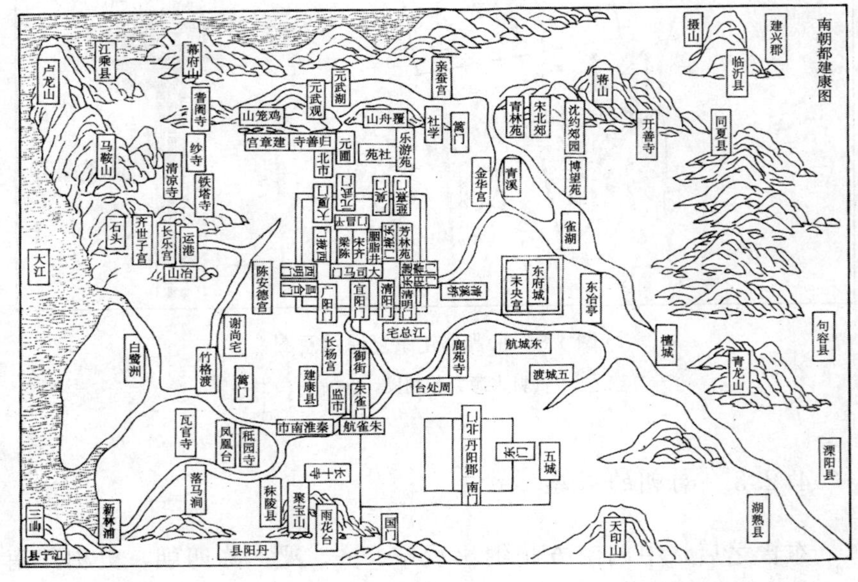

图 4-9　南朝都建康图

资料来源：陈沂，2006

① （宋）乐史．太平寰宇记·卷九十·江南东道二·昇州．中华书局，2007. 转引自成林等（2005）

此时的建康还是一座有着广泛国际联系的都市，“在东晋、南朝的 270 余年里，海外使臣到建康贡献方物、奴隶和异兽的有来自 20 多个国家与地区的近百批次”（罗宗真，1994；梁白泉，1998）。建康的儒学、佛学、建筑术、礼制、书法、陶瓷工艺等也传播到今朝鲜半岛、日本、越南等地。日本考古学家吉村怜先生曾说：“从文化上来说，6 世纪的南朝宛如君临东亚世界的太阳，围绕着它的北朝、高句丽、百济、新罗、日本等周围各国，都不过是大大小小的行星，像接受阳光似的吸取从南朝放射出来的卓越的文化”（吉村怜，2002）。

4.2.4 六朝的都城建设

东吴的建业和东晋南朝的建康都城，其建造都吸取了北方中原地区都城的文化经验。例如，皇宫及宫城的制度，天地郊坛、太学、庙社、明堂等国家礼仪建筑和空间的建立，皇家园林和大量私家园林的产生，复杂的军事防御系统的构建，国际交流机构和相关礼仪系统的配置，服务于精神活动的设施、宗教机构、陵墓制度的设立等，这些前所未见的都城建设内容给历史南京城带来了巨大的变化，也对周边国家的建筑技术水平的提高产生了深远影响。例如，北魏营建洛阳都城时就派蒋少游等前来南朝考察，将南朝建康都城的建设成就运用到洛阳都城的建设中去。根据学者们对六朝瓦当的研究，建康的瓦当风格及与瓦当相关的建筑艺术也已传布到北朝及今天的韩国、日本、越南等周边国家和地区（贺云翱，2004）。

同时，六朝都城也保持了南方城市的特色，重视山水地形的融入，突出表现在对周边山系的利用上。石头山是宁镇山脉最高峰钟山及其西面余脉与沿外秦淮河系列山丘的汇集点，它虎踞在长江边，南临秦淮水，形势极为险要，而石头山的石头城正是东吴建城的起始地。城市南部牛首山脉的主山有两个突起峰峦，六朝城市轴线正从这两个突起峰峦中间穿过，即以牛首山两峰为“天阙”。覆舟山麓，贵族的园林别墅集中在青溪两岸，整个城市融于山水之间。

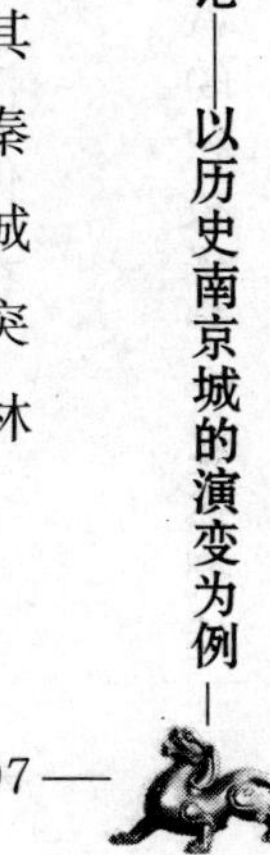

4.3 南京城市发展的第二个高峰期——南唐中兴前后

4.3.1 隋唐时期南京的衰变

隋唐时期，国家统一，经济繁荣。这一时期，南京及其周边地区发生了三大变化。一是作为六朝都城的建康城繁华不再，“霸气尽而江山空，皇风清而市朝改。昔日地险，实为建邺之都，今日太平，即是江南一邑”[1]。隋灭南朝陈后，出于政治的考虑，将六朝国都降级为一个普通的县治，蒋州“统县三，户二万四千一百二十五”[2]，定居建康城的不到1万人（南京市人民政府研究室，1996）。二是京杭大运河的开挖，加强了南北物资和文化的交流，进一步促进了南方的发展，尤其是沿运河城镇的繁荣。三是至唐朝后期，以江浙为代表的南方地区逐渐转为中国经济重心的所在（董文虎等，2008）。

隋文帝统一中国，结束了长期战乱和南北分裂的局面。但出于政治统治的原因，隋文帝加强了对东南地区的控制，实行抑制江南地方豪强势力的政策，“建康城邑宫室，并平荡耕垦，更于石头置蒋州”[3]（图4-10）的一纸诏书，一扫盛极一时的六朝都城繁华。六朝的盛极和隋唐的衰落形成了极大的反差，南京因此成为唐宋文人发思古之幽情的故都，留下了大量追忆南京六朝繁华的唐诗宋词（叶皓，2005）：“吴宫花草埋幽径，晋代衣冠成古邱”；“地下若逢陈后主，岂宜重问后庭花”；“金陵昔时何壮哉……金舆玉座成寒灰”；“凤凰台上凤凰游，凤去台空江自流”……真实的六朝盛景和文人的意象叠加在一起，构成人们印象中的“六朝繁华”，同样构成今天南京独特的历史文化积淀资源。

隋王朝最高统治者为了加强都城与东南地区的联系，特意开挖了沟通黄河、淮河、长江、钱塘江的大运河（图4-11）。大运河的开挖，促进了南北沟通，促进了南方的开发，也促进了沿河城镇的发展。仅在今江苏境内，沿线从南至北就有苏州、常州、润州、扬州、楚州、

---

① 王勃．江宁吴少府宅饯宴序．转引自叶皓（2005）

② （唐）魏征等．隋书·志第二十六·地理下．转引自邹劲风（2000）

③ （宋）司马光．资治通鉴·卷第一百七十七·隋纪一．转引自邹劲风（2000）

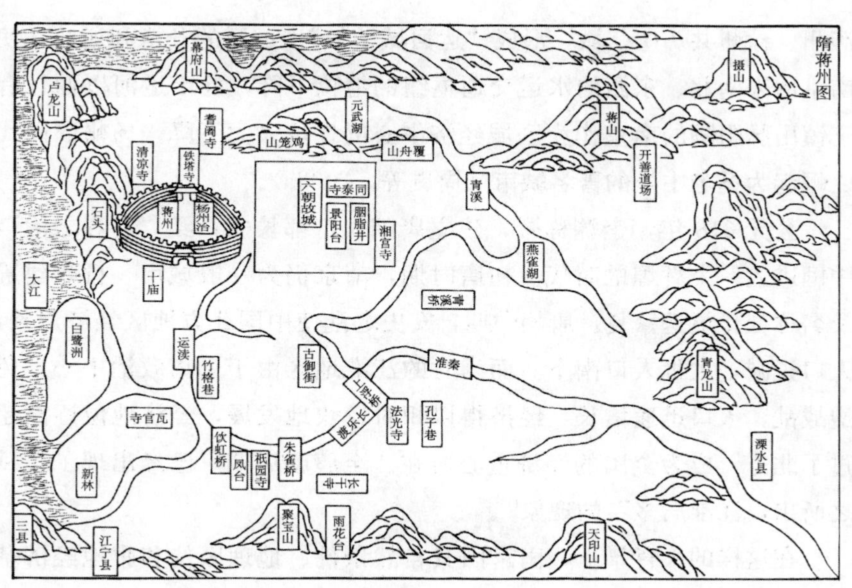

图 4-10　隋蒋州图

资料来源：陈沂，2006

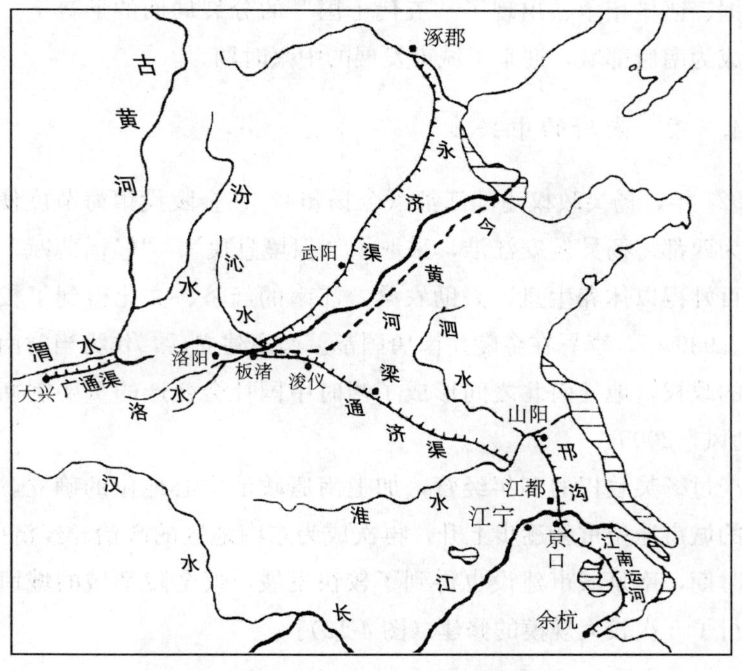

图 4-11　隋唐时期的京杭大运河

资料来源：苏则民，2008

泗州、徐州共7座州城，形成“运河城镇带”。运河的开凿和通航，使南京原来南北、东西的水运交通枢纽的地位下降，处于运河以西且有宁镇山脉阻隔的南京作为区域经济中心的地位大大下降，扬州取而代之崛起为扬名中外的著名城市（周岚等，2008a）。

公元618年，李渊称帝，建立唐朝，定都长安，经“贞观之治”，中国进入一个辉煌的时代。初唐时期，南京仍为一般城市，行政建置及名称变化更迭繁复。唐朝中期，安史之乱使中国北方地区经济萧条，人口锐减，大批人口南下。而当时的江淮地区由于远离政治中心，免遭战乱，人口迅速增长，经济得以相对较快地发展，经济地位逐渐超过了北方，成为全国的经济重心所在。至唐朝后期，已经出现了“赋之所出，江淮居多”的现象①。

在这样的大背景下，南京因其自然条件、地理区位和腹地经济基础，到了唐朝中后期，经济逐步复苏，农业、手工业、商业得到了相应的发展，又逐渐成为南方经济重镇和南北交通要冲。在唐代末年军阀割据、诸雄相争、出现了“五代十国”的分裂局面的形势下，南京再次成为南唐都城，迎来了城市发展的中兴时期。

4.3.2 南唐的中兴

927年，杨吴政权建都江都（今扬州），在金陵设镇海节度使，后又定为西都。杨吴偏安江淮，采取了“保境息民”、“轻徭薄赋”的政策，百姓得以休养生息，兴助农桑，江南的经济、文化得到了较快的发展。939年，李昪在金陵建南唐国都。南唐建立后，作为当时南方最强大的政权，地处南北之间形成了当时中国社会变迁的重要制衡力量（邹劲风，2005）。

经过杨吴政权的多年经营，加上南唐政治中心地位的确立，此时南京的城市地位重新逐步上升，再次成为东南地区的政治、经济中心。这一时期，南京城市建设也得到了较快发展，仅金陵都城的城垣就先后进行了5次较大规模的修建（图4-12）。

① 韩愈在《送陆歙州诗序》中云：“当今赋出于天下，江南居十九。”转引自邹劲风（2005）

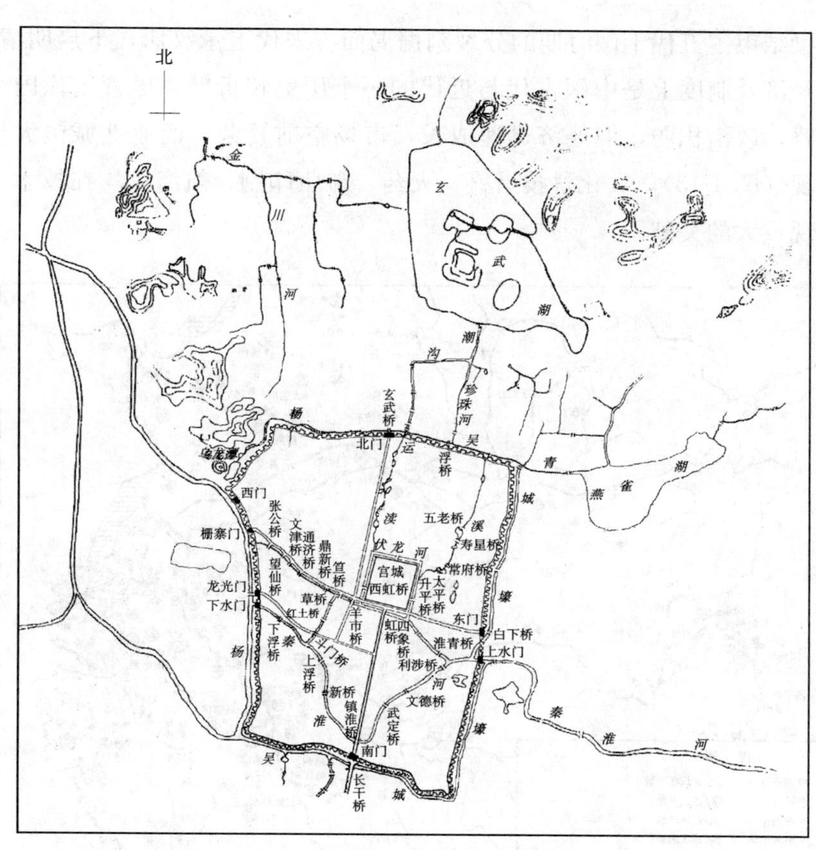

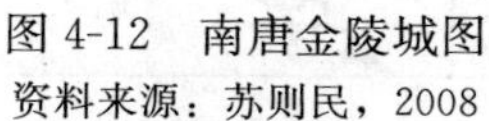

图 4-12　南唐金陵城图

资料来源：苏则民，2008

南唐金陵与六朝都城相比，规模宏大，位置南移，跨内秦淮河立城。南部修筑外秦淮河为护城河及南部边界线，北部开凿杨吴城壕作为城北护城河，将内秦淮河两岸的繁华的商业区和人烟稠密的居民区纳入都城，突破了六朝建康以“君”为本的单一的皇城功能，体现了“造郭以卫民”的规划思想。城市以中华路与雨花台的连线为轴线，宫城选址舍去已经荒芜的六朝宫城地区，定位于中华路轴线的北端。都城街巷的基本走向与轴线的方向一致，同时与城市内部水系的总体走向大致相同。

4.3.3　宋元的延续

976 年，南唐后主李煜奉表纳降，南唐国亡。北宋统一中国，定都

汴梁结束了五代十国时期的分裂割据局面。宋代上承汉唐，下启明清，在经济及制度上是中国古代与近代的一个历史转折期。尽管宋代国土日蹙，政治积弱，但经济迅速成长，市场空前繁荣，商业性城镇大量涌现（图 4-13），文化科技昌盛，火药、雕版印刷、航海等均在技术上出现重大的突破。

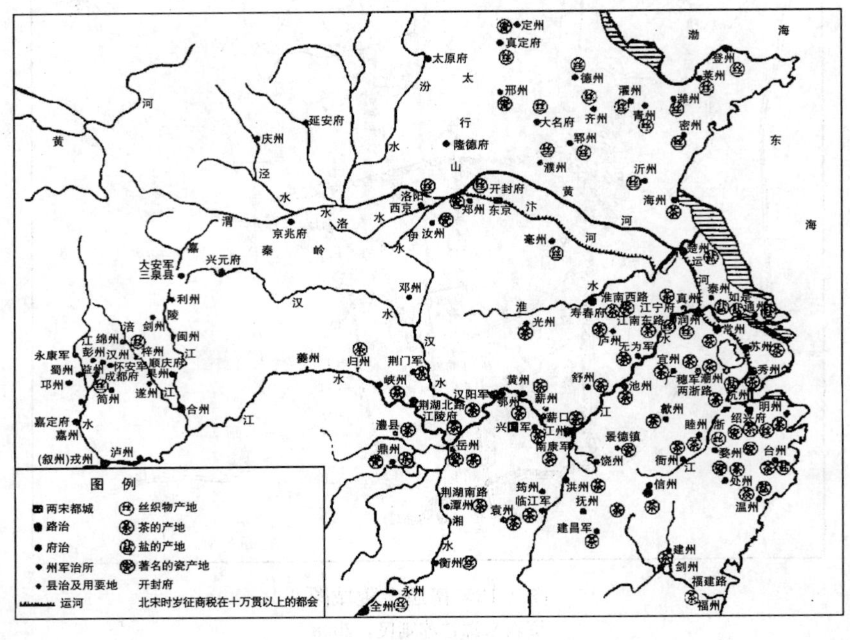

图 4-13　宋代手工业和经济都会分布图

资料来源：蓝勇，2002

北宋时期，金陵先后置为昇州、江宁府和昇国。1022 年，金陵作为“龙兴之地”，与西京、北京、荆南并为京府，在州府等级中最高。后随着北方草原民族逐渐强大，虎视中原，铁骑南下，时刻威胁着中原王朝的安危，南京因其“龙蟠虎踞、扼江控淮”之势，再次成为政治军事重镇。北宋末年，金人大举南下，北宋亡国，大批汉人过淮越江，追随宋室到南方避难，有不少人在建康定居。这是中国人口迁移史上的又一次大规模的南迁，在带来北方经济文化习俗的同时，进一步提高了南方的政治经济地位。同时，文化再次因南北融合而发展、兴盛并影响后世。正是在这一时期，出现了“天上天堂，地下苏杭”[①]之说，反映出当时以苏州、杭州为代表的江南已成为国人向往之地、宜居之地。

南宋以临安（今杭州）为都城，建康是仅次于临安的重要军事、政治中心。南宋南北对峙时期，“建康东南重镇，控制长江呼吸之间，上下千里，足以虎视吴、楚，应接梁、宋，其地利于进取”[②] 这里又“据大江之险，惟用武之邦；当六路之冲，实有丰财之便……外以控制与多方，内以经营乎中国”（马伯伦，1994）。

元代是个大一统的朝代，疆域空间辽阔。出于对南宋旧地加强控制的考虑，元在东南地区设江南行中书省，并设立机要军政衙署。这一时期，南京作为集庆路所在，仍然保持着引领东南地区的中心地位，这些都推动了这一时期南京地区工商业的发展。据史书记载，南京在元朝初年，人口仅有 9.5 万人，而到天历年间，人口已有214 538户，1 072 690人（徐仲杰，2002），南京又渐渐恢复为富庶繁荣的城市。北宋的江宁府、南宋的建康府、元朝的集庆路都以南唐的金陵城为治所所在，城市空间发展基本沿袭杨吴、南唐时期金陵城的格局，在此基础上根据发展的要求作适应性调整（苏则民，2008）。

4.4 南京城市发展的第三个高峰期——明初鼎盛前后

4.4.1 明初的鼎盛及清代的沿袭

元朝末年，朱元璋率部攻占东南重镇集庆路（今南京）后，改集庆路为“应天府”。同时，采纳朱升“高筑墙、广积粮、缓称王”的建议，以应天府为据点，逐步壮大力量，推翻元朝统治。1368 年，朱元璋统一中国，正式定都应天府，这是历史上南京第一次成为全国性的都城，也是大一统封建帝国的都城首次选址在中国的南方。

---

① 南宋诗人范成大写道：“谚曰‘天上天堂，地下苏杭’。”《吴郡志》

② 《二十五史》新校本宋史·列传·卷三百九十五 列传第一百五十四，转引自周岚等(2008a)

朱元璋在南京称帝前，已开始按帝都规划建设南京。在应天府的基础上，在保留南唐以来的南京老城格局的基础上，重新规划、设计城池。经过二三十年的建设，南京成为规模空前、壮丽无比的一国京师，由外郭城垣、京师城垣、皇城城垣、宫城城垣四重套合的城垣体系构成，宽厚高大、巍峨壮观、固若金汤。城区范围大大扩展，东填燕雀湖建宫城，北沿玄武湖南岸转折西岸再向西北，包狮子山于城内，西沿清凉山脉、秦淮水道曲折南行，到水西门，接上南唐城。明南京城的筑城建筑材料来自全国32府、148州县，体现了14世纪中叶中国城墙建造的最高水平，并且深刻地影响了随后的明清北京城的格局和形制（图4-14和图4-15）。南京作为京师，还建有辐射全国的驿道网：东至辽东，西及四川松潘，西南至云南金齿，南逾广东崖州，东南至福建漳州，北至北平大宁卫，西北至陕西、甘肃①。

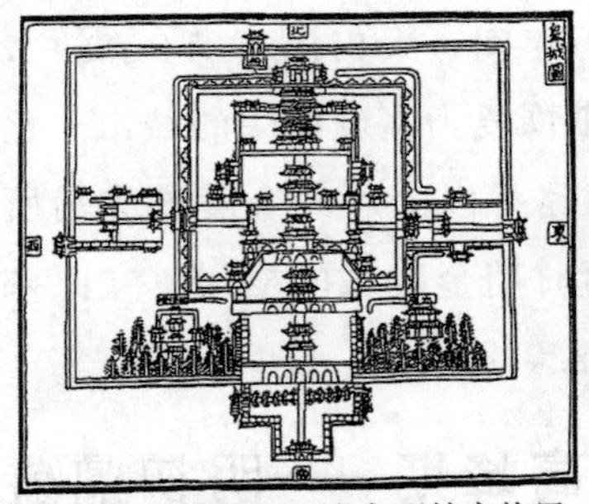
(a)《洪武京城图》南京明故宫格局

(b) 今北京故宫鸟瞰照片

(c) 南京明故宫午门遗址（1888年）

(d) 今北京故宫午门照片

图4-14 明南京故宫对北京故宫格局的影响

资料来源：陈沂，1996；杨新华等，2001

① 明太祖实录·卷二百三十四，转引自万朝林（2005）

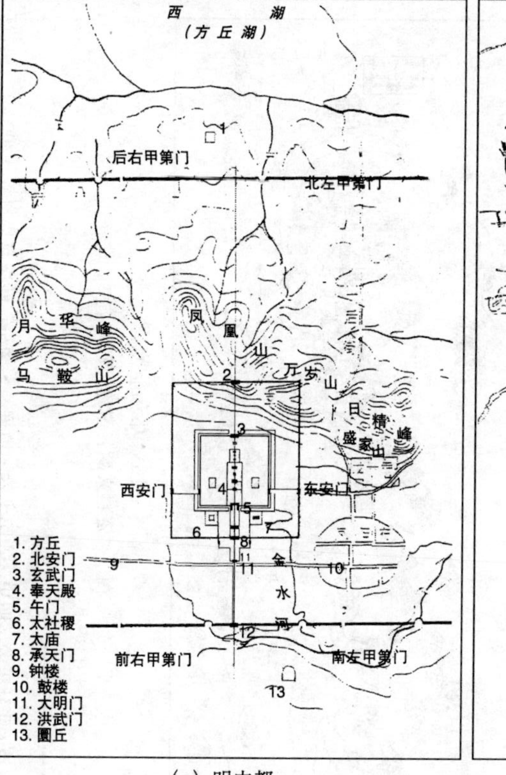

（a）明中都

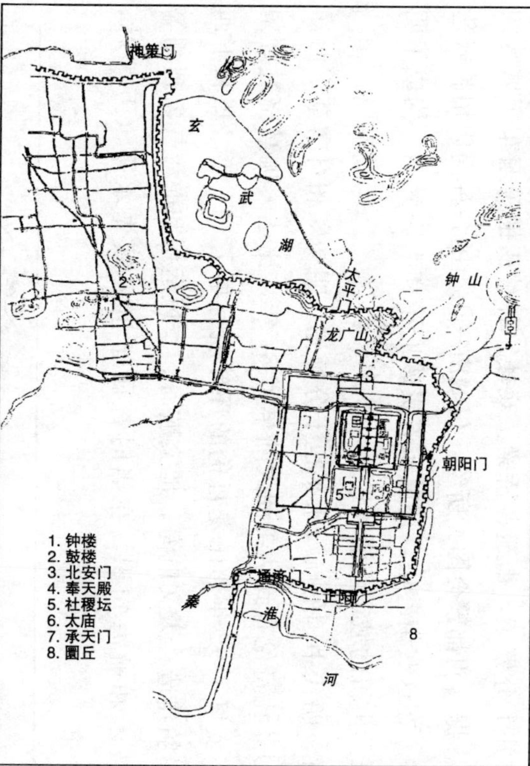

（b）明南京

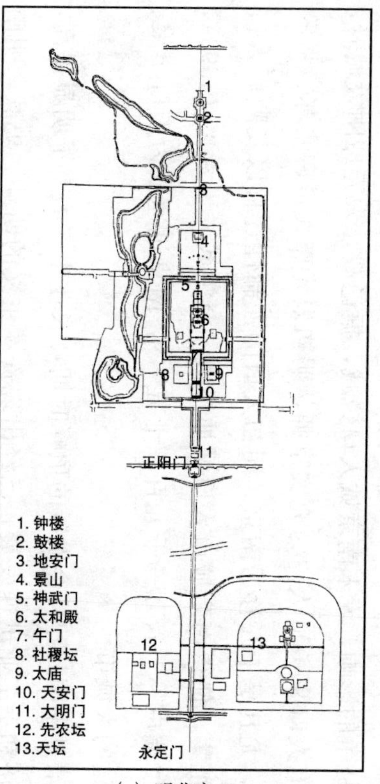

（c）明北京

图4-15 明中都、明南京、明北京的中轴线比较

资料来源：苏则民，2008

受战争的影响，元末南京城人口锐减，据记载，朱元璋刚入城时，南京仅有人口 95 000 人。为充实京师，明初朱元璋大量调集苏、浙等地民众，尤其是工匠移居南京。明初人口的强制性迁移以及随后人口的自然汇集，使得南京城市人口增加很快，至洪武二十六年（1393），已经达“编户一十六万三千九百一十五”[①]，南京迅速成为人口集聚、商业发达的大城市。

明清是中国封建社会发展的顶峰时期，农业生产力有了明显提高，商品经济和手工业迅速发展，已经出现资本主义的萌芽。史载，明南京城的市井十分繁荣，街道、桥梁、戏楼、各种店铺等遍布于城区的中南部[②]。据《明都繁会图》所绘，仅城南三山街的各种商店招牌就达到 109 种。在这些街巷中，还散布着贵族府第和寺观梵刹，构成了明代都城充满生机的城市生活场景。

同时，明代中国的航海水平也十分领先。明初郑和自南京下西洋（图 4-16），比哥伦布到达美洲大陆早了 87 年，比达·伽马绕过好望角到达印度早了 92 年，比麦哲伦的环球航行早了 114 年。郑和下西洋时的船舶建造、天文航海、地文航海、季风运用和航海气象预测等方面的技术和航海知识，在当时都属于世界领先水平（万朝林，2005）。

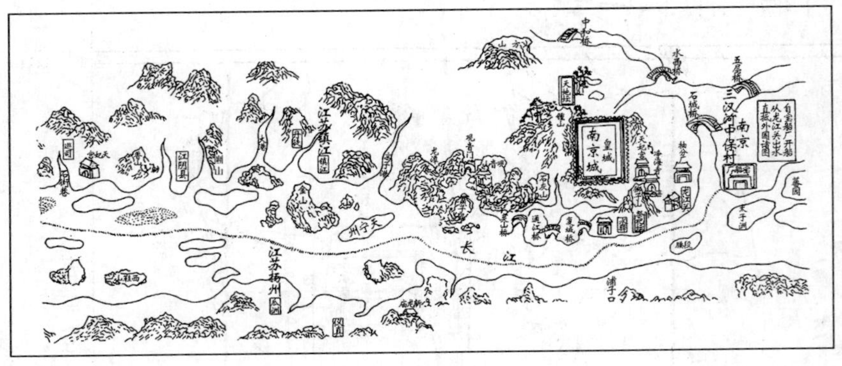

图 4-16　郑和航海图

资料来源：巩珍，2000

① （清）张廷玉等．明史·志第十六·地理一·南京，转引自周岚等（2008a）

② （明）礼部纂修．洪武京城图志

明建文元年（1399年），燕王朱棣以“清君侧”为名起兵“靖难”，建文四年（1402年）攻占南京，夺取帝位，改年号为永乐；明永乐四年（1406年），立北平为京都并改称北京，永乐十九年（1421年）正式迁都北京，南京作为留都，设有一套中央机构，保持着全国仅次于首都的地位。永乐迁都北京后，南京明故宫等皇家机构和建筑日趋衰败。尽管如此，1595年来到南京的意大利传教士利玛窦（1983年）仍然认为：南京是世界上最美好、最伟大的城市。

1616年，清朝定都北京，清朝的政治制度基本沿袭明制。1645年改明南直隶为江南省，改明应天府为江宁府。江宁府作为当时江南的政治、军事、经济中心，清康乾盛世期间，康熙和乾隆两位皇帝共六次南巡到此。清代的江宁府基本沿袭了明应天府的城市格局，在此基础上根据发展的要求作适应性变化，例如，根据驻防的需要修建了八旗驻防城等。清末江宁府发生了一系列重大事件，例如，1842年的鸦片战争后，在这里签订了中国第一个不平等条约《南京条约》，标志着中国半殖民地半封建历史时期的开始；1853年，太平天国于此定都。

4.4.2　太平天国的变革

清咸丰三年二月十日（1853年3月19日），以洪秀全为首的太平军攻占南京城，定南京为都城并改称天京，建立了与清王朝对峙的政权。此后，太平天国以南京为中心西征东进，攻占了江苏、浙江、安徽等地，先后建立天京省、江南省、天浦省、苏福省等（张铁宝等，2005）。

洪秀全出于军事需要，在紫金山西麓筑天堡城和地堡城作为防守要塞，并改造、加固明代城垣，缩小城门。在城市建设上，太平天国定都南京期间未改变城市的格局，主要修建了天朝宫殿和众多王府（图4-17）。在两江总督府的基础上营建了“天朝宫殿”，同时在城内各处建设众多的大小王府，天京事变（1856年）以前共建有8处王府，后期封王众多，大小王府无数（聂伯纯和韩品峥，1985）。

1864年，太平天国失败，清军入城掳掠烧杀数日，加上此前的战火，南京明代以前的古建筑，包括太平天国的天朝宫殿、各王府及号称世界奇迹的明大报恩寺塔多被烧毁，所剩无几。

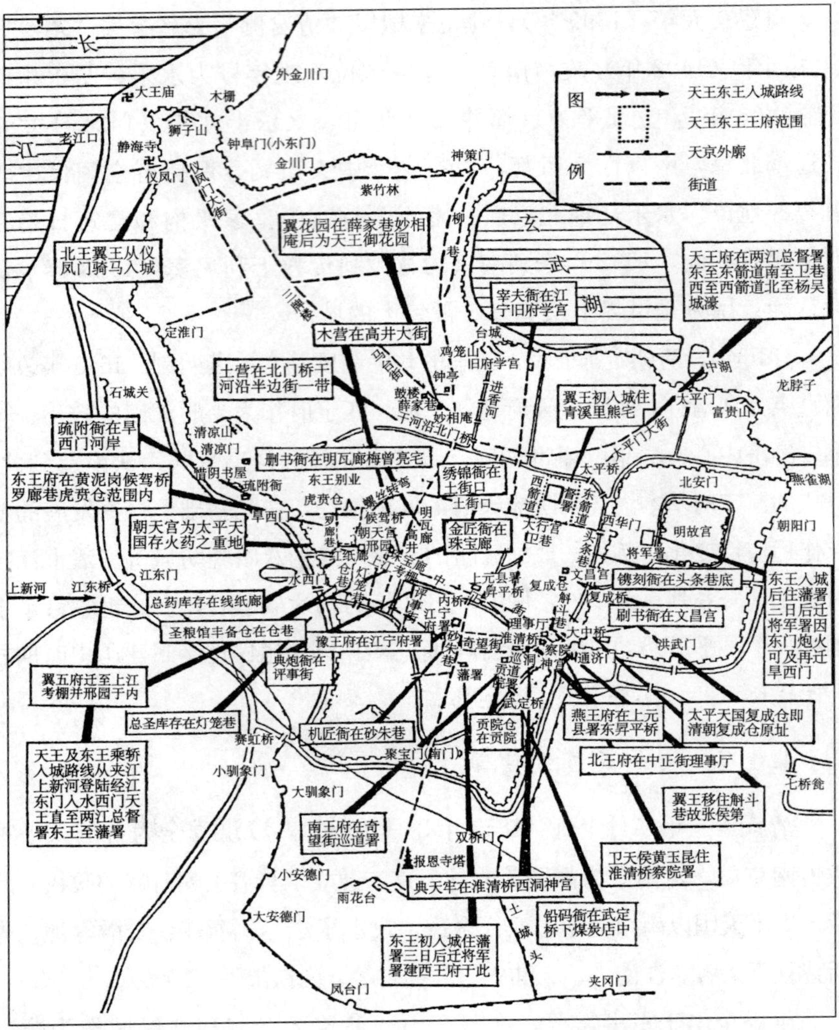

图 4-17　太平天国天京各王府及主要衙署分布图
资料来源：聂伯纯和韩品峥，1985

4.4.3　清末近代化的变迁

清道光二十年（1840 年）鸦片战争之后，从 1842 年在南京下关江面签订《南京条约》起，晚清政府割地赔款，实行五口通商，中国步入半殖民地半封建社会。1858 年，清政府被迫与英国、法国、俄国、美国签订《天津条约》，南京下关被辟为通商口岸。清平定太平天国后，以南京为江南省首府，并设立管辖江南省（今江苏、安徽两省及上海市）和江

西省的“两江总督署”，南京成为清政府统治东南地区的中心。

清末，南京加快了城市近代化的步伐。1865 年，李鸿章于南京建金陵机器局，开南京近代工业之先河；1871 年，李鸿章试办轮船招商局，在下关建洋棚（简易码头）；1895 年，南京开始修筑“马路”，到 20 世纪初，南京“马路”已较通达；1899 年，下关港口开放，对外开设金陵关，外国商船可从海道直驶下关；1908 年，沪宁铁路通车；1911 年，津浦铁路建成，南京逐步成为长江下游地区及华东地区的重要交通枢纽之一（罗玲，1998）。

在 2010 年上海世博会召开之际，值得回忆的是一百年前的南京南洋劝业会。1910 年 6 月，在南京丁家桥、三牌楼一带举办了近代中国第一次全国性博览会——南洋劝业会（图 4-18），南洋劝业会会场占地约 1000 亩①，展馆总数达 33 个。当时全国 22 个行省及英国、美国、德国、日本等国均设有陈列馆，以东道主所在地的两江馆为最大。专门馆则设有湖南的瓷业馆、博山的玻璃馆、南京的江宁缎业馆、上海的江南制造局兰锜馆、广东的教育出品馆、江浙渔业公司水产馆以及华侨参展的暨南馆。南洋劝业会持续了近 6 个月，于 1910 年 11 月闭幕，吸引了超过 30 万人次的中外宾客。南洋劝业会的历史意义不可磨灭，这一展会不仅带动了南京地区的经济发展，一些基础设施诸如电灯、电话、旅馆、铁路等都因展会而得到突破性发展，还在一定程度上对清末中国起到了“开一时之风气，策异日之富强”的作用。

(a) 湖北馆正门

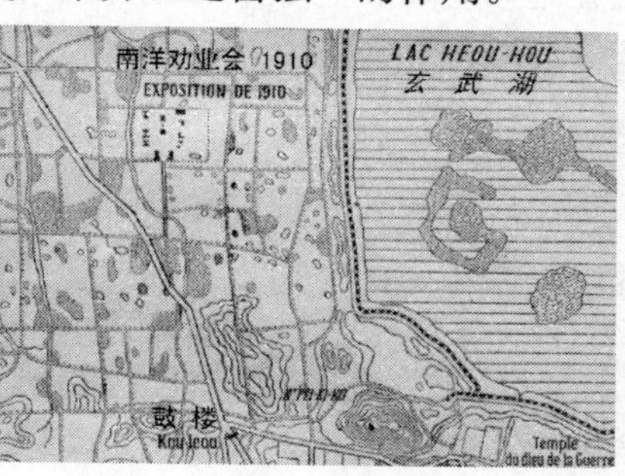

(b) 位置图

图 4-18　1910 年的南洋劝业会

资料来源：苏则民，2008

① 1 亩≈666.7 平方米

4.5 南京城市发展的第四个高峰期——民国时期

4.5.1 民国首都计划

1912年元月1日，中华民国临时政府大总统孙中山先生在江苏南京宣布建立新型的中华民国，标志着中国自秦代以来延续达2000多年的封建专制政体被推翻。同年2月，袁世凯任中华民国临时大总统，4月，参议院决议将临时政府迁往北京，开始了中华民国北洋政府统治时期，全国处于军阀混战状态。后经北伐征战，结束了北洋军阀的统治。1927年4月18日，南京国民政府成立，复定南京为首都，从此南京成为民国政权的政治中心（史全生，2005）。

中华民国复都南京后，国民政府命令“办理国都设计事宜”，特聘请美国著名设计师墨菲与古力治为建筑顾问，清华留美学生吕彦直（中山陵设计者）为墨菲助手。随后成立“首都建设委员会”，由孙科负责，并设立国都设计技术专员办公处，由墨菲主持制定南京首都规划。经过一年多的努力，《首都计划》于1929年12月完成，成为南京历史上第一个近代城市规划文件，也是中华民国时期编制的最完整的一部城市规划（国都设计技术专员办事处，2006）。

《首都计划》引入了西方近现代城市规划的功能分区、人口规划等概念，其布局避开了历史上已经形成的城南居住区，将发展的重心设置在南京老城的西北部及东部钟山南麓。其布局提出了“欧美科学”与“吾国美术”相结合的规划指导方针，宏观上采纳欧美规划模式，微观上采用中国传统形式。道路系统引进了林荫大道（图4-19）、环城大道、环型放射等规划概念与内容，改变了南京自明清以来的城市格局，为南京勾画了初步呈现现代化都市的面貌之蓝图。

4.5.2 民国近代化的努力

自《首都计划》出台后，南京兴起了持续10余年的营造高潮。虽然其后1937年爆发的抗日战争，使得规划的不少内容未能实施，但现代南京的城市格局、以中山大道为代表的浓荫蔽日的林荫道以及沿途众多的优秀近代建筑都是由这一规划奠定的。哈佛大学教授柯伟林指出，“南京

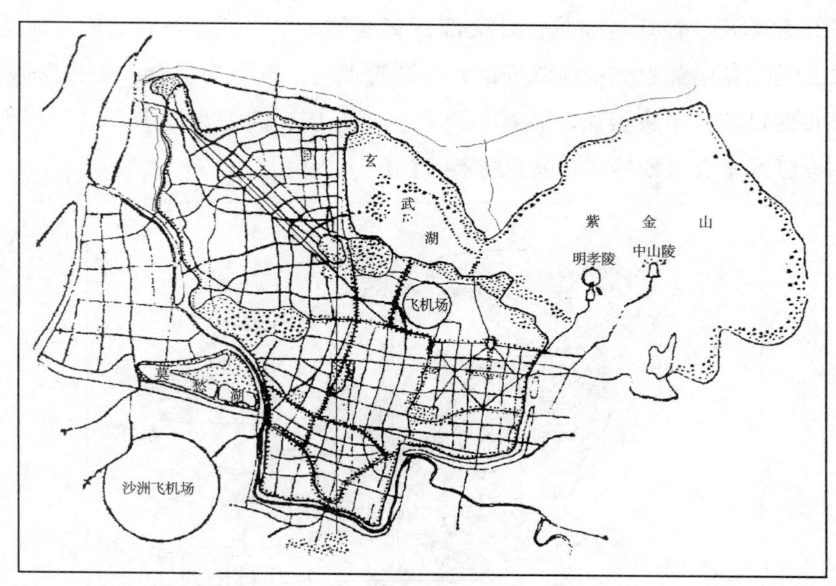

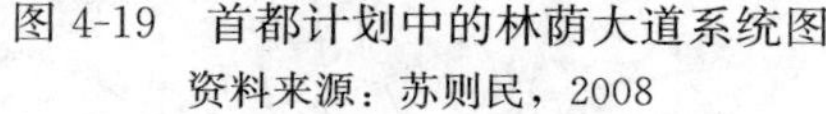
图 4-19　首都计划中的林荫大道系统图

资料来源：苏则民，2008

是中国第一个按照国际标准、采用综合分区规划的城市”，“如果南京今天可以称作‘中国最漂亮、整洁而且精心规划的城市之一’的话，这得部分归功于国民政府工程师和公用事业官员的不懈努力”[①]。

按照《首都计划》，首任南京市市长刘纪文一上任，就宣布从修路入手来改造南京。历经数年，南京先后建成了中正路（今中山南路）、太平路、朱雀路、白下路、汉中路、中华路、雨花路、山西路、国府路（今长江路）、热河路、大光路等 48 条干道。随后，又有珠江路、广州路、莫愁路、上海路、昇州路等 27 条道路建成。这些较为现代化的干道系统对南京城市空间的变化起到了很大的作用，其中影响最大的莫过于始建于 1928 年 8 月的中山大道系列。它是为孙中山灵柩奉安中山陵而特别修建，北起下关江岸，经中山北路、中山路、中山东路后，东出中山门与陵园大道衔接，全长 12 千米，宽 40 米，分设快慢道，并以游憩岛（后称安全岛）分隔。中山大道沿线布置了一大批民国时期的主要行政建筑

① 柯伟林（William C. Kirby）. 中国工程科技发展：建国主义政府（1928～1937）. 2006-9-18. 转引自《史学研究网》“海外中国学史”一栏目录索引

和公共建筑，包括行政院、外交部、交通部、立法部、最高法院、励志社、国民党中央党史史料陈列馆、邮政管理局、资源委员会、中央医院、中央博物院、中央饭店、首都饭店、扬子饭店、馥记大厦等，这种局面一直延续至今（罗玲，1998）（图 4-20）。

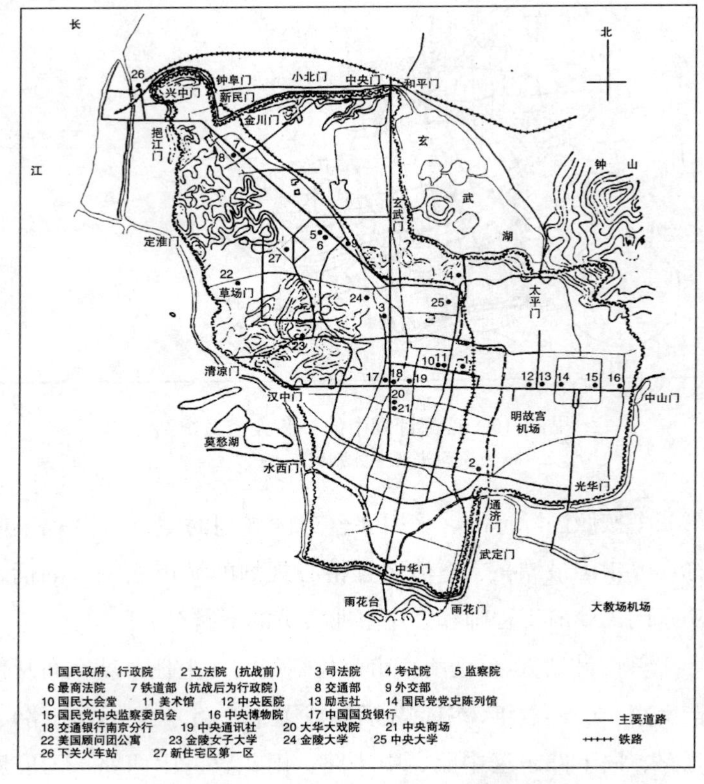

图 4-20　民国重要建筑分布及主要道路图
资料来源：苏则民，2008

除辟建马路、修建行政建筑和公共建筑外，民国政府还修建了一批新型住宅区，其中最为著名的是位于老城西北的颐和路民国公馆区。区内道路皆以我国名胜地为名，主干道以“颐和”命名，两侧有“珞珈”、“灵隐”、“普陀”、“赤壁”、“天竺”、“莫干”、“牯岭”、“琅玡”诸路。区内建筑则千姿百态，有仿美的，有仿法的，还有西班牙式的，日本式的，也有中国传统风格的，几乎是当时各国住房样式的博物馆。这些建筑多由中国第一批留学国外的建筑师汲取国外经验设计建造，反映出民国建筑的中西文化融合（史全生，2005）的特点。

4.6 南京城市发展的第五个高峰期——改革开放前后

4.6.1 改革开放前的南京

1949～1952年新中国成立的最初三年，是国家社会经济的恢复时期。这一时期南京的主要任务是恢复社会秩序和建设机制。1953～1957年国家第一个国民经济五年计划期间，南京被列为全国32个重点建设城市之一。这一阶段有几个因素对南京城市建设影响较大：一是1952年江苏省人民政府迁至南京，南京成为全省政治中心，随之设立部委、厅局等各种机构，使城市基本人口增加；二是当时大专院校院系调整，全市大专院校从解放初的11个增至1954年的56个（包括军事院校），教职员工和学生达12.3万人，使南京成为全省甚至华东地区重要的高等教育基地之一；三是工业生产迅速发展并成为城市的主体，解放初市区仅有工业企业58个，工业用地面积59公顷，至1957年，市区工业企业总数比解放初增加2.2倍，职工增加8倍，工业用地增加7.3倍。可见，当时的南京城市扩张的主要内容是机关、大专院校和工业用地，正是这些变化使得南京迅速从一个消费型城市演变为一个生产型城市（何流和崔功豪，2000）。

1958～1960年“大跃进”期间，南京的城市发展表现为城市空间的急剧扩展和空间结构的比例失衡。经过三年“大跃进”，南京城市建成区面积由1957年的54平方千米上升为1960年的82平方千米；城镇人口从1957年的115万增加为1960年的142万，三年增加27万，其中仅工业职工人数就新增12万（南京市地方志编纂委员会，2001）。三年间工业基建投资规模达6.3亿元，是“一五”期间投资的3倍，占当时城建总投资的70%。

为摆脱“大跃进”造成的国民经济比例失调的发展困境，1961年开始国家进入三年调整时期。当时南京提出了“压缩城市人口，严格控制城市土地，支持农业建设”的发展定位，市政府决定迁出一批工厂、学校和服务性行业，同时加紧发展郊区和小城镇建设，以吸收外

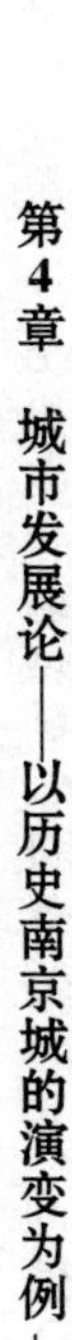

迁单位（周岚和李广崎，1994）。

1966 年“文化大革命”开始，正常的社会秩序遭到严重的人为破坏，不少公园绿地和公共建筑遭到侵占和破坏。1968 年 12 月，长江大桥建成通车，之后南京由于交通便利等优势条件，成为国家化工、冶金机械、建材等重工业的重点投资区。这一时期，南京城市空间的扩张以工业为主体，开始跳出老城向北部扩张，电力、化工企业跨过长江向江北地区发展（南京市地方志编纂委员会，1994）。

4.6.2 改革开放后的南京

改革开放以来，中国经济取得了巨大成就。这一时期也是南京城市发展最快、城市空间扩展最迅速的时期。1978 年，南京城市建成区面积为 102 平方千米，到 2005 年，南京城市建成区面积已激增至 512.6 平方千米，城市空间结构也相应不断调整变化（王德等，2008）。

由于改革开放之前城市建设的方针是“先生产、后生活”，非生产性投资的不足，加上“文化大革命”期间下放的 20 余万知青和干部在“文化大革命”后期、改革开放初期大规模返城，使得当时南京城老百姓住房的需求和供应严重失调。因此，改革开放初期的南京主要致力于解决居民的居住需求。为了能用最少的资金建造尽可能多的住宅，并最充分地利用老城既有的基础设施，“住宅建设按照改造旧城和开发新区相结合，以旧城改造为主”，主要在老城内填平补齐，建筑形式采用多层条式盒状，布局形式多为“行列式”，这种形式住宅的大量建造很大程度上改变了历史南京城的传统肌理。

进入 20 世纪 90 年代，我国社会主义市场经济体制逐步建立，市场机制的引入使得城市政府将主要精力集中在改善城市的投资环境上。为了解决当时南京存在的“用水难、用电难、用气难、行路难”等问题，南京城市建设的重点转向“以道路建设为重点的城市基础设施建设”。在政府加大基础设施建设力度的同时，市场力量对城市建设的影响也日益增大。南京市政府出台的“以地补路”政策，在拓宽城市建设资金筹措渠道的同时，也带来了开发土地分散（沿路展开）、零星不成规模、“见缝插针”的问题。由于对房地产开发缺乏有效的引导和控制，南京老城内商业、办公、居住等高层建筑大量出现，深刻影响并彻底改变了历史南京城的传统风貌和空间轮廓（周岚等，2004a）。

21世纪以来，南京经济社会和城市建设呈现出快速良好的势头。2001年的南京城市总体规划提出了“建新城、保老城”的发展思路，随后南京市委市政府提出了“一疏散、三集中”的城市发展战略，即疏散老城人口和功能，建设向新区集中、工业向园区集中、大学向大学城集中，并确定把“一城三区”（河西新城、仙林新市区、东山新市区和浦口新市区）作为近期新区建设的重点区域，迅速拉开了城市发展框架。先后两次进行行政区划调整，南京市区面积由原来的975平方千米拓展到4730平方千米，城市空间跳出老城范围向外按组团式布局扩展，这段时期成为南京历史上城市扩张最快的时期（张京祥，2008）。同时，南京城市综合服务功能逐渐完善，区域辐射功能不断提高，这一时期也成为南京历史上综合实力提升最快、城乡面貌变化最大、人民群众受益最多的时期（王德等，2008）。但与此同时，发展与保护的矛盾、民众历史文化遗产保护的意识都与日俱增，如何在快速发展的背景下同时妥善保护好历史资源和文化传统随之成为社会讨论的热点。

综上，南京历史演变的过程清晰揭示出：城市是发展的，是不断顺应时代变化需求的动态有机生命体。城市在区域中的地位是随时代的发展而不断变化的，城市与山水环境的互动过程也是发展变化的，城市内部的空间格局、街巷系统都会随着社会经济的发展变化而不断变化，城市的发展是新城代谢的有机生长过程。

南京的历史演变（图4-21）揭示出城市在区域中的地位是随时代的发展而不断变化的。据统计，在南京2480余年的建城史中，南京作为统一国家的都城有两个时期，分别是明初和民国，共计76年；南京作为偏安王朝的都城有8个朝代，分别是东吴、东晋、南宋、南齐、南梁、南陈、南唐、太平天国，共计约382年；南京作为国家下设的一级政区，如隋以前的州、唐宋时期的路以及元以后的省，共计约1329年；南京作为国家下设的二级政区，如东汉末至唐初的郡、唐代的州、元代的路明清的府、民国以后的市，共约1470年；南京作为县

级政权的所在地，有大约1837年的历史；此外，南京尚有100余年的历史（主要在早期）隶属于其他城镇管辖，区域内仅有城邑一类的防御性设施（周岚等，2007）。

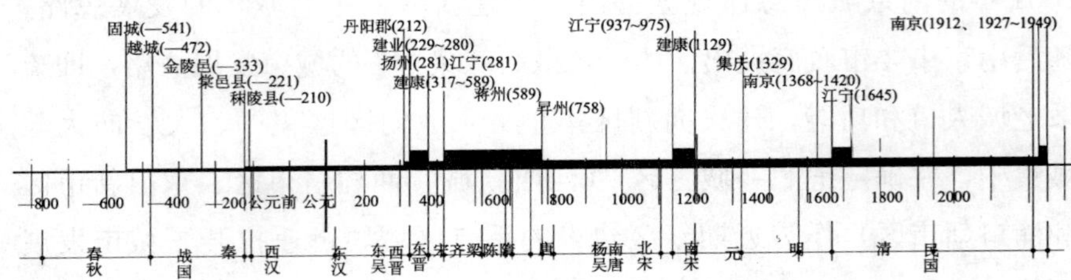

图 4-21　南京历史变迁示意图

资料来源：苏则民，2008

南京城市的演变还揭示出城市的生长不是线性的均值变化，城市的发展存在高峰期和低谷期。在南京建城近2500年的历史中，有5个发展的高峰期，即“黄金时代”①：历史上南京第一个黄金时代是六朝时期，第二个黄金时代是杨吴南唐时期，第三个黄金时代是明朝初年，第四个黄金时代是民国时期，第五个黄金时代是改革开放后尤其是进入21世纪以来。高峰期和低谷期的城市地位是迥异的，对城市的空间需求也是有显著差别的。在城市发展的低谷期和过渡期，城市空间更多地呈现出顺延性特征，而在城市发展的高峰期，城市空间则呈现出明显的跳跃式扩张特征，这一点在当前快速城镇化的背景下尤其值得重视（周岚，2006）。

南京城市发展的过程也是不断包容山水、利用山水的过程，历史南京城与其周边的山水环境有着良好的互动关系（图 4-22）。研究发现，南京的自然山水可以归纳为三个层次的圈层结构：山水圈层一是老城内的一系列低山丘陵（包括富贵山、覆舟山、鸡笼山、鼓楼岗、五台山、清凉山等）和内秦淮河；山水圈层二是老城外的雨花山、红山和外秦淮河、护城河、玄武湖；山水圈层三是主城外的钟山、牛首山、燕子矶、幕府山和长江、秦淮新河。明代以前，南京城市空间向

---

① 英国城市学家霍尔（P. Hall）在撰写的《城市文明》（*Cities in Civilization*）一书中，曾指出在城市发展史中有“城市黄金时代”现象

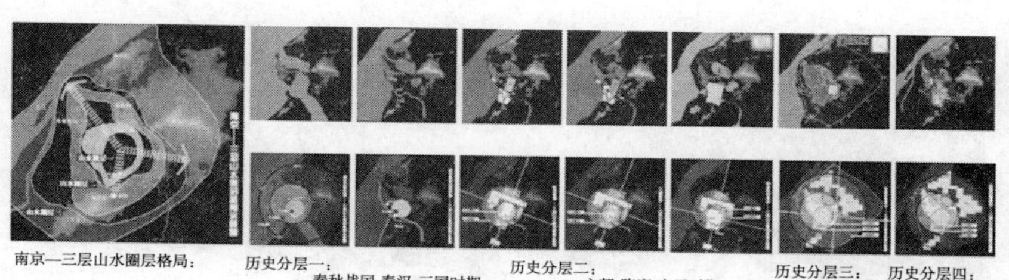

图 4-22 南京城市生长与山水环境关系变化示意图

资料来源：南京市规划局和东南大学建筑学院，2008d

东未能突破燕雀湖，向西停留于清凉山（石头山）一线，南部以雨花台（聚宝山、石子岗）为限，北部以富贵山-小九华山-北极阁-鼓楼岗为限；明代，在城市东部填平燕雀湖，拓展到钟山一线，北部到达狮子山一线，将一系列钟山余脉、金川水系和秦淮水系纳入城中。随着城市的不断生长，南京城市布局逐步从小山水走向大山水（图 4-23）。

而随着时代的发展和社会的变化，城市的布局和功能结构也相应调整。六朝时期的建康城在吴地城市的基础上，增加了都城的元素，城市纵、横两条“T”形轴线结构完全形成，形成了以“建康宫”（“台城”）城内外两重城垣为核心的都城空间模式；南唐的金陵城舍去已经荒芜的六朝宫城地区，南移跨秦淮河立城，突破了六朝建康以“君”为本的、单一的皇城功能，体现了“造郭以卫民”的规划思想；明代南京城巧妙布局山水、历史城区，并新增城市功能，形成宫城-皇城-都城-外郭的四重环套；民国南京引入了西方的城市规划功能分区理念，建设了“Z”形民国中山大道轴线系列，造就了南京特有的、中西交融的城市空间环境（图 4-24）。

同时，城市内部的空间构成要素也在不断演化（图 4-25）。从演化周期来讲，道路街巷系统较为稳定，其次为地标建筑和公共设施，居住建筑的变化周期相对较短。因此，城市中的街巷系统更能体现城市空间格局的传承性（图 4-26）。但即便如此，南京不同历史阶段的道路街巷系统特征也是不同的。如明之前的城市街巷系统，主要分布在老城南地区，其大多数南北街巷的基本走向呈现出南偏西 15 度～25 度的趋势，与六朝和南唐时期的都城轴线方向一致，同时与当时城市内部水系的走向大致相同；明清时期的城市街巷特征，主要反映在明故宫

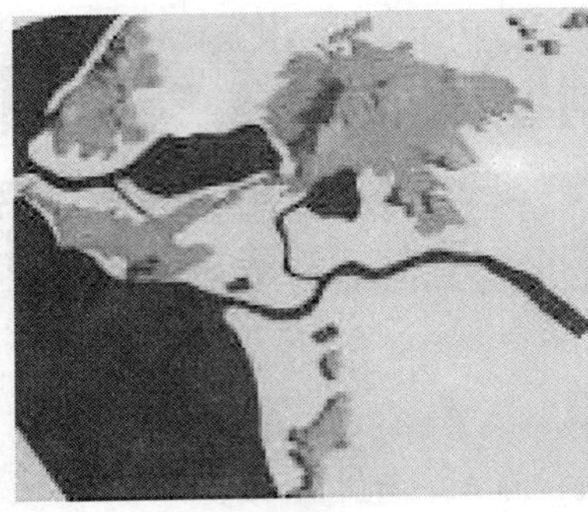

(a) 春秋战国时期

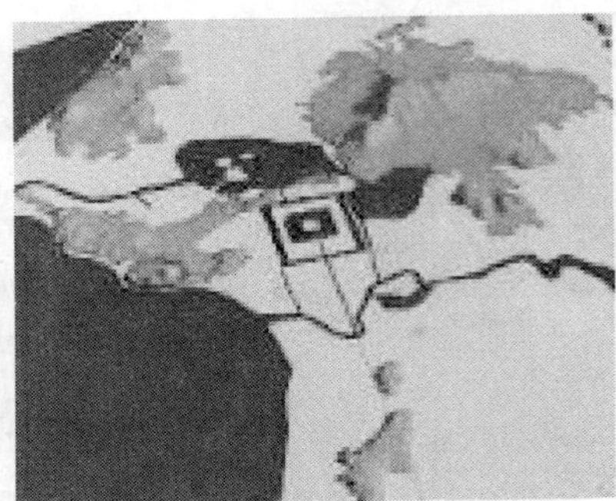

(b) 六朝时期

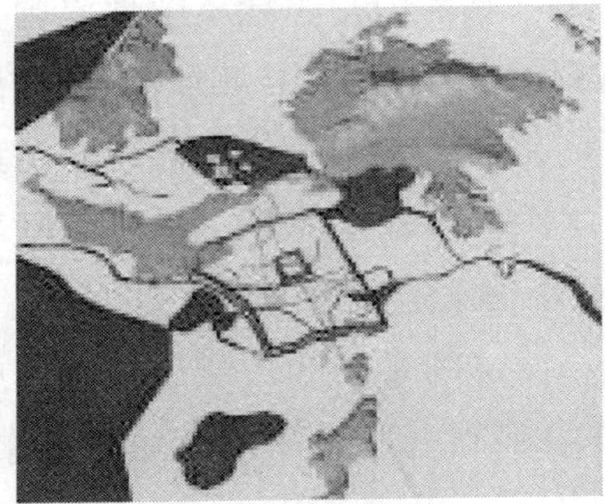

(c) 南唐时期

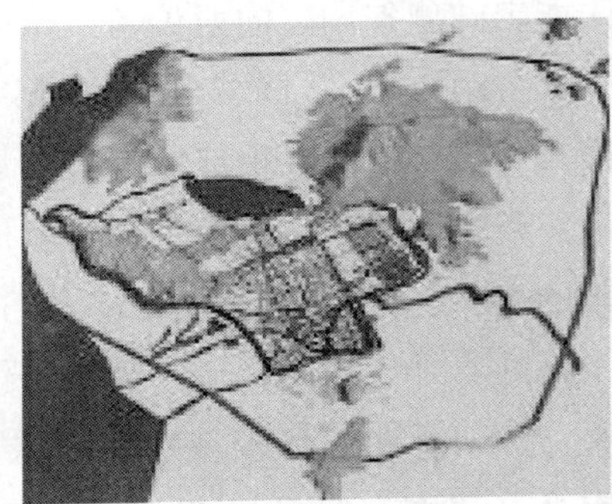

(d) 明清时期

图 4-23　古代南京城演变空间示意图

资料来源：南京市规划局和东南大学建筑学院，2008

地区，明皇城御道和主轴线约为南偏西 4 度～5 度，新建区的街道设置也遵循这个角度；民国时期的城市街巷系统，主要反映在“Z”形民国中山大道和老城西北地区，体现出西方的林荫大道、方格网交通组织等规划理念的影响。

除了每一历史时期的城市变化特征外，城市空间演变的累积和覆盖效应也值得特别关注。从空间上看，南京城的历史演变是由内秦淮河两岸而起、由南向北逐渐发展。虽然在不同的历史时期，城市的空间范围在不断变化，但是历史南京城的建成区一直稳定在北到北京路、东到龙蟠路、西到虎踞路、南到雨花路的范围，绪论开篇中讨论的老城南地区正是南京立城以来的稳定发展空间，历史最悠久，在历史文化名城保护中需要给予特别的重视。此外，在城市空间的构成要素中，市民生活的空间范围相对稳定，内部构成要素不断变化。而统治阶级

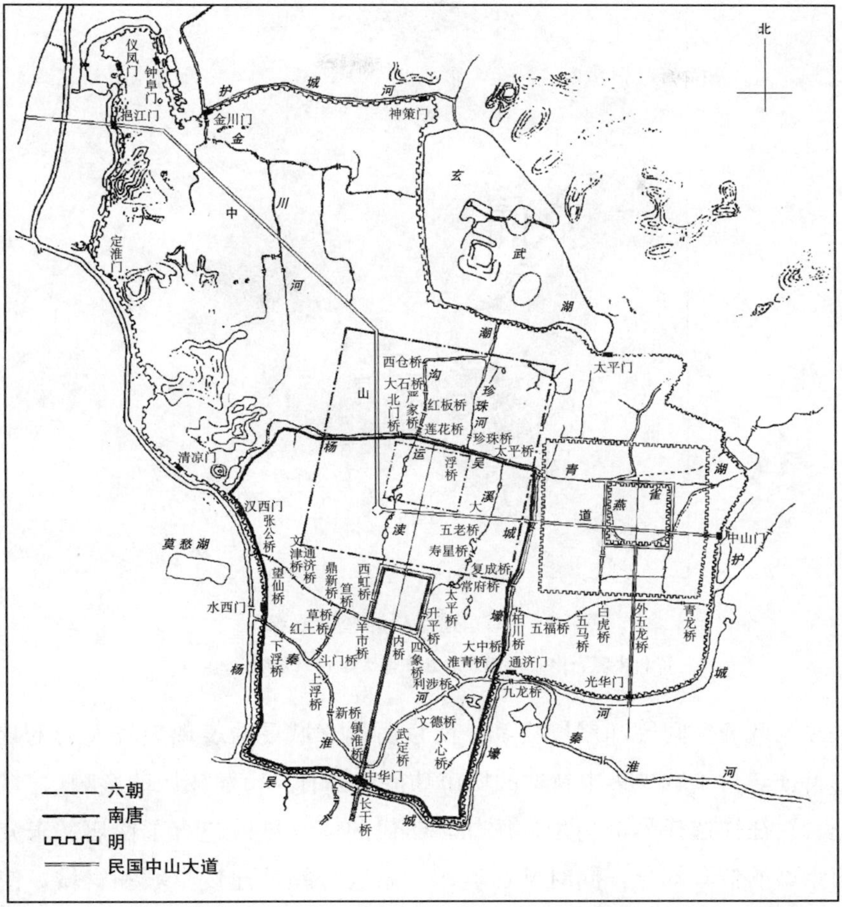

六朝
南唐
明
民国中山大道

图 4-24　南京历代都城变迁图

资料来源：苏则民，2008

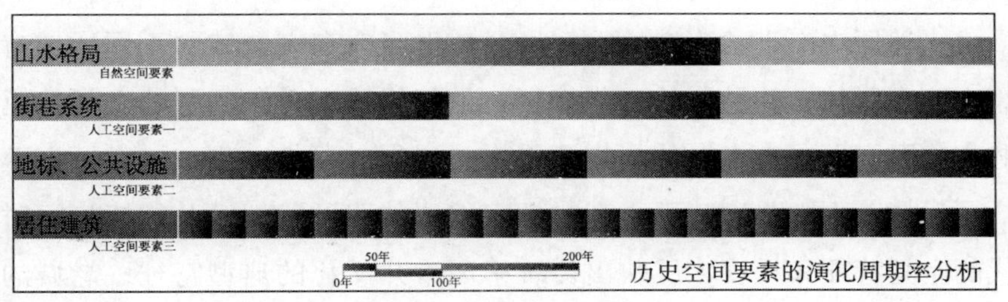

图 4-25　南京历史空间要素的演化周期率分析

资料来源：南京市规划局和东南大学建筑学院，2008d

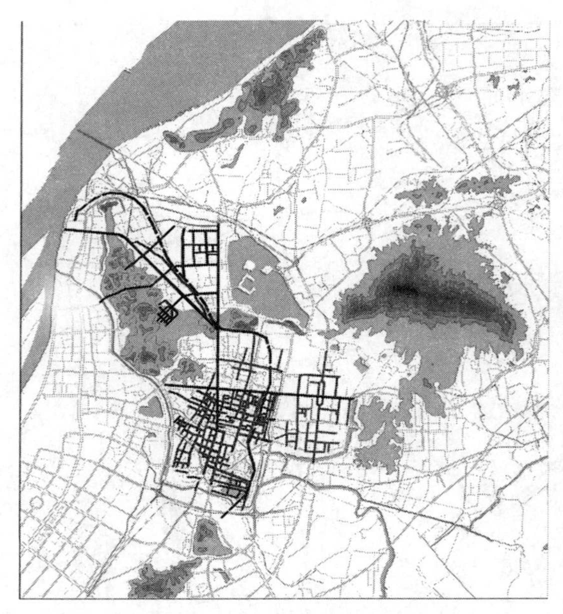

图 4-26 南京道路格局变迁示意图

资料来源：南京市规划局和东南大学建筑学院，2008d

关注的政务空间等却屡屡变动，南京历代宫城更迭表现出较大的变化性特征，为了减少集中新增的城市功能对原有城市建成区的影响，“规划者”往往选择另辟新址，例如，明代的南京城既包容了南唐、宋元南京城的核心部分，同时又在城东“新区”择址建设皇城和宫城，使得明南京城可以新旧相得益彰；再如，民国南京城在明南京城的基础上，其拓展的“新区”明显避开了当时的“历史老城南”，将城市建设的重心移向新街口及其以北地区。

上述历史南京城演变的空间层叠使得当今南京老城的不同地域有着丰富多彩的、差异化的文化特征，是其他城市无法复制的空间特色和文化财富，要在未来的规划建设中得以保护延续。例如，老城南至今还保持着不少明清甚至六朝时期南偏西的路网肌理以及传统步行时代的空间特征和尺度，反映出传统中国市井文化的典型特征；老城的东部地区明故宫一代，至今还有大量明代皇城宫城的历史文化遗存，从其格局中依稀可见中国都城礼制的传统及其对北京故宫格局的直接影响；南京老城的西北部分则集中了大量以民国建筑为主体的近现代

建筑，反映出西方文化的影响以及中西合璧的文化特色。

同时，上述历史南京城演变的空间层叠也使得空间文化遗产呈现出“年代越久远，留下的痕迹越少、越容易被异质化”的特征。对南京而言，六朝的文化印迹已经很少，唯有六朝石刻还在诉说着曾有的辉煌。同时，由于历史上南京战乱频仍，加上过去缺乏历史保护意识，历史文化遗产消失破坏较多，尤其是不少珍贵的历史文化遗产被建设水平平庸的现代建筑“简单覆盖”，令人扼腕痛惜。城市空间发展的文化层叠特征提醒我们：一是要珍惜尚存的历史文化遗产，使之可以传承给我们的子孙；二是要重视文化遗址、地下文物埋藏区的保护以及已经消失的重要历史文化资源的挖掘工作；三是要提高当代城市规划和建设水平，让当代的城市建设和建筑文化可以成为后辈的文化资源和财富。

历史资源论——以南京的历史文化遗产为例

每个历史文化名城的历史文化资源都是独特的、具体的存在，而不是抽象的、宏观的文化概念。这些资源不仅是城市的文化根基所系，也是宝贵的文化财富，还是城市独特个性和魅力所在。

南京有约35万年的人类史、6000年的文明史，近2500年的建城史、近500年的建都史。在城市的发展演变过程中，许多历史空间和文化资源已消失，但是祖先还是给我们留下了大量珍贵的历史文化遗存。这些遗存[①]真实地刻录着南京的发展变迁，其中重要的历史文化遗存还代表着历史上中国乃至世界的文化高峰。

① 本章所引的大部分历史资料，来自周岚，叶斌，贺云翱等．南京历史文化资源普查——文物古迹．南京市规划局，南京市文物局，南京大学文化与自然遗产研究所，南京市城市规划编研中心，2008年3月．对此论文不再一一标注

5.1　南京六朝以前的历史文化遗存

5.1.1　汤山古人类遗址

六朝时期是南京城市发展的第一个高峰，在这个高峰到来之前，南京地区已有先民在此开发和生活。南京汤山古人类遗址就真实地记录了南京地区约 35 万年前的人类活动印迹。1993 年，在南京东郊的汤山镇雷公山北麓葫芦洞堆积中发现一具直立人头骨化石（图 5-1），后由南京市博物馆和北京大学考古系联合对葫芦洞进行了专业发掘，又发现一枚直立人臼齿化石，并出土 20 多种、数千件哺乳动物化石，经科学测定年代距今约 35 万年。南京汤山古人类化石及共生动物化石的发现，把南京地区的人类活动史推到约 35 万年以前。共生动物的化石标本对研究和复原“南京人”的生存环境，测定当时的地理、气候及猿人的年代具有重要的意义。同时，该遗址还是中国长江下游东南地区唯一发现古人类化石的一处重要地点，对于研究古人类的演化历程及其规律等有着重要的意义。因此，汤山葫芦洞考古发现被评为“八五期间全国十大考古新发现”之一，该遗址于 1995 年被列入江苏省文物保护单位名录。

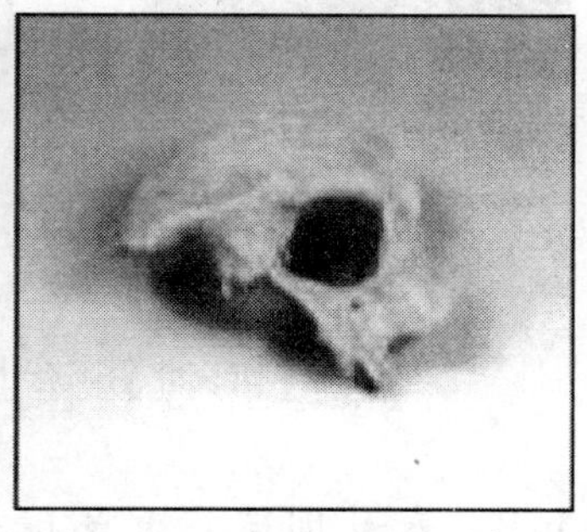

图 5-1　南京汤山古人类头盖骨化石

5.1.2　北阴阳营文化遗址

北阴阳营文化遗址则生动地记录了南京地区大约 6000～3000 年前的原始居民的活动史。遗址位于今鼓楼区云南路北阴阳营 8 号大院内，

发现于 1954 年，后经南京博物院及南京大学等 1955～1958 年 4 次发掘。遗址高出平地约 7 米，呈椭圆形，长约 150 米，宽约 100 米。其文化层厚度达 4 米左右，包括新石器时代的文化遗存和商周时代的文化遗存（图 5-2）。新石器时代文化遗存分东、西两区。东区为居住区，西区为氏族公共墓地。居住区发现长方形居住面残迹和火塘，附近存有灰坑。墓地清理出墓葬 266 座，分布密集，不见墓穴和葬具，随葬品以石锛、斧、陶鼎、钵、豆和玉璜、玉玦、玉管最为常见，石器中的七孔刀、穿孔锄以及陶器中的罐式鼎、三足盂、圜底钵和彩陶最富特色，年代距今 5000～6000 年。北阴阳营遗址所见的商周时代遗存属江南地区青铜时代的湖熟文化遗存，遗迹有房址、陶窑。生产工具主要是石器，陶器大部分都是夹砂红陶。北阴阳营遗址是南京城区出现最早的史前聚落遗址，它说明约 6000 年前南京地区的先民以采集、捕鱼、狩猎和原始农业为主，以陶器作为主要的生活用具；到了 3000～4000 年以前，南京地区原始居民的后代们掌握了冶炼青铜的技术，生产力有了进一步的发展。

图 5-2　南京北阴阳营出土的玉质装饰品及陶器

5.1.3　春秋固城、棠邑遗址

固城遗址是南京“吴头楚尾”文化渊源在江南的体现（图 5-3），它位于今南京高淳县固城镇东新建村（图 5-4）。据宋《景定建康志》载：“古固城，春秋时吴王所筑也。”民国《高淳县志》载：“罗城高一丈五尺，周七里三百三十步，子城一里三十步。”考古调查证实，城址

的平面呈长方形，有内外两重城墙：子城亦称内城，比外城高 4 米许，东西长约 200 米、南北宽约 120 米；罗城亦称外城，东西长约 1000 米、南北宽约 800 米，总面积约 80 万平方米。城垣断面呈梯形，底宽约 40 米、顶宽约 25 米，残高 4～9 米。除南墙早年被破坏外，东、西、北三面城垣保存尚好。城外曾开凿壕沟，遗迹隐约可见。

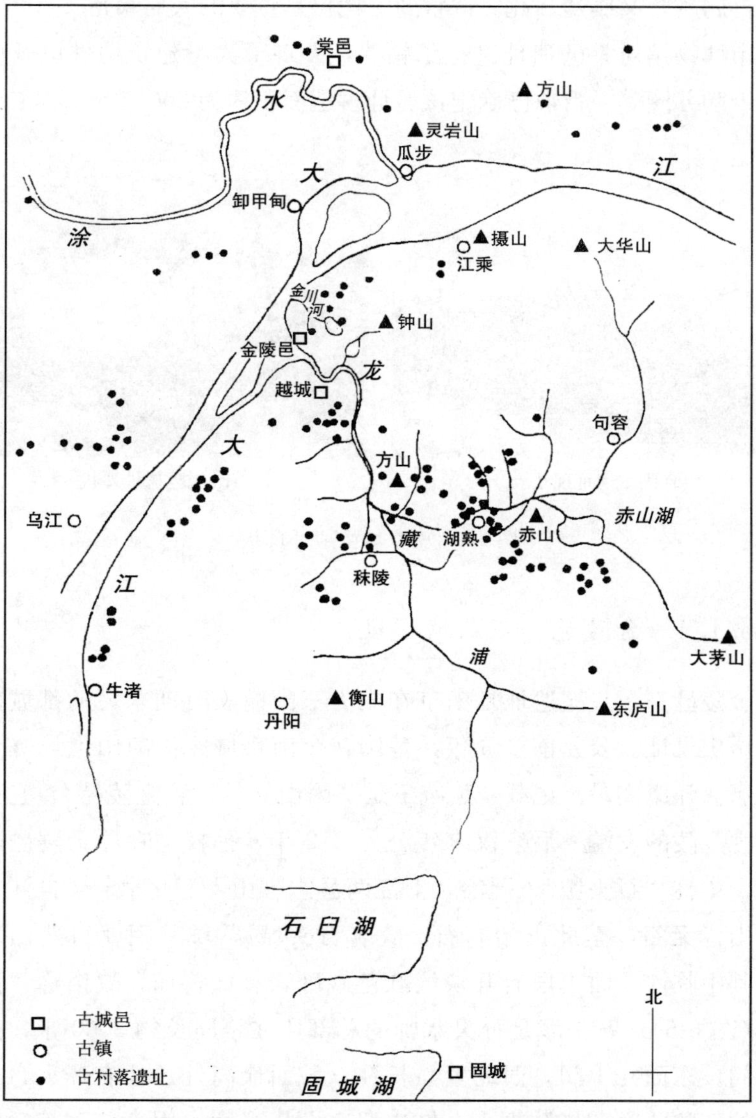

图 5-3　南京地区原始村落及古城邑遗址

资料来源：苏则民，2008

棠邑遗址是南京“吴头楚尾”文化渊源在江北的体现（图 5-3），它位于今南京六合区雄州镇冶浦村走马岭（图 5-4）。棠邑最早见于史料是在距今 2540 年的春秋时期。县志载：“今江宁府志七属之中棠邑之名最古。”棠邑是楚王封赐给大夫伍尚的一个“采邑”（即封地），是楚国最东面的一个城。棠邑在春秋战国时期统隶不一，先属楚，后属吴，再属越，又属楚，此后一直到汉代仍是重要的人居聚落。2007 年，南京市博物馆对棠邑遗址进行了钻探，发现了大量建筑构件以及金属兵器、陶井圈等。目前已确定该城址占地面积约为 200 万平方米。

(a) 固城遗址现状

(b) 棠邑遗址现状

图 5-4　南京城邑遗址现状

5.1.4　金陵邑、石头城遗址

金陵邑、石头城遗址是南京在成为三国鼎立时期东吴的都城前的重要历史见证。公元前 333 年，楚国在今南京城区清凉山上设立金陵邑。唐《建康实录》记载，楚威王是“因山立号，置金陵邑”，它是南京称为金陵的发端。后东汉末年公元 212 年，孙权又在原金陵邑故址筑城，史称“石头城”。同治《上江两县志・山考》记载：“自江北以来，山皆无石，至此山始有石，故名石头城。”城基因就自然山体筑成，其中临江一面中段有几块淡红色砂砾岩有如兽面，故俗称“鬼脸城”（图 5-5）。石头城是孙吴水师的总部所在，周长约 3000 米，南面开 2 门，东面开 1 门，西北紧靠长江，城西最高处还建有烽火台，是重要的江防要塞和城防据点。城内建有石头仓库，用来储存粮食、兵器等物资。因石头城恃要凭险，地势险峻，自古就有“石城虎踞”之称。以后由于长江河道逐渐西移，石头城的军事价值有所减弱，但其历史价值则历久弥新。

图 5-5　春秋金陵邑、三国石头城，俗称“鬼脸城”遗址现状

5.2　南京六朝时期的历史文化遗存

由于隋朝灭陈之后，对六朝都城进行了人为的毁灭性破坏，加上六朝遗存为后代建设所覆盖，目前南京现存的六朝文化遗存仅几十处，主要为陵墓石刻，另有少量都城遗址（图 5-6）、帝王陵墓及佛教遗址。

图 5-6　六朝建康城遗址考古发掘现场（珠江路北太平路东工地）

5.2.1 六朝建康城遗址

“江雨霏霏江草齐，六朝如梦鸟空啼。无情最是台城柳，依旧烟笼十里堤。”这首凄美的《台城》，是唐代诗人韦庄凭吊六朝古迹的诗。诗所凭吊的“台城”，在隋初被隋文帝“并平耕垦”，中唐时期更已是“万户千门成野草”，从此神秘的六朝宫城—台城及都城—建康城就成为中国城建史和古都市史上的一个千古之谜。六朝建康城的历史价值还在于它对后世的影响。史料记载，北魏洛阳城营建之前，孝文帝特地委派“以巧思著称”的散骑侍郎蒋少游出使南朝“密令观京师宫殿楷式”，蒋少游未负孝文帝重托，“果图画而归”，使得北魏“宫室制度，皆从其出”（周岚等，2008b）。当代著名历史地理学家史念海先生也认为北魏洛阳城御道两旁罗列府寺，“不像汉魏的旧规，仿佛就是东晋南朝的新制”（史念海，1998），后来这一制度又被隋唐长安、洛阳所沿袭。

关于六朝建康城的考证，自民国朱偰出版《金陵古迹图考》一书以来，史学界一直认为，六朝宫城的中心位于今东南大学一带。但2001年夏季南京考古工作者对老虎桥工地进行了考古发掘，没有发现六朝宫城遗址，而2002年考古工作者却在大行宫东南角地下3米深处，发现了一条宽广的六朝御道和两条砖砌的排水沟，大致呈东北—西南走向，同时出土了人面纹瓦当、兽面纹瓦当、青瓷器、铭文砖等文物；随后，南京图书馆新馆工地又发现了这条道路的延续路面以及夯土城墙等重要的六朝遗迹；随后，在这条道路沿线和周围陆续发现了外包砖内夯土的城墙，由砖砌就的整齐宽阔的壕沟、古井、古桥以及大量建筑遗物；2006年以后，又陆续在游府西街、邓府巷工地发现六朝遗存（图5-7）。

近几年来关于六朝的考古发现改写了以前一直沿用的朱偰先生的学说。南京历史学家蒋赞初和考古学者王志高提出建康城的中心台城应该在今天的“大行宫”一带；也有学者提出了“东移说”，认为建康城中心台城在总统府一带。虽然尚未形成定论，但是六朝建康城的大致格局、轴线和走向基本确定。这是六朝考古的重大发现，也对更加准确地认识南京都城演变有着重要的学术价值，对揭开1400余年前的六朝文化的神秘面纱有着重要的历史意义。

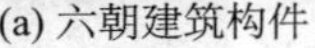

(a) 六朝建筑构件

(b) 保护的六朝遗存——砖井

图 5-7　考古挖掘出的六朝遗存

5.2.2　六朝陵墓石刻遗存

在中国石雕艺术史中，南朝陵墓石刻的地位举足轻重，它上承秦汉，下启隋唐。同淳朴的汉代石刻相比，南朝石刻更加精美细致，灵动威武，造型生动，气势宏伟，与同时代的北朝石窟艺术遥相媲美，对于研究中国雕塑艺术的发展演变具有极其重要的价值；在世界艺术史上，南朝陵墓石刻也写有重要的一页（万绳楠，2007）。南京六朝陵墓石刻代表了南朝陵墓石刻的最高水平，早在20世纪80年代初就被列为国家级文物保护单位。因篇幅所限，仅举两例说明。

萧景墓石刻位于栖霞区十月村，现存石辟邪及石柱各一（图5-8）。辟邪体态肥硕，长3.80米、宽1.55米、高3.80米，体围3.98米。无角，头鬣峰起，昂首张口，长舌垂胸，舌尖上卷，须下拂，头顶有凹达于背上，胸前长毛卷曲，两翼膊刻云勾纹，衬以鸟翅纹，并回转达于前肢。尾长及地，足趾五爪。体形硕大，雄俊壮美，比例适当，雕饰精致，为同期辟邪中的佳作。现存神道石柱是南朝石柱中保存最完整的一件，柱高4.20米，盖上小辟邪，柱为双螭座，表刻怪兽纹饰，横截面呈抹角矩形。柱表下段刻24道瓦楞纹，上段刻瓜楞纹。柱额矩形，柱额右侧浮雕持花僧像，其下刻绳索纹和交龙纹，盘绕柱身。柱顶覆宝莲盖，盖上蹲踞一小辟邪，通体雕刻精细。

图 5-8　萧景墓辟邪石刻、石柱及细部

萧秀墓石刻（图 5-9）位于今南京市栖霞区甘家巷小学内，萧秀墓神道石刻较一般陵墓多一对石碑，其排列秩序依次为石辟邪、前石碑、神道石柱、后石碑。石辟邪、前石碑、神道石柱各两只，东西相对而立，后石碑一对，皆圆首，西侧碑额正书有“梁故散骑常侍司空安成康王之碑”。史称该碑为彭城刘孝绰撰文，南朝书法家贝义渊书写。萧秀墓神道石刻是南京南朝陵墓石刻中保存最为完整的一组，是研究南朝石雕艺术和陵墓制度的珍贵实物资料。

图 5-9　加顶保护前后的萧秀墓石刻及辟邪

5.2.3　栖霞寺千佛崖

南京栖霞寺千佛崖（图 5-10）与北方的龙门、云冈石窟佛像有着密切的关系，该石窟群建造年代早于洛阳的龙门石窟而晚于大同的云冈石窟，在中国早期石窟寺遗存中占有重要地位，是中国南方开凿时间跨度最长的石窟遗存。它位于栖霞山纱帽峰至虎山峰的山崖上，始建于南齐，南梁天监十年（511 年）至梁大同二年（536 年）规模初具。相传当年明僧绍舍宅入寺后曾梦见栖霞西峰石壁有如来佛光彩，乃立志在此岩壁上开凿佛像，后其子临沂令明仲璋继承父志，终镌刻成流传至今的千佛崖“无量殿”。“无量殿”大佛设计人为齐梁时期建康著名的高僧僧祐（445～518 年）。无量寿佛像坐身高三丈二尺五寸，总高近四丈，观音、势至两菩萨之像分侍左右两侧，各高三丈三尺，这三尊佛菩萨合称“西方三圣”，因此该龛又称为“三圣殿”，明代人称“无量殿”，是现存南朝雕塑中最精美的艺术品。现石窟前左右还有两尊接引佛，是五代南唐时期的遗物，为民国时从栖霞寺舍利塔前移至此地。

图 5-10　栖霞寺千佛崖石窟佛像

5.2.4　东吴孙权陵墓

东吴大帝孙权的陵墓是南京地区时代最早的一座帝陵。孙权作为三国历史故事的重要主人翁之一，在闻名中外的中国四大古典名著之一《三国演义》中，经元末明初的大家罗贯中妙笔生花地刻画，栩栩如生，脍炙人口。

据史料记载，孙权在位 32 年，孙权去世后，便安葬在其“一代宏图开建业”的古都南京钟山南麓梅花山上，历史上这里曾经被称为孙陵岗，民间俗称吴王坟。近年来，南京大学文物考古学者对孙权陵做了勘探，已发现一些迹象。虽然孙权陵墓的详细历史信息尚有待未来

的考古挖掘进行进一步研究论证，但今天孙权墓所在的孙陵岗梅花山（图 5-11）已经成为南京市民和游人踏青的绝好去处。

图 5-11　东吴孙权陵墓所在——梅花山

5.3　南京唐宋元时期的历史文化遗存

南京唐宋元时期较有影响力的历史文化资源主要有南唐二陵、栖霞寺舍利塔以及最近引起广泛关注的大报恩寺考古发掘遗址。

5.3.1　南唐二陵

南京南唐二陵是著名帝王词人、南唐后主李煜的祖父——南唐先主李昪的钦陵以及李煜的父亲——南唐中主李璟的顺陵，是江南地区至今发现的规模最大的地下宫殿。南唐是五代十国时期南方的一个经济文化较为发达的国家，它留给后世影响最大的当数南唐诗词，而南唐词人中成就最大的是李煜，其著名的《虞美人》至今仍广为流传。王国维先生在《人间词话》中称：“词至李后主，而眼界始大，感慨遂深，遂变伶工之词而为士大夫之词。”

南唐二陵（图 5-12）发现于 1950 年，位于祖堂山的西南麓，二陵相互毗邻，相距约 100 米，均依山为陵，东依红山，北靠白山，西临

山谷，而南面是开阔的山坡地。若从远处综观群山，形如一条游龙，祖堂山乃龙首，南唐二陵正位于龙口位置。南唐先主李昪及其皇后宋氏的合葬陵居东，称为钦陵；南唐中主李璟及其皇后钟氏的合葬陵居西，称为顺陵。李昪陵因建于南唐国势强盛时，故规模较大，随葬品较丰富；李璟陵则建于南唐国势衰弱时，规模略小，随葬品亦不丰富。

(a) 钦陵入口

(b) 顺陵入口

(c) 出土的陶俑

图 5-12　南唐二陵

钦陵有 3 间主室、10 间耳室，地宫三进 13 室，其前、中两室及其所附四间侧室是砖结构，后室及其所附六间侧室是石结构。墓门及前、中、后 3 间主室都仿照当时社会上流行的木结构建筑式样，在壁面上用砖砌或石雕成梁、桥、柱子和斗拱，再绘以鲜艳的彩画，图案多作牡丹、莲花、宝相、海石榴和云气纹等。后室地面的青石板上雕刻着蜿蜒曲折的江河形状，象征着地理图。在南唐二陵中，还考古发掘出数以百计的男女宫中侍从俑和舞俑以及各种动物俑，为南方唐宋墓中所罕见。

李璟顺陵在李昪钦陵西侧，有大小墓室 11 间，地宫三进 11 室，长宽与钦陵相近，规模不及钦陵。有前、中、后 3 间主室和 8 间侧室，

均为砖结构，后室入口处无双龙及武士的浮雕，后室的室顶有天象图，但地面上无石刻地理图，棺座上亦无龙形浮雕，这反映了当时南唐国势已衰，并向北周称臣、去帝号改称国主后的情况。但此陵三间主室的壁面仍有砖结构的房梁、枋、柱子和斗拱式样，其上同样绘有牡丹和卷草等彩画，但在质量和品种上均不如钦陵所发现者。

5.3.2 大报恩寺遗址

明大报恩寺是“金陵四十八景”之一，大报恩寺塔曾被17世纪进入中国的西方传教士称为“中古世界七大奇观”之一。因明大报恩寺太过著名，原遗址考古挖掘方案忽略了其更加久远的历史，在考古工作中意外发现了建造年代更加久远的宋长干寺地宫。2008年7月，考古工地挖掘出一块高约1米、宽60厘米的宋代石碑，碑文上有“金陵长干寺”及“感应舍利十颗”、“佛顶真骨”、“诸圣舍利”、“金棺银椁”、“七宝阿育王塔”等铭文。随后地宫内发现了包藏佛祖顶骨舍利的鎏金七宝阿育王塔（图5-13）。

图5-13 大报恩寺阿育王塔请出铁函瞬间和修复完整全图

史料记载，大报恩寺的所在地古长干里，一直都是寺庙集中地，曾先后修建多座寺庙佛塔，时间跨度从东吴到明代，近1200年。早在248年，西域高僧康僧会就在孙权的帮助下，建了阿育王塔，并将佛祖真身舍利供奉其中。以阿育王塔为中心的建初寺是中国南方最早的寺庙；东晋时，毁于叛乱的建初寺得到重建，更名为长干寺，后一直是六朝的佛教中心；唐长庆年间，润州刺史李德裕将其打开，将21枚舍利中的11枚迁往润州，另外的10枚则留在了原地；北宋年间，新建了9层佛塔，宋真宗下诏称为天禧寺；元代祖忽必烈曾下诏将天禧寺改名为“元兴天禧慈恩旌忠教寺”；明成祖朱棣继位后，为报答生母的养育之恩，在元慈恩旌忠教寺旧址上，兴建江南巨刹大报恩寺和大报恩寺塔。大报恩寺建造由郑和等人担任监工官，其施工极其考究，按照皇室的标准营建，寺内有殿阁20多座，画廊118处，经房38间。历时19年，耗银250万两，征调工役10多万人；宣德三年竣工后，郑和还特别将其从海外带回的“五谷树”、“娑罗树”等奇花异木种植在寺内。

目前，大报恩寺的考古发掘和研究考证工作还在继续，但明大报恩寺自身和其与宋长干寺、孙吴建初寺等寺庙以及佛教文化在中国的传播等的关联已经使得大报恩寺遗址备受世人瞩目。

5.3.3 栖霞寺舍利塔

南京栖霞寺舍利塔是我国最大的舍利塔（图5-14），位于全国重点寺院栖霞寺内。栖霞寺始建于南齐；梁代高僧僧朗曾于此大弘三论教义，被称为江南“三论宗”祖庭；唐代鉴真和尚第五次东渡未成，归途曾驻锡于此；清乾隆帝五次南巡俱设行宫于栖霞寺附近。

栖霞寺舍利塔始建于隋文帝仁寿元年，原为五层方形木塔。现存石塔系五代南唐重建，1930年由建筑家刘敦桢主持维修，1988年被列入全国重点文物保护单位。栖霞寺舍利塔采用了南方尤其是江南非常少见的密檐式塔形式，塔八角五檐，由白石所垒，高18米。它改变了唐代密檐塔只有一层低低的素平台基的做法，吸取了唐代某些小塔的造型方式和风格，在塔下以须弥座为基座，座上并有仰莲式平座，开

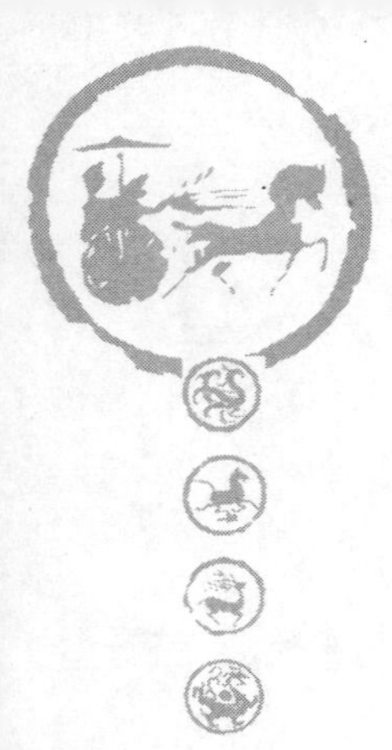

图 5-14　栖霞寺舍利塔

创了密檐塔逐渐华丽的先风。各檐都由整块石材刻成，挑檐较深，檐下只刻出凸圆线脚，不雕斗拱，柱枋雕刻也简单有节，整体权衡包括敦实的塔刹都很得体。虽大体仍模仿木结构建筑的造型，但并未失掉石材的本性和舍利塔应具的婀娜风度，艺术价值很高。栖霞寺舍利塔石面布满了浮雕，是五代雕刻精品。

5.4　南京明清时期的历史文化遗存

明代南京是大一统帝国的都会，清代南京是两江总督府所在地，原本南京应有更多的明清历史遗存，可惜其间太平天国和清军间的战火毁坏了许多宝贵的历史遗存。

5.4.1　明代历史遗存

南京明代历史遗存数量仅次于民国。由于明初国力昌盛，许多明代历史遗存在中国乃至世界建设史上都占有一定地位，如明城墙、明故宫、明孝陵等。

1. 明城墙

南京明城墙是中国大一统帝国时期唯一南方都城的城墙遗址

(图 5-15)，也是世界上现存最长的古代都城城垣，对研究中国古代都城史、城墙建筑技术史等有重要价值。

(a) 中华门　(b) 神策门　(c) 清凉门　(d) 东水关

图 5-15　南京明城墙实景

1366 年，朱元璋在元末集庆路旧城基础上开始扩建，历时 20 年完工，并于 1393 年基本完成明都城宫城—皇城—都城—外廓四重城垣的定制，前后共历时 28 年。南京明城墙格局不拘泥于中国都城传统的方形古制，而是依山川走向自然而筑，将南唐金陵城城墙的西、南两面加以拓宽、加高、扩建，沿外秦淮河东西延伸，将北面的狮子山、鸡笼山、覆舟山、富贵山等尽揽入城。明城墙全长达 35.267 千米，现存城墙部分为 25.091 千米，遗址部分为 10.176 千米。

2. **明故宫**

南京的另一处历史遗存——明故宫遗址对研究整个明代的宫城、皇城格局具有重要的历史价值（图 5-16)，它是北京明故宫的原型，今北京故宫基本沿袭了南京明故宫的规制，“规制悉如南京”，“而宏敞过之”。1366 年朱元璋做吴王时就开始营建明故宫，次年初步建成，1375 年后又经多次改建，于 1392 年才全部完成，早于北京故宫建造约 40 年。

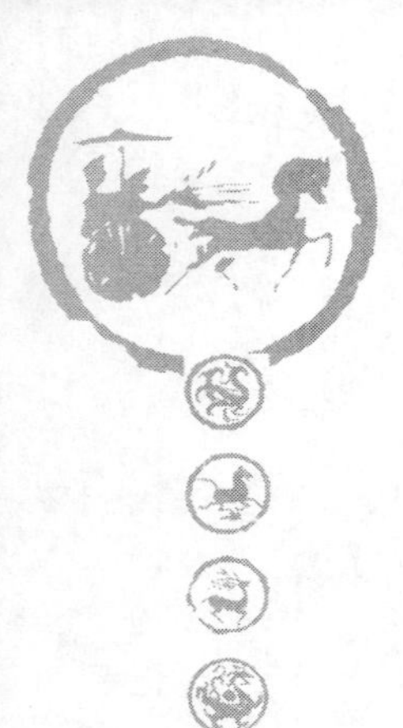

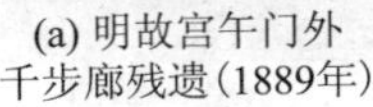

(a) 明故宫午门外
千步廊残遗(1889年)

(b)民国时期明故宫
机场旧影(1940年)

图 5-16 南京明故宫历史照片

南京明故宫的规模约为北京故宫的三分之二，皇城范围南北长约 2500 米，东西宽约 2000 米。1421 年朱棣迁都北京后，皇宫逐渐衰败；太平天国时期，洪秀全又移明故宫建筑材料建天王宫室；民国期间，修建中山东路，明故宫被一分为二，并在南部修建机场；新中国成立后，明故宫部分遗址被辟为公园。明故宫现存遗址主要包括皇城西门西安门遗存、西安门外的玄津桥、宫城西门西华门遗址、宫城东门东华门遗存、宫城南门午门遗存（图 5-17）及午门内的内金水河和金水桥、金水桥北的奉天门遗址；午门之外的御道（今御道街）遗址和外金水河及外金水桥遗址；御道之东的太庙遗址、御道之西的太社太稷遗址以及外金水桥之南御道两侧的中央五部（东）、五军都督府（西）等遗址。

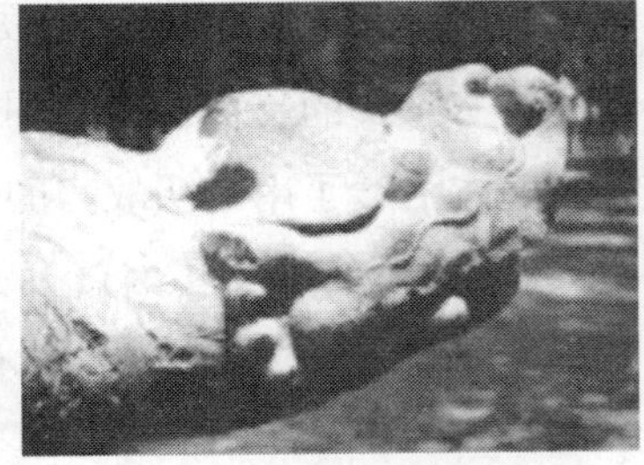

图 5-17 南京明故宫现存历史资源

3. 明孝陵及开国功臣墓

明孝陵是明开国皇帝朱元璋的陵墓，位于紫金山中峰南麓。明孝陵气势恢宏，形制为此后500多年明清两代帝陵建筑所沿用，在中国帝陵发展史上具有里程碑的地位，2003年被评为世界文化遗产（图5-18）。

图5-18　明孝陵非中轴对称的格局示意图及现存遗存

明孝陵从1381年开始营建，至1413年前后竣工，工程历经30多年。明孝陵的总体布局由三部分组成：第一部分自下马坊至大金门，是正门前的引导区，包括大金门以西的西红门遗址，以东的王门遗址，陵区入口的下马坊、神烈山碑、禁约碑等；第二部分包括自大金门向西侧延伸的红墙及碑楼、外御河桥、神道石像生、望柱、棂星门、内御河桥等；第三部分为陵寝的主体，主要有陵宫门、享殿前门、享殿、东西配殿、御厨、具服殿、井亭、内红门、升仙桥、方城、明楼、影壁、宝顶、宝城等。另外，明孝陵东有太子陵，西有嫔妃墓及钟山之阴的部分开国功臣墓。

中国古代帝陵制度，经汉、唐的发扬张励，至明清两朝时发展至顶峰，形成了一套完备的陵墓制度。大臣生前辅佐皇帝，死后陪葬，既是对大臣事功的奖赏、肯定，更是皇权至高无上的体现，是帝陵制度的重要组成部分。分布于钟山之阴的十余座明王侯陵墓，也是明孝陵陵墓制度的重要组成部分。《明史》中载，明太祖朱元璋赐葬功臣有

10余人，中山王徐达、岐阳王李文忠与其他开国功臣被赐葬于钟山之阴，陪葬墓呈拱卫状围绕着明孝陵。李文忠墓（图5-19）即是其中一例，现存遗址由神道碑、神道石刻、享殿前门、享殿、墓冢等组成，为研究明代功臣的陪葬制度和明文化提供了有历史价值的资料，2003年它随明孝陵一起被列为世界文化遗产。

图5-19　明开国功臣李文忠墓

4. 朝天宫

除明代都城、宫城、帝陵的遗存外，南京朝天宫是另一处明都城文化制度的重要遗存，它是江南地区现存规模最大、保存最为完好的一组明清古建筑群。朝天宫之名，系朱元璋下诏亲赐，取“朝拜上天”之意，为朝廷举行盛典前练习朝廷礼仪的场所，也是官僚子弟袭封和文武官员学习、朝见天子的地方。现存朝天宫建筑（图5-20）为清同治五年（1866年）重建，作为文庙，整个建筑坐落于冶山上，坐北朝南，最南面为宫墙，正南照壁砖刻“万仞宫墙”四字。宫墙东、西两侧牌坊入口分别有“德配天地”、“道贯古今”门额，为曾国藩所书。西坊门外立下马碑，上书“文武官员军民人等在此下马”。墙内有半圆形泮池。泮池广场以北是棂星门，为4柱3间木结构牌楼，牌坊面阔15.5米。戟门面阔5间29米，重檐歇山顶，上檐用斗拱，中间3间为门庭。戟门东有金声门，西有玉振门。戟门以北的大成殿是文庙的主体建筑，面阔7间43.30米，通进深18.76米，重檐歇山顶，上下檐均用斗拱，顶覆琉璃瓦，两端螭吻，飞檐翘角。殿东西两庑各12间。大成殿后是崇圣殿，面阔36.53米，通进深16.15米，歇山顶，檐下设斗拱。

图5-20 朝天宫现状

5. **郑和宝船遗址**

郑和宝船遗址公园是南京另一处具有世界文化影响事件的历史发生地。明代1405～1433年，郑和七下西洋，远航亚非30多个国家和地区，比哥伦布的发现美洲早87年，比达·伽马绕过好望角到达印度早92年，比麦哲伦的环球航行早了114年。

郑和宝船遗址公园位于外秦淮河的长江河口南部。600年前，这一带江汊纵横、芦草连天，地势开阔，直通长江，因此被选中辟建龙江宝船厂。当年宝船厂占地1000余亩，开作塘（船坞）7条，内设有指挥机构提督衙、精工指挥厅、各船业作坊、船户以及工匠住房等，是世界上规模最大的皇家造船厂。史载大型宝船“悉数建造于宝船厂”，包括郑和七下西洋指挥的载千人以上9帆、12桅的宝船。根据1957年在此地考古发现的长10余米的方形无孔巨型舵杆木（图5-21），推测宝船船长为48～53丈，舵叶高6.35米，排水量可达2.5万吨。明清以后，宝船厂逐渐被废弃，经过几个世纪的变迁，仅存三条古船坞遗址，现“宝船遗址公园”即在此基础上建设。2004年南京对遗址进行了考古发掘，有不少重要发现：“作塘”上口东西长410米，南北宽40米，

底部宽 20 米，深度为 6 米，规模十分宏大；在作塘塘底，东西向依次整齐排列着无数排木桩，当年在这些木桩上铺设木板，构成建造宝船的巨大台架。该遗址为研究我国造船业、造船技术发展和郑和下西洋的历史提供了重要依据。

图 5-21　在南京郑和宝船厂遗址出土的长达 10 余米的宝船舵杆

5.4.2　太平天国历史遗存

太平天国运动是中国近代史上规模巨大的农民革命战争，它加速了清王朝和整个封建制度的衰落与崩溃。由于太平天国政权存在时间较短，加之失败后湘军的烧毁破坏，遗存至今的历史资源不多，但这些遗存对于理解发生在鸦片战争以后一个新旧交替时代里的农民运动有着重要的历史意义。

1. 太平天国天王府

太平天国天王府是太平天国时期最宏伟的建筑。1853 年 3 月，太平天国攻占南京，定都于此并改称天京，在两江总督府的基础上修建宫室，作为天朝宫殿。天王府规模宏大，东到黄家塘，西到碑亭巷，北到浮桥一线（即杨吴城壕），南到科巷、大行宫长街（图 5-22）。“城周围十余里，墙高数丈，内外两重，外曰太阳城，内曰金龙城，殿曰金龙殿，苑曰后林苑。雕琢精巧，金碧辉煌。”太阳城的正门是天朝门，门前有御沟，沟宽、深各两丈，沟上有桥，桥前面有一块镌刻着“天朝”的石坊。金龙城的正门是圣天门，门内东西两侧各有三层高的“朝房”，正面为金龙殿，金龙殿后有二殿、三殿、后宫林苑。金龙殿十分宏伟高大，瓦顶重檐、雕梁画栋，殿内四壁有彩绘的龙虎狮像，富丽堂皇。金龙大殿的东、西两侧有东、西花园。1864 年 7 月，曾国荃率湘军攻陷天京烧毁了天王府，只存有现位于长江路 292 号的原天王府西花园及石舫等遗迹（图 5-23）。1954 年，在西花园水池内打捞出太平天国时的石鼓，1976 年又在西水榭（夕佳楼）小假山发现“侍卫府胡衙”石碑。

清同治九年（1870 年），曾国藩在天王府遗址上原督署界内，重建两江总督衙署，1872 年 4 月竣工，包括门厅、大堂、两庑、正宅、厅、楼、阁、亭等建筑。署前建有“两江保障”、“三省钧衡”二坊。清末

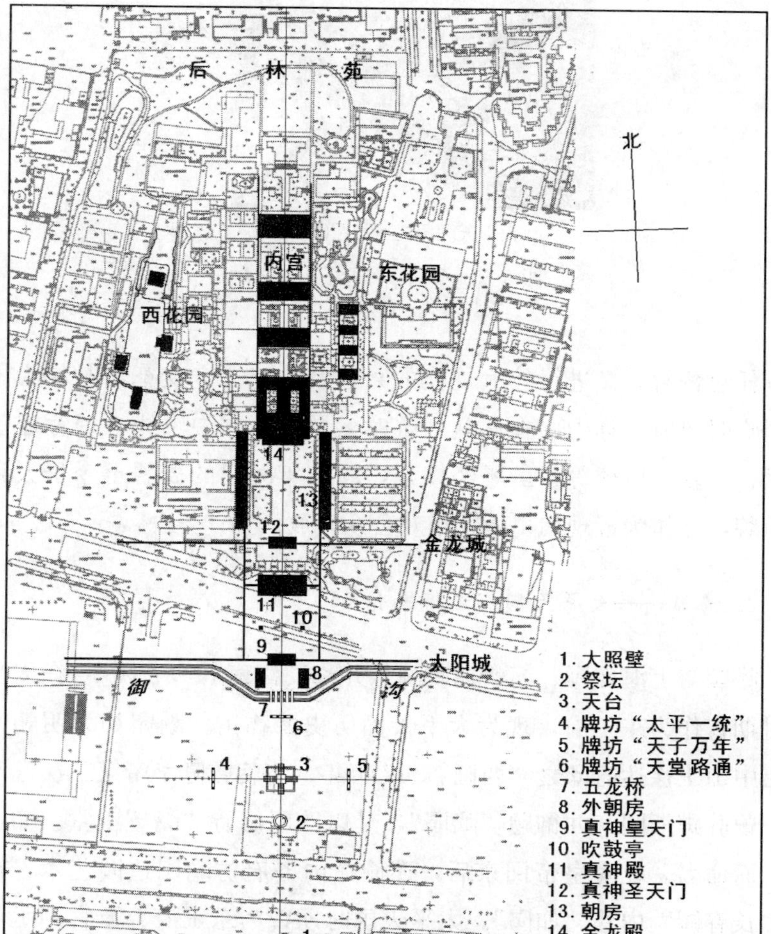

后 林 苑
北
内宫
东花园
西花园
14
13
12
金龙城
11
10
9
太阳城
8
御
河
7
6
4
3
5
2
1

1. 大照壁
2. 祭坛
3. 天台
4. 牌坊“太平一统”
5. 牌坊“天子万年”
6. 牌坊“天堂路通”
7. 五龙桥
8. 外朝房
9. 真神皇天门
10. 吹鼓亭
11. 真神殿
12. 真神圣天门
13. 朝房
14. 金龙殿

图 5-22 天朝宫殿中轴示意图

资料来源：苏则民，2008

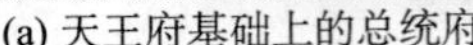

(a) 天王府基础上的总统府

(b) 天王府西花园石舫遗存

(c) 太平天国历史博物馆(瞻园)

图 5-23　太平天国天王府遗存

资料来源：苏则民，2008

端方任总督时，又进行较大规模的兴建及改建。辛亥革命时作为中华民国临时政府，孙中山在此就任临时大总统。在中轴线上现存建筑有大堂、二堂、后楼等，虽屡经修建，同治年间建的衙署至今仍大致保存原貌，并作为近现代史博物馆对公众开放。

2. **瞻园——太平天国历史博物馆**

瞻园与上海豫园、苏州拙政园等并称“江南五大名园”，在太平天国时期曾作为东王府，现为太平天国历史博物馆。瞻园初为明朝开国功臣中山王徐达府邸之“西圃”。1757 年，清朝乾隆皇帝第二次巡幸江南，曾驻跸斯园，并御题“瞻园”，是以欧阳修诗“瞻望玉堂，如在天上”而命名。乾隆皇帝回京后，还谕命内务府仿瞻园造园艺术，在京城“长春园”内建“如园”。太平天国时期曾为东王府、夏官副丞相赖汉英衙署和幼西王府；中华民国时这里又成为江苏省省长公署、国民政府内政部等机构所在地；目前是全国唯一的太平天国专史博物馆，收藏有太平天国文物 2800 余件；各类文物及遗址、遗迹照片 10 000 余张；清方原始档案、函札资料 2000 余卷宗；有关太平天国史的图书 6000 余册；并已整理出版太平天国资料书籍 30 多部 700 余万字，是收藏太平天国文物最多、史料最丰富的文博单位。

3. **太平天国壁画**

壁画是太平天国时期美术的最辉煌成就，太平军每攻下一城一县，都会在墙、门、梁、枋上作画。保存较为完整的太平天国壁画（图 5-24）位于南京汉中门堂子街 88 号一座古宅内，现存有彩色壁画 18 幅。该宅据考为太平天国东王杨秀清属官的衙署，坐北朝南，瓦平房，占地面积约为 2000 平方米。原为 6 进，现第一进已毁，只剩 5 进，砖木结构，每进均为 7 架梁、3 开间，建筑自南往北排列顺序：正中大殿、二厅、三厅、四厅和后檐房。东面为花厅。每进的东、西、北壁原都有壁画，均绘在墙壁或板壁之上。现存的 18 幅全部是彩色壁画，其中大殿墙壁上 8 幅，第二进板壁上 8 幅，第三进板壁上 2 幅。大厅东壁 4 幅，从南向北依次为“鹤寿图”、“江防望楼图”、“山亭瀑布图”、“广柳荫骏马图”，西壁 3 幅，从南向北依次为“双鹿灵芝图”、“云带环山图”、“江天亭立图”，北壁东边一幅为“孔雀牡丹图”，该图华贵典雅，色彩鲜艳夺目，显得富丽堂皇；第二进壁画是绘在中间与东、西两侧房间的木板壁上，东壁 4 幅，从南向北依次为“盆栽瓶花图”、“鹿鹤同春图”、“绶带蟠桃图”、“丛林楼阁图”，西壁 4 幅，从南向北依次为“文房四宝图”、“鸳鸯荷花图”、“狮子戏球田”、“茅亭远帆图”；第三进两幅壁画亦是绘在中间东、西两侧房间的木板壁上，东壁一幅

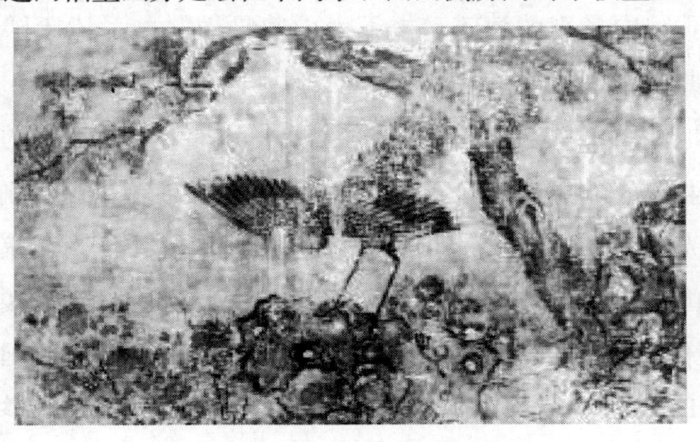

图 5-24　太平天国王府壁画

为“鱼藻图”，西壁一幅为“金狮彩球图”。

5.4.3 清代历史遗存

因太平天国和清军间的战火毁掉了南京的许多历史遗存，因此南京现存的历史建筑多为清以后重建或建设的，具有代表性的有江南贡院、清末江苏咨议局、清末石鼓路天主教堂和金陵机器制造局等。

1. 江南贡院

江南贡院是中国古代重要的科举考试场所（向阳鸣和周道祥，2003），始建于南宋，经明清两代不断扩建，至清光绪年间已拥有考试号舍20 644间，房舍之多为全国考场之冠。据统计，清代在江南贡院乡试中举后、经殿试考中状元者，超过全国状元总数的一半。明清两代从此走出了江南才子唐寅、“扬州八怪”郑板桥、光绪老师翁同龢以及清末实业家张謇等。同时江南贡院也同名著《桃花扇》孔尚任、李香君以及《儒林外史》吴敬梓、范进一起为人津津乐道，它连同夫子庙一起，对于秦淮河的繁华起到了至关重要的作用。

史料记载，江南贡院曾占地约30万平方米，有考试号舍20 644间，另有主考、监临、监试、巡察以及同考、提调执事等官员的官房千余间，还有膳食、仓库、杂役、禁卫等用房。贡院四周建有两重围墙，上面布满荆棘，以防夹带作弊，故世人又称贡院为“棘围”。明远楼是江南贡院内最高的建筑，楼下南面曾悬楹联，系清康熙年间名士李渔所撰并题：“矩令若霜严，看多士俯伏低徊，群器尽息；襟期同月朗，喜此地江山人物，一览无余。”从联中可看出，明远楼的目的和作用是用来监视应试士子和院落内执役员工有无传递关节的设施。

清朝光绪三十一年（1905年），科举制度废除，江南贡院从此闲置不用。民国七年（918年），拆除贡院辟建市场，仅留明远楼、衡鉴堂及号舍若干间（图5-25）。现存明远楼、飞虹桥及明清和民国时期石碑22通。1989年辟建为历史陈列馆，是我国第一座以古代科举考试制度为内容的专业性博物馆。

图 5-25　贡院及明远楼历史旧影与现状

2. *清末江苏咨议局*

1911 年 12 月在清末江苏咨议局内，孙中山先生宣布成立中华民国，江苏咨议局见证了中国 2000 多年封建帝制的瓦解。咨议局是清末的新生事物，为了挽救统治危机，1906 年 8 月，慈禧太后根据考察宪政回国的清宗室载泽等五大臣的建议，仿效西方君主立宪制，下诏预备立宪。1907 年，宣布在中央筹设资政院，在各省筹设咨议局。清末状元张謇被推为江苏咨议局议长。宣统元年（1909 年），两江总督端方奏请建筑咨议局。张謇委派南通工程技术专科学校的毕业生孙支厦负责设计咨议局办公大楼。孙支厦受命出国考察行政会堂建筑，回国后，吸取西方议会建筑特色，设计出具有法国宫殿式建筑风格的江苏咨议局大楼（图 5-26）。

江苏咨议局大楼于 1910 年落成，是中国近代建筑史上最早的由中国建筑师设计建造的西式建筑之一。在立面处理上，明显地划分为基座、墙身和檐口屋顶三段。该建筑中部是会议大厅，周围是高两层的办公用房，形成前后两进与东西厢房组成的四合院。正立面中部建有

图 5-26 江苏咨议局遗产旧影（上）与现状（下）

资料来源：卢海鸣等，2001

高耸的钟楼，钟楼为方底弯隆顶，上覆鱼鳞状铁皮瓦；在钟楼两侧的屋顶上，对称布置着两折式四坡顶，屋顶上还设有小型的尖塔、烟囱、栏杆以及其他装饰物，形成丰富的变化。

1911 年 12 月 29 日，全国 17 个起义省份的代表聚集在江苏咨议局会议厅内，选举孙中山为中华民国临时政府大总统，并宣布将国号定为中华民国，同时决定废阴历，改用阳历（公历），以“中华民国”纪元，将 1912 年定为中华民国元年。1912 年 1 月，江苏咨议局改为中华民国临时参议院院址，1912 年 3 月在此通过了我国第一个表现资产阶级民主的《中华民国临时约法》。以后参议院又改为国民党中央党部办公地，1937～1945 年一度为汪精卫伪国民政府所用。也正是在此，汪精卫遭到晨光通讯社记者、爱国志士孙凤鸣的刺杀，险些丢了性命。可以说，江苏咨议局是清末至中华民国历史的极好见证。

3. 清末石鼓路天主教堂

南京石鼓路天主教堂由最早来中国传教的意大利传教士利玛窦创

办，是清末在中国努力迈向近代化过程中西方宗教渗透的见证，对于研究西方宗教在中国近现代发展的历史有重要的意义。16 世纪末，利玛窦曾先后三次来南京，于 1599 年在城西罗寺湾购买私宅，略加改造，作为个人进行宗教活动的场所。1618 年，由于南京教案的原因，教堂被拆除。1864 年，法国传教士雷居迪随法国的炮舰来到南京复堂，在废墟上建“圣母无染原罪始胎堂”，1870 年建成。北伐战争中该堂遭到严重破坏，曾一度改作马厩。1928 年，国民政府拨款 15 万元重修。20 世纪 30 年代以后，这里一直是天主教南京教区的主教座堂。教堂设施在文化大革命期间遭受破坏，宗教活动中止。1978 年后，江苏省及南京市天主教爱国会在此合署办公。

现存的天主教堂坐北朝南，高两层，平面呈“十”字形，采用西方教堂拱顶结构，并有钟楼（图 5-27）。屋顶结构仍然采用中国传统的木屋架，下面用曲线的木构件和灰板条模仿罗马风的圆拱作为吊顶，虽是仿作，但几可乱真。教堂内部空间主要分为三部分，即高耸的中厅和两边低矮的侧廊，中厅的跨度明显大于侧廊，形成主次分明的空间布局。

图 5-27　石鼓路天主教堂

4. 清末金陵机器制造局

金陵机器制造局是由李鸿章创办的，是清末洋务运动的产物。金

陵制造局成立早、延续历史长，它发展演变的历史对于研究中国清末近代化的努力以及中国近现代工业的发展等具有重要的意义。

1865年，李鸿章从江苏巡抚升任两江总督，把苏州洋炮局迁到南京聚宝门外的西天寺废墟上，更名为金陵制造局。1866年，金陵制造局的机器正厂竣工，据同治《上江两县志》记载，机器正厂设有铁炉房、气炉房、火炉翻砂厂、翻砂模坑屋等，加上住房、洋楼共有厂房用屋80余间；1867年，在大报恩寺坡下续建厂房；1867年，曾国藩到金陵制造局参观，“观制各机器，皆火力鼓动机轮，各极工巧，其中如造洋火铜帽，锯大木如切豆腐，二者尤为神奇[①]”；到1869年，“已能制造多种口径火炮、炮车、炮弹、枪子及各种军用品[②]”；1870年，建立火箭分局；1872年，在金陵通济门外建立火药局；1879年，乌龙山炮台机器局归并金陵制造局。此时，金陵制造局的规模包括机器厂三家（正厂、左厂、右厂）、火箭局、火箭分局、洋药局、水雷局四局及翻砂、熟铁、炎铜、卷铜、木作各厂，形成“其熔铸锻炼，无一不需机器”的大机器生产；1881年，为供给江防各炮台及留防各营充足的洋火药，在金陵制造局内添设洋火药局；1883年，制造局建造小轮船一艘，供左宗棠遣用，此船长四丈六尺，宽一丈一尺五寸，机器马力8匹，共用工料2400余两[③]；1886年，又制轮船一艘，名“一浮”，在京沪间航行；后任两江总督曾国荃奏请十万两银添造房屋及增购50余副制造枪炮子弹所需的机器设备[④]。制造局的机器设备“主要购自英国、间或也有德国和瑞士的，机器是头等的现代的”[⑤]。至此，金陵制造局经历多年的扩充、购置设备，成为一个拥有良好的设备、工人近千的近代化机器大生产的大型军工企业。1928年改称金陵兵工厂。

金陵机器制造局至今仍然保持着作为国家重要军工企业的作用和地位。现存历史厂房7处（图5-28）：同治五年（1866年）的机器正厂、同

---

① 《曾文正公手书日记》，卷29
② 威尔逊．华北纪行．1870年版
③ 两江总督曾国荃片．京报，光绪十年七月十四日
④ 曾国荃．扩充机器局疏．曾忠襄公全集，25卷，第55页
⑤ 贝斯福．中国之瓜分．第298页

治十二年（1873 年）的机器右厂、光绪四年（1878 年）的机器左厂、光绪七年（1881 年）的炎铜厂和卷铜厂、光绪十二年（1886 年）的木厂大楼、光绪十三年（1887 年）的机器大厂。厂房为“人”字形屋顶，三角椽架，门窗上均为拱形青砖清水墙，厂房高大而坚固。每厂门上均有横额，并书有建厂年代和厂名，其中以机器大厂规模最大。

图 5-28　清末金陵机器制造局

资料来源：苏则民等，2008

5.5　南京民国时期的历史文化遗存

南京是中华民国建筑最集中的展示地，南京的民国遗存呈现等级高、类型全、艺术价值高、内涵丰富四个特点（周岚等，2006）。等级高，是指中央级建筑较多，如国民政府的“五院八部”，另外，如中央研究院、中央体育场、中央医院、中央博物院的等级和规模均属当时全国（甚至东亚）之最；类型全是指各种功能一应俱全，包括大型行政建筑、文教卫建筑、大型纪念性建筑、公共建筑、天主教与基督教建筑、金融与商业建筑、工业建筑、娱乐建筑、新式住宅、使馆建筑等；艺术价值高是指建筑风格多元并置，包括西方古典、文艺复兴及殖民式，中国传统宫殿式，西方现代派以及新民族形式等，并集中了当时中外著名建筑师们的作品，如中国第一代建筑大师吕彦直、杨廷宝、童寯、赵深、范文照、卢树森以及美国的墨菲、英国的帕斯卡等；内涵丰富是指许多民国建筑都与当时发生的重大历史事件、历史名人

相关，内涵值得进一步挖掘（卢海鸣等，2001）。由于篇幅所限，本节谨选主要遗产各一例做简要说明。

5.5.1 纪念建筑——中山陵

中山陵（图 5-29）是民主革命先驱孙中山先生的长眠之地。1925 年 4 月 21 日，遵照孙中山先生归葬南京紫金山的意愿，宋庆龄、孙科等亲临紫金山，选定南麓小茅山南坡为墓址所在地。1925 年 5 月 13 日，孙中山先生葬事筹备委员会通过了《孙中山先生陵墓建筑悬奖征求图案条例》，并公开登报向海内外悬奖征求陵墓设计图案。条例中第二条明确要求："祭堂图案须采用中国古式而含有特殊与纪念之性质者。或根据中国建筑精神特创新格亦可。"当时年仅 31 岁的中国建筑师吕彦直从众多国内外竞赛者、40 多个应征方案中胜出，获得陵墓图案设计一等奖，并被聘请为中山陵的建筑师。陵园 1926 年 1 月始建，1929 年建成（孙中山纪念馆，1999）。

(a) 民国时期中山陵

(b) 中山陵现状

图 5-29 中山陵旧影与现状
资料来源：卢海鸣等，2001

吕彦直以《总理遗嘱》为指导思想，充分利用地形地貌特征，精心构思，设计出一个最能体现孙中山先生精神风貌的陵墓建筑。陵园依据山势，以 392 个台阶和 8 个大平台相组合，把石牌坊、碑亭、广场、华表、祭堂、陵寝等建筑物串联在同一轴线上，对称地分列在两边，结构完整而又气势磅礴。拾级而上，陵园坡度逐渐加大，视角不断变换，恢弘肃穆，气度非凡，使得瞻仰者在级级攀登的过程中，越来越强烈地产生庄严崇敬之感。陵园内又配以华表、铜鼎、石狮、香炉等，使其极富中华民族传统特色。祭堂采用中国宫殿式样，墓室则采用西洋式样，恰到好处地体现了“中西合璧”的新颖和明朗的时代风格。从空中俯瞰，陵园的整体造型设计呈“自由钟”的形状，传达了陵墓主人孙中山先生“必须唤起民众”的呼号，象征了中华民族的伟大复兴，具有极高的美学价值和文化内涵。中山陵不仅是纪念中山先生的重要场所，而且对研究中国民国建筑历史、艺术和技术都有重要意义。

5.5.2 行政建筑——原国民政府外交部旧址

原国民政府外交部曾被民国年间出版的《中国建筑》杂志评价为“外交部办公楼为首都之最合现代化建筑物之一”。它的最初方案由时任天津基泰工程司建筑师杨廷宝设计，后因国民政府紧缩经费，这一方案未能实行。后上海华盖建筑事务所赵深、童寯、陈植设计了外交部建筑方案，并被采用。由姚新记营造厂承建，1935 年 6 月竣工。

原国民政府外交部大楼面对鼓楼，平面呈“T”形，中部高四层，两翼高三层，钢筋混凝土结构，平屋顶（图 5-30）。整座建筑的平面设计与立面构图基本采用西方现代建筑手法，同时结合中国传统建筑的特点和装饰技艺。从建筑物的外观上看，立面上下分为勒脚、墙身和檐部三部分：底层半地下室部分的外墙用水泥粉刷，象征基座；墙面用褐色面砖贴面；檐口部分用同色的琉璃砖做成简化的斗拱装饰。建筑物内部大厅天花饰有清式彩画，室内墙面做有传统的墙板细部。该建筑设计精巧，布局合理，是中国新民族建筑形式的典范之一，具有重要的艺术价值和科学研究价值。

抗日战争期间，这里是日军“中国派遣军总司令部”所在地，侵华日军总司令冈村宁次就在这里办公。抗日战争胜利后，这里仍作为国民政府外交部。1949 年 5 月 1 日，南京市“军管会”接管国民政府外交部。现为江苏省人大常委会所在地。

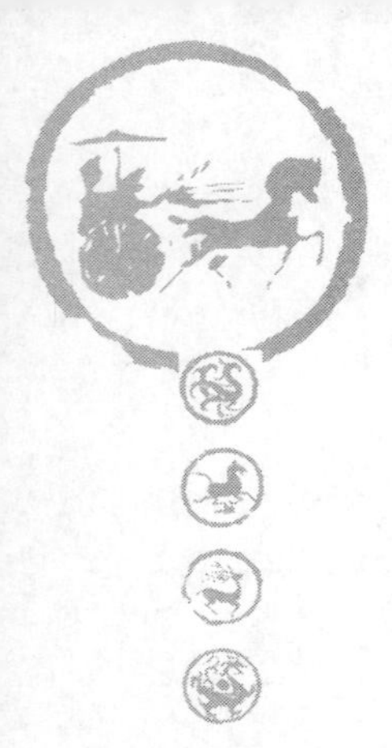

图 5-30　原国民政府外交部旧址

5.5.3　文化建筑——民国国民大会堂旧址

国民大会堂旧址（图 5-31）位于今南京市长江路 264 号。1935 年，国民党要员孔祥熙等人提议建立国民大会堂，后由当时著名的建筑师奚福泉设计，1936 年 5 月竣工。该建筑坐北朝南，主体四层，钢筋混凝土结构，建筑面积 5100 平方米。中部略高，辅楼两侧对称，造型仿西方近代剧院形式，立面简洁，虚实对比，是当时较为流行的新民族形式建筑实例之一。国民大会堂旧址具有较高的建筑艺术价值和使用价值，至今仍是江苏省和南京市举行重要庆典活动和召开大会的场所。

图 5-31　民国国民大会堂旧址

5.5.4 教育机构——金陵女子大学旧址

金陵女子大学（图 5-32）位于宁海路 122 号，是由外国教会组织创办的中国第一所女子大学，始建于 1915 年春。金陵女子大学校舍由民国《首都计划》的主设计师美国建筑师墨菲和中国建筑师吕彦直共同设计，陈明记营造厂承建。整个校园建筑充分利用自然地形，沿东西向的轴线布置，会议楼、科学馆、图书馆、文学馆、大礼堂及学生宿舍以宽阔的大草坪为中心，布局工整，平面对称。建筑造型采用中国传统宫殿式风格，建筑物之间以中国古典式外廊相连接，而建筑材料和结构则采用了西方的钢筋混凝土结构，中西方建筑风格在这里实现了有机的统一。

图 5-32　金陵女子大学旧址

1927 年，国民政府定都南京，提出收回教育权的要求。1928 年，金陵女子大学改组校董会，推选金陵女子大学首届毕业生、著名教育学家吴贻芳女士（1893～1985 年）为校长。1937 年，侵华日军在南京大屠杀，时任代理校长的美国人明妮-魏特林以无畏的气概保护了数以万计的中国人。金陵女子大学旧址现为南京师范大学所在地。

5.5.5 使馆建筑——英国驻中华民国大使馆旧址

英国驻中华民国大使馆建于 1919 年，1924 年英国驻中华民国公使

馆租用该址；1935 年 6 月，英国政府根据对华政策的需要，将公馆升格为大使馆；1950 年，大使馆迁址北京；新中国成立后，这里是苏联专家和留学生招待所，后为双门楼宾馆使用。

英国驻中华民国大使馆由英国建筑师设计，当时占地面积约 29 亩，有西式二层楼房 9 幢 17 间，西式平房 10 幢 56 间。1949 年以后，因拓宽马路等原因，大部分建筑被拆除，现存一座办公楼和一座住宅楼。办公楼是一幢英国古典式的建筑，高两层，砖混结构，建在高阶平台之上，立面为西方古典柱廊式造型（图 5-33）。

图 5-33　英国驻中华民国大使馆旧址

资料来源：卢海鸣等，2001

5.5.6　商业建筑——交通银行南京分行旧址

交通银行南京分行旧址（图 5-34）位于新街口广场东北角中山东路 1 号，于 1933 年由上海缪凯伯咨询公司（Miao KayPah Consulting Co.）设计，新亨营造厂承建，1935 年 7 月竣工。该建筑为钢筋混凝土结构，原为三层，地下一层，1937 年增建一层。日军占领南京期间，这里成为汪伪中央储备银行，当时又增建两层，总高度增加到七层。抗日战争胜利后，交通银行南京分行在原址恢复营业。

该建筑造型为西方罗马古典建筑形式，正面朝南，门口有 4 根高达 9 米的爱奥尼亚式巨柱；大楼外部东、西两侧各配有 6 根式样相同

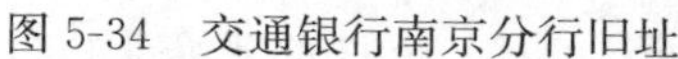

图 5-34　交通银行南京分行旧址

的檐柱；外墙面采用水泥斩假石，做工细腻。整个建筑显得坚固挺拔，浑厚凝重，显示了银行业主雄厚的资本和经济实力。

5.5.7　工业建筑——中国水泥公司旧址

中国水泥公司旧址（图 5-35）反映和见证了中国近代水泥工业的发展历程，位于今南京市栖霞区龙潭街道中国水泥厂厂区，曾是民国时中国五大水泥厂之一。清末“洋务运动”后，军事工业和民用工业建设需要大量水泥，促使中国民族水泥工业兴起。1921 年，民族实业家姚锡舟与上海金融界、实业界人士集资白银 50 万两，在龙潭镇筹建中国水泥股份公司龙潭水泥厂，从德国引进设备 1 套（今 1 号窑），生产“洋灰”。如今，当年购于德国西门子公司的旋窑设备仍在原地完好保存，原公司部分办公用房、化验室及生活用房也保存较好。

图 5-35　中国水泥公司旧址

5.5.8 官邸建筑——宋子文公馆

宋子文公馆（图 5-36）位于北极阁 1 号，由著名建筑师杨廷宝设计。公馆高三层，钢筋混凝土结构，依山而建，楼随山势，高低起伏，错落有致。底层用毛石砌造，显得极为坚固；上面两层用砖砌，表面采用弹涂工艺粉刷而成，立体感极强。公馆最为特别之处是其屋顶，颇有农舍风味，远望上去仿佛是用茅草盖成的，其实是用进口白水泥拌黄沙在芦荻上盖成，上下共有三层，每层厚约 2 厘米，最上面一层做成蜂窝状，所以给人茅草屋的错觉。这种特殊的屋顶处理方法具有隔热保温、防火防渗等功效，而且能够保持室内冬暖夏凉，集美观、实用于一身。在宋子文公馆东北面相距数十米处，还有一座古典式的双层建筑，与公馆以石阶相连，这是当年蒋介石囚禁张学良将军的地方，俗称“囚张楼”。

图 5-36　宋子文公馆

5.5.9 居住建筑——颐和路公馆区

颐和路民国公馆区是民国《首都计划》的实施产物，《首都计划》将住宅分为四个类别：上层阶级住宅区，一般公务员住宅区，一般市民住宅区以及棚户区。颐和路公馆区即是按照规划实施的上层阶级住宅区，现尚存民国公馆 225 栋（图 5-37）。该规划借鉴了西方区划的手法，将基地一一细分为可建设开发地块，每户平均占地 400 平方米，

(a) 现状概貌

(b) 中华民国时期马歇尔公馆

(c) 中华民国时期苏联大使馆

图 5-37　颐和路公馆区

建造风格多样的花园洋房，欧式、美式、中式等不一而足。区内有宽阔的沥青道路，整齐有致的行道树，提供完善的供水和排水等现代设施。汪精卫、陈布雷、张群、于右任、陈诚、汤恩伯、司徒雷登、马歇尔、拉贝等众多历史人物的府邸都在此。它也是民国著名的使领馆区，美国大使馆、苏联大使馆、罗马教廷公使馆、澳大利亚使馆、墨西哥大使馆、加拿大大使馆等都曾设在这里。

5.6 南京非物质文化遗产

悠久的历史不仅留给了南京大量的物质文化遗产，还孕育了极为丰富的非物质文化遗产。南京的非物质文化遗产类型涵盖了传统音乐、传统舞蹈、传统戏剧、曲艺、传统美术、传统技艺、民俗等不同门类，本节仅举几例简要说明（图 5-38）。

(a) 金陵刻经

(b) 南京云锦

(c) 秦淮灯会

图 5-38 南京非物质文化遗产

5.6.1　金陵刻经印刷技艺（传统手工技艺）

金陵刻经处是南京非物质文化遗产的代表。2009 年，金陵刻经处会同扬州广陵古籍刻印社和四川德格印经院三地捆绑申报“中国雕版印刷技艺”，顺利通过联合国教科文组织的评审认证，被列入《人类非物质文化遗产代表作名录》。

金陵刻经处保持了中国古代传统的木刻水印技艺，包括刻版、印刷和装订的传统工序和工艺。它由三个环节组成：一是刻版，包括写样、上样、雕刻等工序；二是印刷，包括放版、刷墨、复纸、压擦、揭纸等工序；三是装订，包括分页、折页、撮齐、捆扎压实、数书、齐栏、串纸捻、贴封面封底、配书、切书、打装订眼、帖书名签条等工序。同时，其经版楼内保存着国内绝无仅有的佛经版本，共有 12.5 万块，直至今天，全国乃至国外各大寺院的经书大多出自这个经版楼里的版本。

5.6.2　南京云锦木机妆花手工织造技艺（传统手工技艺）

南京云锦浓缩了中国丝织技艺的精华，是中国古代三大名锦之一。清朝康熙至嘉庆年间，南京云锦生产规模巨大，木织机达到 3 万多台，有 20 余万人以此为业，年产锦缎上百万匹，产值在 3000 万两白银以上。光绪末年，云锦业开始衰落，1949 年全市能生产的云锦织机仅剩 4 台。后经抢救和保护，云锦技艺得到传承。2009 年，南京云锦入选世界非物质文化遗产名录。

南京云锦用传统的大花楼木织机，由拽花工和织手两人相互配合，通过手工操作织造。老艺人有“一抢、二撳、三抄、四会、五提、六捧、七拽、八掏、九撒”的拽花字诀，织手要做到足踏开口、手甩梭管、嘴念口诀、脑中配色、眼观六路、全身配合。云锦主要品种有织金、库锦、库缎和妆花四大类，其中包含的文化、科技内涵十分丰富。

5.6.3　秦淮灯会（民俗）

秦淮灯会是历史上流传至今的民俗文化活动，又称“金陵灯会”。秦淮灯会的历史源远流长，据文献记载，早在南朝时期，都城南京就

出现了举办传统元宵灯会的习俗。自明初洪武帝朱元璋在南京倡导元宵灯节活动以后，南京逐渐开始享有“秦淮灯火（彩）甲天下”的美誉，秦淮河悬挂花灯的画舫（俗称“灯船”）随之蜚声天下。

活力延续至今的秦淮灯会是传承民俗文化的重要舞台，能工巧匠们通过扎灯、张灯，营造出“万星烂天衢，广庭翻人潮”的美好意境，寄托对美好生活的向往和追求。在灯会期间，其他民间艺术，如南京剪纸、空竹、绳结、雕刻、皮影、兽舞、秧歌、踩高跷等与之交相辉映，丰富了南京市民的业余生活，吸引着众多海内外游人。

上述有限篇幅介绍的历史文化遗产，仅是南京现存历史文化遗产的少部分代表，从中已经可以强烈感知南京历史文化遗产的宝贵。实际上，本章介绍的南京历史文化遗产多为点状历史文化资源，尚未涉及后面章节将展开讨论的历史文化遗产的空间集合和文脉关联。当历史文化遗产可以用文脉、空间串联组织时，历史文化遗产将产生远远大于个体之和的集合意义。以南京太平南、北路为例，它从空间上将南京科举发展中最重要的节点——国子监和江南贡院连接起来，并且在这条轴线上又串联起在南京历史上有过重要影响的一系列文化建筑和街巷，如成贤街、上江考棚、下江考棚、夫子庙、金陵刻经处、江宁织造府等。如组织得当，可以形成南京科举文化的展示轴线（图5-39）。再如，南京的抗日战争遗址系列（图5-40）的“集体存在”无声地揭示出“历史不可抹杀”、“落后就会挨打”的真理；还有南京的老城，尤其是历史最久远的老城南，其历史价值不是因为单体的历史资源，而是因为整个地区丰富的历史文化积淀。

同时必须看到的是，经过了快速城镇化进程对历史文化资源的冲击，当代的历史文化遗存已经十分珍稀。表现在：①历朝历代的历史遗存加起来的数量和规模，也无法与当代建设相比，在大规模快速化的城市建设背景下，历史遗产仅如同“沧海一粟”；②历史上的统治者出于政治的需要，常常将前朝都城的“印记”销毁，再加上中国城市发展的空间累积和覆盖性特点，使得年代悠久的历史遗存较少，出现某些重要历史时期的遗存不足的现象，如六朝、南唐、和宋元；③目前保存较好的历史文化资源多为公共建筑类遗存，如朝天宫、两江总督

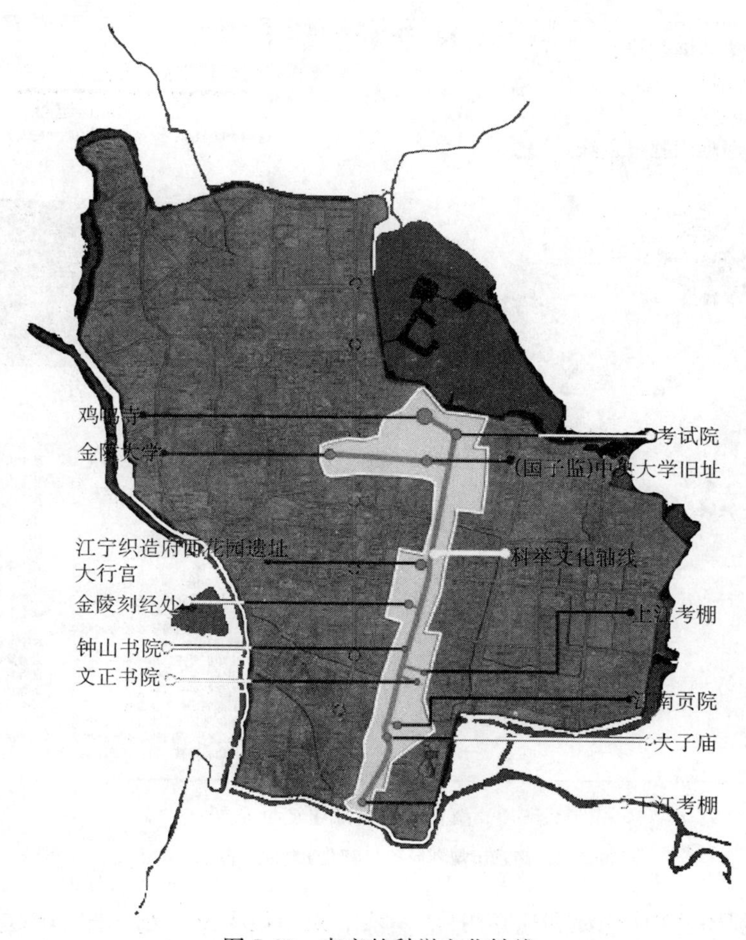

图 5-39　南京的科举文化轴线

府等，而传统民居型的历史遗存较少、保护状况较差；从年代上来看，民国时期的民居，如颐和路、梅园新村等由于建造年代较晚、设施配套较好、较易适应当代生活等原因，现存物质空间状况远远好于老城南等传统民居，不仅如此，从社会空间的角度看，颐和路、梅园新村等民国住宅区至今仍是市民心目中的“高尚住区”，而老城南地区早已成为城市的“下之角”。因此，我们也应看到，南京尚存历史文化遗产资源的不足，在历史时期的完整代表性、资源类型的全面性等方面尚有欠缺。因此，必须更加积极地保护南京的历史文化资源，用更健全的制度、更多元的手法来保护、展示、利用、组织历史遗存，让南京

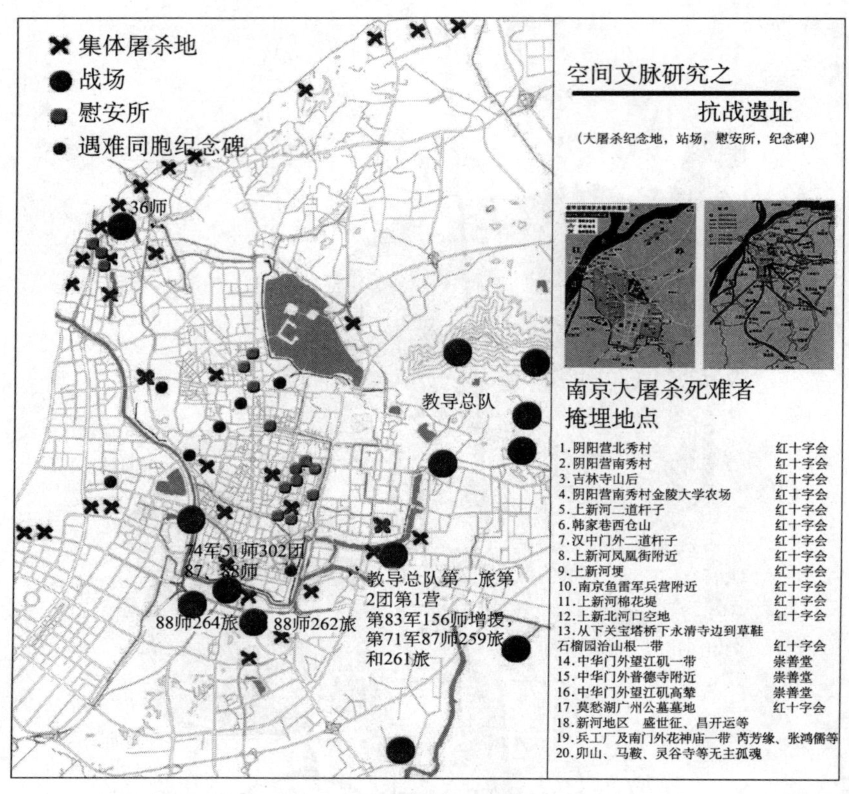

图 5-40　南京的抗日战争遗址系列

资料来源：南京市规划局和东南大学建筑学院，2008d

深厚的历史文化积淀和遗存可以“找出来、保下来、亮出来、串起来、活起来”。

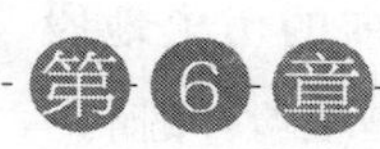

第6章 科学保护论——以南京历史文化名城保护体系构建为例

科学保护论强调对历史文化名城在资源系统普查、理性评价基础上的全面保护、整体保护和多元保护。这要求历史文化名城保护在内容上全面，在思维上整体，在手法上多元，在普查上深入，在评价上理性，在对策上有针对性；这要求构建起相对全面、完善的历史文化名城保护体系，针对保护的各类空间资源——历史资源点、历史地段及名城格局和整体风貌，在资源系统普查、理性评价基础上，分门别类地提出有针对性的保护对策和举措。

本章以南京的历史文化名城保护体系构建为例，展开对科学保护论的讨论，内容包括历史文化遗产保护体系的全面构建、历史文化资源的系统普查以及历史资源点、历史地段、历史村镇在资源理性评价基础上的分类保护。最后，从整体保护的角度，讨论保护名城的山水环境及其间的历史资源、保护都城时期的关键空间格局要素、保护老城的历史风貌、控制老城的建设等。

6.1 历史文化遗产保护体系的全面构建

基于全面保护的原则，纳入历史文化名城保护体系的内容应包括物质文化遗产和非物质文化遗产。物质文化遗产包括文物古迹、历史文化街区和地段以及历史文化名城的整体格局和风貌；非物质文化遗产保护包括民俗精华、传统工艺和传统文化等。

本书以南京的历史文化名城保护体系构建为例（图 6-1），从全城整体保护的角度，提出要保护名城的山水环境、历代都城格局及老城整体风貌；从地区性历史资源保护的角度，对建成区内的历史地段，根据资源情况分历史文化街区、历史风貌区及一般历史地段，进行有针对性的保护；对建成区外的历史村镇，根据资源情况分历史文化名镇名村、重要古镇古村、一般古镇古村，进行有针对性的保护；对文物古迹的保护，提出不仅要保护各级文物保护单位，对大量尚未纳入法定保护框架的其他历史文化资源，也应结合名城特色和资源特征梳理分类，纳入保护框架，包括重要文物古迹、一般文物古迹，乃至地下文物和古树名木等；此外，对非物质文化遗产，提出要保护传统工艺、民俗精华和传统文化（周岚等，2008a）。

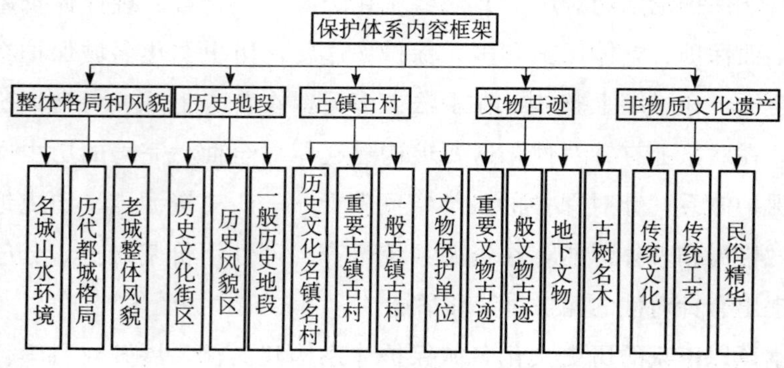

图 6-1　南京历史文化名城保护体系内容框架

6.2 历史文化资源的系统普查

历史文化资源情况不明、家底不清是许多历史文化名城在具体工作中处于被动状况的重要原因。不少地方是在进行城市拆迁或工程建

设过程中发现了有价值的历史资源，这时往往土地已经被拍卖、方案已经获得许可，最终往往以建设压倒保护而告终。针对这一薄弱环节，笔者牵头组织在全国率先开展了“南京历史文化资源普查及系统建库”工作①，该项目于2005年启动，早于国家文物局2007年全国文物普查工作启动两年，被列为南京市2006年十大文化项目之一。工作历时近三年完成，挖掘出了南京1000余处过去未纳入保护体系的历史文化资源，对每处资源均建立了包括空间定位、属性查询、照片、图纸、文字说明等多媒体数据格式的GIS数据库（周岚等，2010）。

“南京历史文化资源普查数据库”包括历史资源基本数据以及在此基础上的分析数据。基本数据包括每处历史资源的一套表格、一套图纸、一套照片以及一套相关资料，内容包含该资源名称、所在地点、类别、文物级别、年代、完好程度、原用途、现用途、价值综述、评价分值等。分析数据是在基本数据的基础上，对全市历史资源进行类型、空间、时间等的专项分析。

通过本次历史文化资源的普查，全面掌握了南京历史文化资源的存量、分布、状态、价值，解决了过去保护对象不够全面、基础资料不够系统的问题；通过现代测绘和空间定位技术的运用，解决了过去历史资源空间定位不准确、因而后期规划编制和管理操作难的问题；通过普查合作，建立了资源共享的计算机GIS数据库，解决了过去部门不联动、数据不共享的问题；通过规划部门与文物部门的联动、管理机构和研究机构的合作，基础调查、系统研究、管理保障等容易得到落实。

从南京的实践情况看，摸清城市的历史文化资源“家底”是历史文化名城保护的重要前提和基础性工作。如果没有系统的历史文化资源库，历史文化遗产保护的内容往往容易漏、少，而由于对每一历史资源的沿革、价值、特点没有事先进行调查研究，保护举措的制定也往往针对性不强，因此历史文化资源的普查建库工作十分重要。值得

① 该工作由南京市规划局、南京市文物局以及南京大学文化与自然遗产研究所、南京市城市规划编制研究中心、南京市规划设计院联合开展并完成

欣慰的是，国家2007年启动了第三次全国文物普查工作，这项工作的完成将对改变既往历史文化遗产保护的被动局面起到重要的基础性作用。由于这项工作由文物部门负责，建议在下一步工作中推动调查成果与规划、建设部门的共享与联动，使得文物普查的成果可以成为规划建设工作的重要依据。从学术研究和社会监督的角度，未来还有必要推动建立起学术研究机构和政府部门共享乃至全社会可查询的历史文化资源数据库及信息平台。

6.3 历史文化资源点的评价与保护

历史文化资源点的保护是历史文化名城保护的基础。虽然经过多年现代化建设的影响和冲击，许多历史文化资源点已经成为相对孤立的“历史碎片”，但是正如吴良镛所说的：“历史文化遗产保护永不言晚。”城市中存在的大量历史文化资源是城市的财富，应该得到妥善的保护，保护下来的大量历史文化资源点是历史文化名城的文化基质。

6.3.1 对历史资源点的理性评价

当以“积极保护”的态度对待历史文化资源时，将有大量的、各种类型的历史文化资源纳入保护视野和保护体系，因此必然存在资源类型多、跨度大、现存质量和保存状况良莠不齐等特点，需要采取不同的、多元化的保护对策，而提出有针对性的保护对策的前提是对历史文化资源的理性评价。

但是目前我国历史文化资源的评价工作，除申报国家级的文物保护单位、名城名镇名村，有一套相对全面的评价体系外，对于城市中大量的其他历史文化资源的认识多停留在定性经验判断阶段。由于对历史文化资源的价值认识不同，对相同的历史文化资源，会形成不同的保护结论，这也是历史资源保护的个案常会引起激烈社会讨论的原因。因此，历史文化名城保护需要在资源系统普查的基础上建立起一套科学理性的评价体系，对历史文化资源进行统一标尺的价值认定。基于上述思考，结合历史文化名城保护规划的编制，笔者组织开展了

"南京历史文化资源评估体系建构研究"（南京市规划局和东南大学建筑学院，2008c）。

1. 相关的研究参考

目前，历史文化资源点的有限相关研究多集中在历史建筑的分析评价上。2000年查群在《建筑学报》上发表《建筑遗产可利用性评估》一文（查群，2000），针对我国传统的木构建筑提出了可利用性评估表（表6-1），其指标遴选偏重于对建筑单体本身的评估，同时也考虑了部分环境因素（如与周围环境的协调性和道路状况），但对城市格局和环境要素考虑不足。

表6-1 中国传统木构建筑可利用性评估表

编号：　　评估项目名称：
是否建议免评：　　免评结果：

免评原则：（1）评估人员一致认为某评估对象从整体上是本次评估中价值最高的；
（2）评估人员一致认为某评估对象从整体上是本次评估中价值最低的

评估内容	评估标准				备注
	一	二	三	四	
1—1 地基	地基砌垒整齐，保存完好，无塌陷，无断裂	局部轻微损坏，但对承重没有造成较大影响	损坏较严重，已经影响上部构件的变形或产生其他问题	严重变形，使柱、墙倾斜或开裂，无法承重	
1—2 柱	平直完好，无断裂，无腐朽，肉眼看无倾斜，与其他构件结榫较好	有轻微或局部裂缝、腐朽；柱倾斜在柱高的3%以内；尚能较好地起承重作用（其中有一项即可）	有1/3柱长的裂缝，深度达1/2柱径；腐朽达1/3柱长，深度达1/3柱径；倾斜在柱高的5%左右	损坏严重，倾斜在柱高的8%以上	
1—3 梁	平直完好，无断裂，无腐朽，榫卯结榫良好	局部裂缝，长度不超过梁长的1/4，深不过梁径的1/3；局部腐朽，深度不过梁径的1/3，脱榫小于等于2厘米	裂缝深度不过梁径的1/4；长度小于梁长的1/2，斜纹裂缝不过周长的1/3；腐朽深度不过梁径的1/4，脱榫小于等于5厘米	裂缝、腐朽严重，脱榫5厘米以上	
1—4 檩	同梁	同梁	同梁		

续表

评估内容	评估标准				备注
	一	二	三	四	
1—5 斗拱	保存完好，无掉斗断拱现象，也无断裂、无腐朽	无掉斗断拱现象，但局部有断裂、腐朽，暂时不影响结构作用	掉斗断拱普遍，局部已经使其他构件变形、断裂	严重损坏，不能起结构作用	
2—1 与周围环境的协调性	协调	较协调	一般	不协调	
2—2 景观	作用强	较强	一般	弱	
2—3 观景	作用强	较强	一般	弱	
3—1 建筑面积	底层面积大于100平方米	底层面积70～100平方米	底层面积40～70平方米	底层面积小于40平方米	
3—2 层高	层高大于等于3米	2.7米小于等于层高小于等于3米	2.4米小于等于层高小于等于0.7米	层高小于等于2.4米	
3—3 给排水	给水到户，有排水	几户合用给排水	有给水，无排水	给排水全无	
3—4 供电	每家有电表，电路畅通	几家合用一电表，电路畅通	因线路问题经常停电	不通电	
4—1 道路状况	距离现有机动车道或主要旅游线路10米以内	距离规划中机动车道或主要旅游线路10米以内	距离规划中机动车道或主要旅游线路均超过10米		
5—1 情感因素	有优美传说，是本地区居民经常谈起或聚会之所	较前级程度较弱	再弱	最弱	

另：您认为该建筑最适宜的用途是什么？
民居、旅馆、幼儿园、茶馆、旅游商店、文化活动中心、手工业作坊、百货商店、民俗博物馆、图书馆、服务中心（饮食、理发、修理等）、书店

资料来源：查群，2000

20世纪90年代后期，朱光亚结合皖南呈坎的研究项目——非文物古建筑的测绘和价值评定，探讨制定了一套评估体系，包括历史、科学、艺术、实用等方面的价值评定（表6-2）。该指标体系同样仅适用于建筑，未考虑桥梁、城墙、遗址、墓穴等历史构筑物，此外指标因子的遴选在周边环境和城市格局的关联度方面考虑也不多。

表 6-2　非文物古建筑的测绘和价值评定

户主：

	评价标准					
A	建筑的历史文物价值	得分：25 分	优	良	好	差
	a. 建筑的年代久远程度		10	5	2	0
	b. 结构完好程度		10	5	2	0
	c. 是否为当地民居范例		10	5	2	0
	d. 是否与当地历史著名人物、事件相关联		8	4	2	0
B	建筑的科学价值	得分：20 分	优	良	好	差
	a. 是否有重要学术科研价值		10	5	2	0
	b. 建筑工程、材料的科学价值		8	4	2	0
	c. 村落结构体系的规划价值		10	5	2	0
C	建筑的艺术价值	得分：30 分	优	良	好	差
	a. 建筑的地方特色是否明显		20	8	4	0
	b. 建筑的细部、装修工艺是否精良		8	5	2	0
	c. 在村落规划布局中的艺术特征性		8	5	2	0
	d. 建筑对外形成外部空间环境及景观效果所起的作用		9	8	2	0
	e. 是否是村落中的传统建筑物		15	5	2	0
D	建筑的实用价值	得分：15 分	优	良	好	差
	a. 作为旅游资源的可开发利用程度		10	5	2	0
	b. 建筑完好程度及保护维修费用		10	5	2	0
E	建筑是否有某一特征	得分：10 分	优	良	好	差
			25	10	5	0

资料来源：朱光亚，转引自南京市规划局和东南大学建筑学院 2008d

2. 结合南京的相关思考

鉴于南京已经纳入法定保护名录的各级文保单位的保护状况良好，而大量的非法定保护历史资源处于被忽视状态、保护状况较差的客观现实，我们的研究主要针对非法定保护历史资源展开，主要对普查出的 1000 余处尚未纳入法定保护范畴的历史资源进行评价，以区分出其中较为重要的、一般的、次要的三种等级情况，因此评价指标无须繁复，同时鉴于评价资源面广、数量多，指标体系应清晰明了、相对简捷、易于操作。

事实上，虽然我们的研究在一开始就确定了简捷明了的工作思路，但开始提出的评价指标体系还是过于复杂。指标体系过细、过碎反而模糊了评价的最主要方面，而且对上千个历史文化资源的评估来说，科学的评价因子和恰当的技术难度是保证每一个资源点的每一项评分工作都能认真、客观、理性的重要前提，也是工作成果质量能够得到

保证的重要前提。通过评估试点、改进内容、完善程序（图 6-2），形成了深度适宜的南京点状历史文化资源评估体系（表 6-3）。

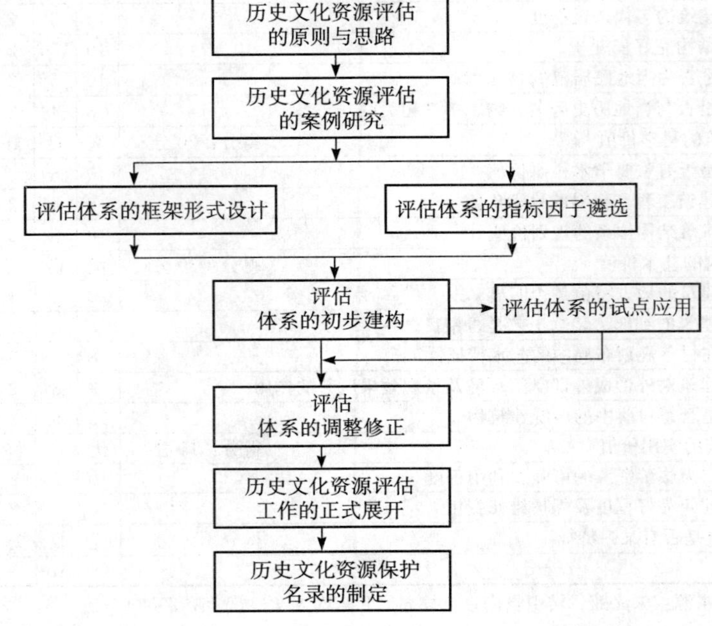

图 6-2　南京历史文化资源评估的工作程序

资料来源：南京市规划局和东南大学建筑学院，2008d

表 6-3　南京历史建筑类资源评估指标体系

序号	评估因素	权重%	指标分解	评估标准				评估打分
				一等（100分）（具备一项即可）	二等（75分）（具备一项即可）	三等（50分）（具备一项即可）	四等（25分）	
	历史价值	35	①反映历史时代特征	意义重大	意义较大	意义一般	无文献记载	
			②与历史事件相关	重要事件	较重要事件	一般事件	无	
			③与历史人物相关	重要人物	较重要人物	一般人物	无	
			④在历史格局中的地位	重要节点	较为重要	一般	不在	

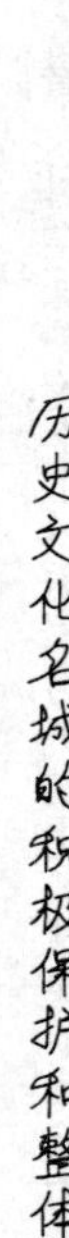

续表

序号	评估因素	权重	指标分解	评估标准				评估打分
				一等（100分）（具备一项即可）	二等（75分）（具备一项即可）	三等（50分）（具备一项即可）	四等（25分）	
	建筑艺术和科学价值	25	①是否名建筑师设计	是	无	无	无	
			②反映历史时期的艺术创作和建筑技术	特征显著	特征较为显著	特征一般	无	
			③反映某种典型的风格和特殊的建筑类型	风格显著	风格较为显著	风格一般	无	
	环境区位影响	30	①与城市开放空间、城市干道的关系	直接临近	靠近	一般	偏远	
			②是否形成地标景观	重要标志	较为重要标志	一般标志	无	
			③是否位于历史轴线上和历史地段内	历史街区内	历史风貌区内	一般历史地段内	不在	
			④是否位于风景区内	省级以上风景名胜区内	市级风景名胜区内	一般风景区内	不在	
			⑤在文化空间网络中的地位	重要节点	较为重要	一般	不在	
	现状保存状况及潜在利用价值	10	①现状保存状况、建筑质量	完好	基本完整	一般	差	
			②与现代功能的关系	融入	较融入	一般	差	
			③建筑的再利用转换和发掘新功能的修缮成本	低	一般	较高	高	
总分								

注：适用范围为现存的非法定保护类历史建筑、近现代建筑。

根据南京历史资源的类型和特点，我们的研究针对建筑物（群）、构筑物（群）、古遗址和古代墓葬（群）三种类型分别进行。但其主要评估因子都为历史价值、建筑艺术和科学价值、环境区位影响以及现状保存状况及潜在利用价值几项，每项评估因子又具体给定判定标准和相应权重。打分过程中，采取定等打分的方式，凡符合指标评估标准条件要求的，给予相应的等级，并根据不同等级赋予不同分数。三种类型历史资源点的各项评价因子的权重略有差异，但导向是基本一致的，即除依然强调历史资源个体本身的历史

价值、建筑艺术和科学价值外，特别重视环境区位因素的影响，此外还赋予现状保存状况及潜在利用价值一定的权重，主要目的在于体现历史文化名城“积极保护、整体保护、多元保护、综合利用”的思路。

根据上述评价体系，由专家组对每一个历史资源点的各评价因子一一定等打分，运用计算机技术进行综合运算，依据综合运算结果进行资源分级，其中：

(1) 一级，总分 75 分及其以上，界定为重要点状历史文化资源，建议分批公布为市级以上文物保护单位，纳入法定保护框架；

(2) 二级，总分 74～50 分，为一般点状历史文化资源，建议进行登录保护，由城市政府公布名录，实施相应管理；

(3) 三级，总分 49 分及其以下，为较次要点状历史文化资源，建议由城市规划部门和文物管理部门进行行政管理控制，允许采取保留、局部保留和迁建等方式进行保护，但历史信息应以恰当的方式表达和再现。

从南京的实践情况看，城市历史文化资源的评价工作需要从城市历史资源的特点出发，考虑工作的针对性、适用性和可操作性。由于历史文化名城内的资源评价工作，其目的不是淘汰不达标的候选名录，而是为下一阶段提出有针对性的保护对策奠定理性的基础，因此不能简单复制国家或者省的文物保护单位评价方法，而应因地制宜地研究、制定适合自身名城特点的评价方法和体系。

6.3.2 历史资源点的分类保护对策建议

在资源评价的基础上，根据国家和地方保护法规的要求，将南京的历史文化资源点区分为法定保护、登录保护以及规划控制三种类型进行保护。

1. 法定保护的文物古迹

南京法定保护的文物古迹包括《国家文物法》规定的各级文物保护单位、《南京市重要近现代建筑和近现代建筑风貌区保护条例》和

《南京市地下文物保护管理规定》规定的重要近现代建筑及地下文物。

1）文物保护单位

目前，南京市共有公布的各级文物保护单位510处，其中国家级27处，省级100处，市级260处，区、县级123处。按《中华人民共和国文物保护法》的要求，对已公布的文物保护单位，按照划定的保护范围和建设控制地带进行保护。保护范围是指文物保护单位的绝对保护区。在文物保护单位的保护范围内，禁止新建任何与文物古迹无关的建设项目，不得改变和破坏历史上形成的格局和风貌，任何为文物保护单位本身的修复、配套而进行的建设工程，必须经文物和规划部门审核、批准后才能进行。建设控制地带是指在保护范围周围可以有控制地进行建设工程的地带。在建设控制地带内，不得建设危及文物安全的设施，不得修建其形式、高度、体量、色调等与文物保护单位的环境风貌不相协调的建筑物或构筑物。

2）重要近现代建筑

南京重要近现代建筑是指在19世纪中期至20世纪50年代建设的，具有历史、文化、科学、艺术价值，并依法列入保护名录的建筑物、构筑物。南京市目前已经先后公布六批重要近现代建筑，共308处(其中191处为文物保护单位)。

对重要近现代建筑依据地方法规《南京近现代建筑和建筑风貌区保护条例》进行保护，其中被依法确定为文物保护单位的，其保护管理还必须依照《中华人民共和国文物保护法》的相关规定执行。重要近现代建筑的保护遵循统一规划、依法管理、有效保护、合理利用的原则，不得拆除。根据历史、文化、科学、艺术价值以及建筑的完好程度，在公布名录时，同时对建筑立面（含饰面材料和色彩）、结构体系和平面布局、有特色的内部装饰和建筑构件、有特色的院落、树木和环境小品以及空间格局和整体风貌提出保护要求。

3）地下文物

南京历史悠久，地下文物埋藏丰富，经研究确定，在南京市域内

共有15片地下文物重点保护区[①]。对地下文物依据《中华人民共和国文物保护法》和《南京市地下文物保护管理规定》进行保护。规定要求：地下文物重点保护区内的建设工程以及重点保护区以外占地面积5万平方米以上的建设工程，在取得建设用地后，都须依照法律、法规的规定进行考古调查勘探。经考古调查勘探，地下确有文物遗存的，应当先期进行与工程范围相应的考古发掘。根据考古发掘情况，文物部门应会同规划部门制定保护和展示方案，并将其纳入建设工程规划设计条件，作为建设项目规划设计成果的审批依据。

2. **登录保护的文物古迹和古树名木**

1）登录保护的文物古迹

将现状尚未纳入法定保护名录，但经科学评价，具有较重要和一般历史、科学、艺术价值的文物古迹列为登录保护的文物古迹，通过一定的批准程序后对外公布名录。经前述的资源评估，南京市共有需登录保护的文物古迹509处。其中，被评估为“具有较重要的历史、科学、艺术价值的文物古迹”应尽快升级为市级以上文物保护单位和重要近现代建筑，按照法规的要求进行保护。

对登录保护的文物古迹，应设置统一的标志牌公告社会，标志牌中应当明确标明其名称、文化艺术价值、历史背景等内容。对登录保护的历史建筑，根据其历史价值和现状，经研究论证，可允许进行必要的维修和改善。维修改善的举措需要根据具体情况分类制定：①立面、结构体系、基本平面布局、建筑高度和有特色的内部装饰不得改变，其他部分允许改变；②立面、结构体系和建筑高度不得改变，建筑内部允许改变；③主要立面和高度不得改变，其他部分允许改变。

① 南京历史文化资源普查—地下文物重点保护区范围划定（南京历史文化名城保护规划专项研究之一）南京市规划局，南京市文物局，南京市规划设计研究院.2008年3月.划定的地下文物重点保护区包括江宁汤山史前遗址区、高淳薛城史前遗址区、清凉山六朝石头城遗址区以及六朝、南唐、明代宫城及御道遗址区等

2）登录保护的古树名木

登录保护的古树是指树龄在100年以上的树木，登录保护的名木是指国内外稀有的并具有历史价值和纪念意义及重要科研价值的树木。凡树龄在300年以上，或者特别珍贵稀有，具有重要历史价值和纪念意义、重要科研价值的古树名木，为一级古树名木；其余为二级古树名木。南京市目前已经分三批公布了1234株古树名木。

登录保护的古树名木，应按照《城市古树名木保护管理办法》和《江苏省城市古树名木养护管理暂行规定》挂牌保护。所有的古树名木应当在普查的基础上进行登记、注册、定级、编号，并针对每棵树的具体生长环境和观赏环境确定保护范围、环境控制地带和环境控制措施，建立档案，设立标志。

3. **规划控制的文物古迹**

将经科学评价，具有较次要保护价值的各类文物古迹列为规划控制的文物古迹，作为规划保护对象纳入历史文化名城保护规划，保护规划的成果向社会公布。经调查研究，南京应列为规划控制的文物古迹共有697处。

规划控制的文物古迹作为城市历史信息的组成部分，纳入规划管理信息系统进行管理控制，应尽可能结合城市发展改善其周边环境，允许根据实际情况采取保留、局部保留和迁建等方式进行保护。因城市发展需要不得不迁移的，需得到规划及文物主管部门的审批同意，其迁移应在经过测绘和拍照存档记录后，按“原拆原建”方式进行。原址则应通过设置标识等多元规划设计手段，使历史的信息得以恰当反映和表达。

6.4 历史地段的评价与保护

相对于历史文化资源点而言，历史地段能够更加集中、典型地反映城市的历史风貌和文化记忆，往往是市民和游客选择前往亲身感受历史文化名城氛围的重要空间载体。历史地段作为历史文化名城保护规划“整体格局和风貌-历史地段-文物古迹”三个保护层次中的重要

一环，起着承上启下的重要作用。

根据《历史文化名城保护规划规范》（2005）规定，历史文化街区有一定的限制条件，要求规模一般在1公顷以上，历史建筑占地比例宜在60%以上。经过深入调查研究（南京市规划局和南京市规划设计研究院，2008），笔者率领的研究团队发现南京存在一些规模虽不足1公顷、却具有较完整的城市空间构成要素、历史风貌保存仍相对完整的街区和地段。如果简单按照国家的规模标准操作，将把这些有一定历史风貌、值得保护的历史地段排除在外。本着积极保护的原则，研究决定将它们纳入保护体系。经调查遴选，再经理性评价，梳理出南京值得保护的各类历史地段42片。

6.4.1 对历史地段的理性评价

1. 相关的研究参考

国内关于历史地段评价的研究，较之历史文化资源点的评价研究更加稀少。2002年，梁雪春、达庆利、朱光亚在《东南大学学报》上提出了城乡历史地段综合价值的模糊综合评判体系（表6-4）。同许多历史资源评价体系具体而细微的特点相比，该体系最大的特点是“模糊评判”，通过覆盖最主要的指标因子，在现实操作中实现以定性为主的分级判断，因而较为简便快捷。

表6-4 城乡历史地段综合价值的模糊综合评判体系

目标层	综合价值							
准则层	人类活动		建筑物		空间结构		环境地带	
指标层	历史上的名人名事	传统的民俗民风	典型建筑单体历史、艺术使用、科学的综合价值	建筑整体风貌的统一性	地段的建造房子、空地和绿地间关系保存的真实性	历史性土地划分和交通模式保存的真实性	有特征的地貌和景观与人类活动关系的密切程度	生态环境管理、保障措施

资料来源：梁雪春等，2002，转引自南京市规划局和东南大学建筑学院2008c

2006年，赵勇等提出了历史文化名镇名村的保护体系和分类评估建议（表6-5），该评估从物质文化遗产、非物质文化遗产两个方面选择三层共15项具体指标，建立了基于专家评判角度的历史文化村镇保

护的评估体系，兼顾了物质文化遗产和非物质文化遗产的评估，基本保持了要素总体上的完整。该研究虽然是针对历史村镇的，但对历史地段的评价也有一定的借鉴意义。

表 6-5　历史文化村镇保护评估体系及研究方法

A层	B层	C层	D层
历史文化村镇保护	物质文化遗产 B1	自然环境 C1	D1 聚落自然环境和谐度 D2 自然生态环境完整度 D3 自然生态环境美感度
		空间形态 C2	D4 整体形态风貌完整性 D5 街巷空间格局完整性 D6 空间形态风貌美观度
		建筑特色 C3	D7 文物古迹保存真实性 D8 乡土建筑保护完整性 D9 建筑艺术文化价值度
	非物质文化遗产 B2	历史影响 C4	D10 村镇历史沧桑久远度 D11 历史事件名人影响度 D12 村镇历史职能鲜明性
		民俗文化 C5	D13 传统文化民俗独特性 D14 民俗风情工艺保持度 D15 民俗稀有物产遗存度

资料来源：赵勇，2006

2. 结合南京的相关思考

城市中历史地段的评价工作不同于国家遴选历史文化街区，后者强调标准的严格性，而前者的目的侧重于能够将历史文化资源分布相对集中、历史风貌较为完整的历史地段遴选出来，从而为更有针对性地保护其历史格局和环境风貌奠定科学基础。由此出发，笔者率领的研究团队提出，历史地段的评价指标应特别强调“格局与风貌”的完整性（50%权重）（南京市规划局和东南大学建筑学院，2008c），具体地，该项因素又由“城市构成要素完整性、建筑风貌连续完整性、历史建筑所占比例、与自然山水互动的关系以及占地规模”等次级要素组成；此外，本次评价也比较重视历史地段作为一个整体的历史价值（20%的权重）以及历史地段的功能活力情况（20%的权重），而将个体资源的重要性放在相对次要的位置（10%的权重）。这一考虑也是同南京现存大量历史地段的特点相吻合的（表 6-6）。

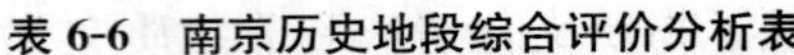

表 6-6　南京历史地段综合评价分析表

评估因素	权重		评估因子	评估标准			
	因素权重	因子权重		一等（100分）	二等（75分）	三等（50分）	四等（25分）
格局与风貌	50%	15%	城市构成要素完整性	与城市街道有两个面及以上相接；或内部街巷格局完整	与城市街道有一面相接；或内部街巷格局较完整	内部有路与城市道路相接；或内部街巷格局部分保留	与城市道路缺乏直接联系；内部街巷格局基本无存
		10%	建筑风貌连续完整性	完整	较完整	一般	不完整
		15%	历史建筑所占比例	大于60%	40%～60%	20%～40%	小于20%
		5%	与自然山水互动关系	好	较好	一般	无
		5%	用地规模	3公顷以上	1～3公顷	0.8～1公顷	0.8公顷以下
整体历史价值	20%	20%	类型稀缺性；时代代表性；历史格局关联度	类型稀缺、具有典型时代代表性、在历史格局的关键部位，三者具备其一	类型较稀缺、具有一定时代代表性、在历史格局的一般部位，三者具备其一	类型、代表性一般，或临近历史格局	类型、代表性一般，且与历史格局不关联
个体资源重要性	10%	10%	文物古迹情况；无形要素影响度	有国家级或省级保护单位，或重要事件和非物质文化影响度高	有市级文物保护单位，或重要事件和非物质文化影响度较高	有保护建筑，或重要事件和非物质文化有一定影响度	历史建筑三栋以上，无重要事件和非物质文化遗产
功能活力	20%	10%	现保存状况	完好	基本完整	一般	较差
		3%	传统功能保存状况	完整保留	大部分保留	部分保留	未保留
		7%	现代功能适应性	好	较好	一般	差
总分							

资料来源：南京市规划局和东南大学建筑学院，2008c

专家组在历史文化资源普查数据的基础上，根据现场调查及亲身体验，给每一个历史地段的每一个评价要素和次要素评定打分，由计算机系统综合统计，根据综合评估指标的结果进行分级，在此基础上提出相应的规划对策。其中：

（1）将地段规模在1公顷以上、历史建筑用地所占比例在60%以上，历史格局和风貌等完整，评价打分结果在80分以上的评价对象界

定为历史文化街区，实施严格的管理保护；

（2）将历史格局和风貌较完整、评价打分在60分以上的评价对象界定为历史风貌区，实施较严格的管理保护；

（3）将历史格局和风貌情况有一定基础、评价打分在40分以上的作为一般历史地段，也纳入历史地段的范畴进行整体管理控制；

（4）对于其他评分在40分以下的候选历史地段，不作为历史地段整体保护，但是其中具有历史价值的资源点、线和格局要素以及非物质文化要素，分别纳入历史文化名城保护规划中的文物古迹点、整体格局和风貌以及非物质文化遗产的保护。

6.4.2 历史地段的分类保护对策建议

在资源评价的基础上，将南京的历史地段分为历史文化街区、历史风貌区、一般历史地段三种类型进行分类保护。

对于传统街区类历史地段，要保护整体的空间尺度，保护历史形成的街巷系统，保护历史街巷的位置、线形与街道界面、尺度特征，控制构成街区历史肌理的各种要素，包括建筑高度、尺度、风格，也包括古树古井和传统构筑物，还要保护街区的历史场所、传统活动以及无形文化遗产；对于建筑群类历史地段，要保护历史建筑物的外立面、建筑布局和历史环境，保护建筑群的轴线关系，保护范围内新建、改建建筑的建筑风格、色彩应与历史建筑协调一致，控制保护范围内的建筑高度，不得超过历史建筑；对于工业遗产类历史地段，要保护关键的生产要素，包括工业厂房和重要设备，不应随意改变，厂房应保持历史外立面，内部功能可更改以适应现代活动。

1. 历史文化街区

经综合评定，研究提出颐和路公馆区等9片历史地段[①]应按照历史

① 南京历史文化资源普查——历史地段调查及保护对策研究（南京历史文化名城保护规划专项研究之一）. 南京市规划局，南京市规划设计研究院. 2008年3月. 研究提出的历史文化街区包括颐和路公馆区、梅园新村民国居住区、南捕厅传统居住区、门西荷花塘传统居住区、门东三条营传统居住区等

文化街区的保护要求严格控制。根据《中华人民共和国文物保护法》、《历史文化名城名镇名村保护条例》以及《城市紫线管理办法》，历史文化街区的保护规划应按《历史文化名城保护规划规范》、《江苏省历史文化街区保护规划编制导则（试行）》的要求执行，要达到详细规划的深度，必须通过专家论证，并报江苏省人民政府审批。

历史文化街区保护范围内不得改变历史建筑物、构筑物的高度、体量、外观形象及色彩；严格保护传统街巷尺度，不得改变传统街巷的断面、界面和绿化形式，保护传统街巷与两侧建（构）筑物的尺度和比例；保护范围内对建筑的保护和改善行为，必须保证其功能、高度、尺度、体量、风格、色彩乃至建筑的主要构成要素与历史环境相协调；不得改变民居型历史文化街区的主体功能和用途，其他历史文化街区应引导发展文化、休闲等公共活动功能；保护更新应采取小规模、渐进式方式，不得大拆大建。历史地段内的道路、市政公用设施以及消防等防灾措施必须根据历史文化街区的具体特点进行具体研究和设计，综合考虑历史文化街区保护和专业技术的标准要求，因地制宜地制定相关措施。建设控制地带内的建筑高度、体量、风格应与历史文化街区的整体风貌相协调。

2. *历史风貌区*

将虽达不到历史文化街区标准，但地区内历史建筑相对集中成片，建筑样式、空间格局和街区景观较完整地体现南京某一历史时期地域文化特点的地区，界定为历史风貌区。经综合评价，研究提出保护南京 22 片历史风貌区①。

历史风貌区的保护规划应达到详细规划的深度，要划定保护范围，经专家论证后，报南京市人民政府审批。保护范围内应重点保护传统风貌和历史格局，保护传统街巷的走向和尺度，保护传统建筑形式、

① 南京历史文化资源普查——历史地段调查及保护对策研究（南京历史文化名城保护规划专项研究之一）. 南京市规划局. 南京市规划设计研究院. 2008 年 3 月. 研究提出的历史风貌区包括天目路民国公馆区、复成新村民国住宅区、江南水泥厂民国住宅区、评事街传统住宅区、内秦淮河传统住宅区、钓鱼台传统住宅区等

院落形式和空间布局方式。新建和改建建筑物、构筑物的尺度、风格及色彩需与历史风貌相协调。保护更新方式应采取小规模、渐进式，不得大拆大建，一般不得改变民居型历史风貌区的主体功能和用途。

3. **一般历史地段**

将历史资源相对较少，但整体上仍保存一定历史风貌或街巷格局的地段确定为一般历史地段。经综合评价，研究提出南京市共有 11 片一般历史地段①。

一般历史地段纳入城市规划管理信息系统对其进行规划控制。在不破坏历史格局、历史风貌、历史资源点的前提下，允许根据具体情况进行环境改善，采用多元方式进行保护更新。

6.5 历史镇村的评价与保护

从“积极保护”的原则出发，必须扩大历史保护的视野，不仅要保护中心城、建成区的历史文化遗产，散布在市域的历史镇村也应得到妥善保护。尤其是在城市化进程快速推进的背景下，妥善保护外围历史镇村已经成为许多历史文化名城的当务之急。为此，笔者开展了对南京历史文化名镇名村的调查挖掘工作（南京市规划局等，2008g）。通过对南京中心城外围 50 多个镇、几百个村的实地调查、分析研究，挖掘出 20 余处历史镇村的候选名录。

总的看来，相对于城镇化进程和新农村建设的步伐，历史镇村的资源调查、保护和挖掘工作已经滞后，不少有价值的历史镇村的历史环境已经改变，这一现状使我们更加深刻地认识到，将历史镇村的保护纳入历史文化名城的保护框架已经刻不容缓。

6.5.1 对历史镇村的理性评价

鉴于历史镇村资源、历史情况和现状不一，需要对遴选出的历史

① 南京历史文化资源普查——历史地段调查及保护对策研究（南京历史文化名城保护规划专项研究之一）. 南京市规划局. 南京市规划设计研究院. 2008 年 3 月，研究提出的一般历史地段包括陶谷新村、公教一村、大辉复巷、抄纸巷等

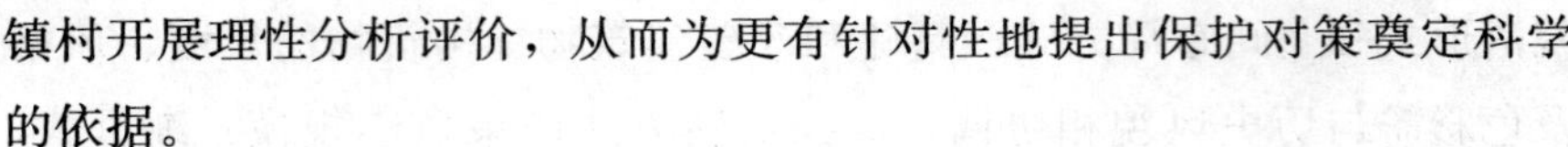

镇村开展理性分析评价，从而为更有针对性地提出保护对策奠定科学的依据。

1. **国家的相关标准**

根据国家历史文化名镇（村）评选办法，国家历史文化名镇（村）是指建筑遗产、文物古迹和传统文化比较集中，能较完整地反映某一历史时期的传统风貌和地方特色、民族风情，具有较高的历史、文化、艺术和科学价值，辖区内存有清朝以前年代建造或在中国革命历史中有重大影响的成片历史传统建筑群，总建筑面积在5000平方米以上（镇）或2500平方米以上（村）的镇（村）（表6-7）。

表6-7　中国历史文化名镇（村）评价指标体系

<table>
<tr><th>指标</th><th>指标分解及释义</th><th>分值升降方法指标填写</th><th>最高限分</th><th>实际得分</th></tr>
<tr><td colspan="3">一、价值特色</td><td>70</td><td></td></tr>
<tr><td>1. 历史久远度</td><td>（1）现存历史建筑、文物保护单位的最早修建年代</td><td>民初3分；明、清年代4分；元代及以前5分</td><td>5</td><td></td></tr>
<tr><td>2. 文物价值（稀缺性）</td><td>（2）文物保护单位最高等级</td><td>县市级1分；省级3分；国家级5分</td><td>5</td><td></td></tr>
<tr><td rowspan="2">3. 重要职能特色或历史事件名人影响度</td><td>（3）反映重要职能与特色的历史建筑保存完好情况（重要职能与特色指历史上曾作为区域政治中心、军事要地、交通枢纽和物流集散地；或少数民族宗教圣地；或传统生产、工程设施建设地；或集中反映地区建筑文化和传统风貌）</td><td rowspan="2">一级：3分；二级2分；三级1分
一级：历史建筑（群）及其建筑细部乃至周边环境基本上原貌保存完好；
二级：历史建筑（群）及其周边环境虽部分倒塌破坏，但“骨架”尚存，部分建筑细部亦保存完好，依据保存实物的结构、构造和样式可以整体修复原貌；
三级：因年代久远，历史建筑（群）及周边环境虽曾倒塌破坏，但已按原貌整修恢复</td><td>3</td><td></td></tr>
<tr><td>（4）重大历史事件发生地或名人生活居住地的历史建筑保存完好情况</td><td>3</td><td></td></tr>
<tr><td>4. 历史建筑与文物保护单位规模</td><td>（5）现存历史建筑与文物保护单位的建筑面积</td><td>名镇：5000平方米为1分，每增加2500平方米增加1分；
名村：2500平方米为1分，每增加1000平方米增加1分</td><td>5</td><td></td></tr>
</table>

续表

指标	指标分解及释义	分值升降方法指标填写	最高限分	实际得分
5. 历史建筑（群）典型性	（6）保存有集中反映地方建筑特色的宅院府第、祠堂、驿站、书院、会馆等的数量	1处1分，每增加1处增加1分 （注：宅院府第每处建筑面积不小于300平方米，其他面积不限）	6	
6. 历史环境要素	（7）保存有体现村镇传统特色和典型特征的环境要素（指城墙、城（堡、寨）门、牌坊、古塔、园林、古桥、古井、100年以上的古树等）的数量	2处1分，每增加2处增加1分 （拥有50%保存完好的城墙为1分，每增加10%增加1分，以保存城墙的长度为基准衡量，出现明显断裂坍塌的分值减半）	5	
7. 历史街巷（河道）规模	（8）保存有形态完整的、传统风貌连续的历史街巷（河道）数量	2条1分，每增加1条增加1分 （注：历史街巷或河道的走向、宽度均应保持原貌，且长度不应低于50米，3条及以上需有相交街巷，否则分值减半）	6	
	（9）保存有形态完整、传统风貌连续的历史街巷（河道）的长度	200米分，每增加200米增加1分 注：两侧或一侧有建筑的街巷（河道），历史建筑比例应为60%以上；对所有历史街巷（包括两侧均无建筑的街巷、河道），其路面（河岸）保持传统材料及铺砌方式的比例均应为75%以上	6	
8. 核心保护区风貌完整性、历史真实性、空间格局特色功能	（10）聚落与自然环境的完整度	聚落自然环境完整优美2分，聚落自然环境一般1分	2	
	（11）空间格局及功能特色	聚落空间格局保持较为完整、传统功能尚在为1分；聚落空间格局保持十分完整或仍保存有明显特殊功能（消防、给排水、防盗、防御等）、反映传统布局特色理论的2分；聚落空间格局既保持十分完整又保存有明显特殊功能，反映传统布局特色理论的3分	3	
	（12）核心保护区用地面积规模	核心保护区内历史建筑、文物保护单位建筑面积至少占50%以上，其中：名镇5公顷及以下1分，每增加2公顷增加1分； 名村2公顷及以下1分，每增加2公顷增加1分	5	

续表

指标	指标分解及释义	分值升降方法指标填写	最高限分	实际得分
	(13) 核心保护区历史建筑、文物保护单位用地面积占核心保护区全部用地面积的比例	50%及以下1分，每增加10%增加1分	5	
9. 核心保护区生活延续性	(14) 核心保护区中原住居民比例	50%及以下1分，每增加10%增加1分 (注：每公顷用地面积常住人口不得少于50人，否则分值减半)	5	
10. 非物质文化遗产	(15) 拥有传统节日、传统手工艺和特色传统风俗类型以及源于本地、并广为流传的诗词、传说、戏曲、歌赋的数量	2个1分；每增加2个增加1分	3	
	(16) 非物质文化遗产等级	省级1分，国家级3分	3	
二、保护措施			30	
11. 保护规划	(17) 保护规划编制与实施	已编制完成保护规划3分；规划已经批准、并按其实施的8分； 没有按保护规划实施，造成新的破坏的不得分	8	
12. 保护修复措施	(18) 对历史建筑、文物保护单位登记建档并挂牌保护的比例	50%及以下1分；每增加10%增加1分 其中，未在挂牌上标注简要信息的分值要减半（简要信息包括历史建筑、文物保护单位的名称位置、面积高度、形式风格、营造年代、建筑材料、修复情况、产权归属、保护责任者等情况）	10	
	(19) 建立保护规划及修复建设公示栏情况	建立保护规划公示栏的1分；建立保护规划、修复、建设公示栏的2分	2	
	(20) 对居民和游客建立警醒意义的保护标志的数量	2处1分，4处及以上2分，未设置核心保护区保护范围标志的分值减半	2	

续表

指标	指标分解及释义	分值升降方法指标填写	最高限分	实际得分
13. 保障机制	（21）保护管理办法的制定	办法已制定1分；正式颁布为2分	2	
	（22）保护机构及人员	有保护管理人员1分；有专门保护管理机构的2分；已成立政府牵头、多部门组成的保护协调机构的3分	3	
	（23）每年用于保护维修资金占全年村镇建设资金的比例	10%及以下1分；每增加10%增加1分 （注：资金使用范围内限于镇、村建成区范围内）	3	
总计	其中：一、价值特色为　分；	二、保护措施为　分	100	

2. 结合南京的相关思考

同样，进行南京历史镇村评价工作的目的不同于国家遴选历史文化名镇名村，强调标准的严格性，而更加强调将南京尚存的、历史风貌较为完整的历史镇村遴选出来，从而为更有针对性的保护奠定研究基础。因此笔者带领的研究团队对南京历史镇村的评价在国家的评价标准体系框架下，做了三个方面的调整（南京市规划局等，2008）。

（1）降低准入门槛。列入重要古镇的，原则上应有：传统老街，聚集度较高，传统生活气息较浓，且格局尚在，通过整合可以修复历史环境；市级以上文物保护单位；百年以上历史建筑3处以上。列入重要古村的，应有：传统老街或格局尚在，聚居氛围较浓厚；自然环境好，且与传统村落选址有关联；市县级以上文物保护单位。有些历史镇村虽然不完全具备上述条件，却在某方面极具历史个性和特色，也纳入候选名录一并评价。

（2）考虑国家级历史文化名镇名村和重要古镇村的标准差异，适当调低评价打分的标准和要求。

（3）鉴于这是南京首次开展历史镇村的调查和保护工作，取消国家评价指标体系中的第二大类“保护措施”因子，而重点针对国家标准体系中的第一大类“价值特色”因子展开评价。即将“价值特色”的10个分类因子按照100的总分分别开展评定工作。

专家组在历史文化资源普查数据的基础上，根据现场调查及亲身体验评定打分，由计算机系统综合统计，根据综合评估指标的结果进行分级，将综合评价分值在70分以上的古镇、65分以上的古村作为重要古镇（村）进行保护；将其余的历史镇村作为一般历史镇村进行保护。

6.5.2 历史镇村的分类保护对策建议

在资源评价的基础上，将南京的历史镇村按照历史文化名镇名村、重要古镇古村、一般古镇古村三种类型进行分类保护。

1. 历史文化名镇（村）

目前，南京仅有1处国家历史文化名镇（高淳县淳溪镇）。在本次深入调查评价的基础上，研究挖掘出江宁湖熟镇、六合竹镇两镇以及江宁杨柳村、高淳漆桥村两村（南京市规划局等，2008）具备申报历史文化名镇名村的资源条件，建议尽快申报。

历史文化名镇（村）要按照《历史文化名城名镇名村保护条例》的要求编制保护专项规划，保护规划中应具体划定核心保护范围和建设控制地带，并纳入镇总体规划以及村庄建设规划。在历史文化名镇（村）保护范围内，重点保护镇村的历史格局和风貌，保护历史建筑，不得改变传统老街的尺度、断面形式以及街巷与两侧建（构）筑物的尺度和比例，保留与传统镇村相协调的建筑物和构筑物。核心保护范围内的保护和改善行为必须保证其功能、高度、尺度、体量、风格、色彩乃至建筑的主要构成要素与历史镇村环境相协调。建设控制地带的建筑风格应与历史镇村基本协调一致。要重点挖掘历史镇村的非物质文化遗产，并与保护的空间有机结合。此外，要保护好镇村选址和生长的历史环境和自然环境，不能随意改变水系走向，不得随意破坏周边山体。

2. 重要古镇（村）

经综合评价，研究提出六合雄州镇、六合瓜埠镇、高淳东坝镇、高淳阳江镇4镇应按照“重要古镇”进行保护，溧水诸家村、溧水仓口村、高淳长丰村、高淳双进村、高淳河城村、江宁佘村、江宁窦村7村应按照“重要古村”进行保护（南京市规划局等，2008）。

重要古镇（村）需要编制保护规划，在保护规划中具体划定保护范围，并纳入镇总体规划以及村庄建设规划。重要古镇（村）保护范围内的历史格局和风貌不得改变，不得改变传统老街的尺度和断面、界面形式，保护历史建筑，保留与传统镇村相协调的建筑物和构筑物，新建建筑的高度、尺度、体量、风格、色彩应与镇村的整体风貌相协调；挖掘和引导非物质文化特色，并与保护的空间有机结合。

3. 一般古镇（村）

经综合评价，研究提出高淳固城镇、浦口桥林镇、浦口汤泉镇、栖霞龙潭镇、栖霞栖霞镇、江宁汤山镇6镇应按照“一般古镇”进行保护，杜桂村、东王村、老河口村3村应按照“一般古村”进行保护（南京市规划局等，2008g）。

一般古镇（村）纳入城市规划管理信息系统进行管理控制。在不破坏历史格局、历史风貌、历史资源点的前提下，允许根据具体情况进行环境改善，以多元方式保护更新。新的建设应采用多元方式延续历史风貌，展现历史环境，并赋予当代活力。

6.6 名城整体格局和历史风貌的保护

历史文化资源点和历史地段、历史镇村的保护是历史文化名城保护的重要基础，但是仅有上述保护，而忽略名城整体格局和历史风貌的保护就不能真正反映“积极保护”理念下的整体保护、全面保护、多元保护。

以南京为例，虽然历史南京城的整体格局和传统风貌已经受到了现代化建设、特别是高层建筑的影响和冲击，但是南京古都的格局仍然基本存在。至今，南京明代四重城郭的格局依然可循，明都城城郭三分之二保存完好，城内南唐、明代、民国的历史轴线清晰可见（周岚等，2004a）。历史南京城的“龙蟠虎踞、依山就水、襟江带湖”的

环境风貌基本保存完好，钟山龙蟠，石城虎踞，玄武、莫愁两颗明珠镶嵌，秦淮、长江蜿蜒流淌，以“十里秦淮”为轴的老城南地区体现着传统的民俗文化风情，以明城墙、明故宫、明孝陵为代表的明代都城建设以及以中山陵、中山大道、民国中央政府建筑群为代表的民国都城建设，反映出南京作为都城在不同历史阶段的典型特征。而南京老城“近城低、远城高；四周低、中心高；城南低、城北高”的空间总体形态，仍能反映出南京作为著名古都和历史文化名城的整体风貌特征。

6.6.1 保护名城的山水环境及其间的历史资源

南京独特的自然山水风貌是著名古都的重要载体，山水环境及其与历代城市建设的相互依存关系是构成南京城市空间特色的重要组成部分。著名的金陵四十八景中，绝大部分历史景点及山水环境至今仍然存在。要特别重视对南京历史文化名城依存的山形水态格局的保护、对自然景观风貌的保护以及对镶嵌其间、自然与人文资源景观的保护，保护历代都城与其所依托山水环境的互动关系。保护古都龙蟠虎踞、襟江带湖的山水形势，保护历代都城宫城御道轴线所对应的天然靠山和门阙及其空间对应关系。

要重点保护与南京历史文化名城发展相关的自然山水环境，综合考虑整体历史价值、景观价值、环境区位影响和功能活力等情况，将历史文化内涵较为丰富的自然山水资源集中区划定为以下几个环境风貌保护区（南京市规划局，2008）。

（1）钟山环境风貌保护区：包括紫金山、玄武湖、白马村以及环湖的富贵山、九华山、小红山等若干低丘和城墙、城堡，集中了中山陵、明孝陵等近40处市级以上文物保护单位。

（2）石城环境风貌保护区：包括清凉山、五台山、莫愁湖、乌龙潭、古林等公园和水西门、汉中门等广场，以及狮子山、四望山等沿城诸山，集中了石头城、扫叶楼等12处市级以上文物保护单位。

（3）雨花台纪念环境风貌保护区：包括雨花台烈士陵园、菊花台九烈士陵园及望江矶、花神庙一带的山丘绿地。

（4）幕府山环境风貌保护区：包括燕子矶公园、幕府山及其沿江江滩和劳山、老虎山、象山等山林。

（5）栖霞环境风貌保护区：包括栖霞山、南北象山等山丘和栖霞镇。

（6）牛首—祖堂环境风貌保护区：包括拥有南唐二陵、宏觉寺塔、郑和墓等文物古迹在内的牛首、祖堂二山。

（7）汤山环境风貌保护区：以汤山镇为中心，包括汤山温泉、阳山碑材、安基山水库、雷公山古人类遗址等名胜古迹。

（8）老山森林公园：包括老山、珍珠泉、汤泉温泉以及慧济寺、兜率寺、天井洞等名胜古迹。

（9）桂子山—金牛水库环境风貌保护区：以自然山林为主。

（10）天生桥—无想寺环境风貌保护区：包括胭脂河、天生河、无想寺和摩崖石刻等名胜古迹。

（11）固城湖环境风貌保护区：包括春秋时代的固城遗址、固城湖、花山玉泉寺、淳溪老街和保圣寺塔。

（12）方山环境风貌保护区：包括属于中心喷发型的完整火山口，以及定林寺、东霞寺、洞玄观、方山大庙等20余处人文古迹。

（13）灵岩山—瓜埠山环境风貌保护区：包括半山寺、山门三楹、大殿三楹及罗汉堂、思真阁、观音殿、无梁殿等殿、堂、阁99间半、火山资源等。

除环境风貌区外，还应保护好与南京都城格局紧密联系的由内及外的山水圈层，体现南京山、水、城、林一体的特色。内圈重点保护城中由东向西的钟山、富贵、九华、鸡笼、鼓楼、五台和清凉诸山，城北连接城西的栖霞、乌龙、幕府、狮子、四望、四明诸山，以及城东连接城南的青龙、黄龙、雨花台、牛首、祖唐诸山，水系突出保护城南的秦淮河水系，城北的金川河水系，城东的青溪、运渎，历代都城护城河水系和玄武湖、莫愁湖、前湖、琵琶湖等水面；中圈重点保护与外围城镇、卫所相关的青龙山—黄龙山—大连山山系、牛首—祖堂山系、灵岩山—瓜埠山、长江天险、外秦淮河等山水屏障；外圈保护其他历史文化内涵丰富的山水环境，包括桂子山—金牛湖、固城湖等。

6.6.2 保护都城时期的关键空间格局要素

南京都城空间格局的保护重在保护六朝、南唐、明代、民国等重要时期的都城、城墙、城壕、宫城御道、历史轴线等。

六朝时期是南京文化绽放异彩的时期，遗憾的是南京都城格局遗存较少，因此六朝都城格局的保护应主要聚焦于地下文物的主动考古挖掘和地下文物埋藏区的保护。虽然近年来南京时有六朝考古挖掘发现，使得人们对六朝都城格局的认识逐步清晰①，但鉴于学术界对六朝都城边界仍存争议，笔者认为应综合各家之言，并根据历史格局研究以及相关史料研究，适当扩大并划定六朝都城地下文物重点保护区范围。在保护区内，应加强事前考古、主动发掘工作；一旦有所发现，即应就地严格保护，并结合城市公共空间环境予以重点展示。

南唐是南京中兴的历史时期，明南京城的南部即基本沿袭了南唐都城的格局，因此至今南唐都城和御道的界址和线形基本明确，虹桥和护龙河等部分宫城遗迹清晰。在明城墙保护展示的同时，要特别重视展现历史更加悠久的南唐角楼遗址等遗存资源。由于南唐都城北面及东面北段城墙已毁，要加强保护对南唐宫城位置起界定作用的秦淮河中支，可以通过护城河及沿河绿化、步行路、雕塑、说明牌等多种方式展示南唐宫城的历史格局。要加强保护内桥和中华路以及内桥至中华门段中华路南唐轴线的现有线形、宽度，应保持现有街道空间高宽比。沿街新建建筑高度控制在 12 米以下，建筑风格以及道路铺装、街道家具、小品等要与城南地区的传统风貌相协调。

明代南京城是古代中国城市规划的杰出范例之一，首创宫城—皇城—都城—外郭四重城郭的都城形制。都城墙是世界上保存至今最长的城墙，因此要重点保护好依山就水而筑的明城垣现存城墙、城门、城墙遗迹、遗址及护城河，将它作为一个整体来保护并展示南京山水

① 近年来的文物考古挖掘资料推翻了原来大量关于南京六朝都城研究的结论，经分析，六朝时期中轴线的方位大致为南偏西 24 度，六朝建康宫城的中心区域应在今大行宫一片区域，而不是原来认为的东南大学一带。但具体四至范围有待进一步考证。从已发现的六朝时期道路走向分析，中山东路以南，太平南路沿线应为当时建康城内重要的道路及建筑遗迹分布区域。但由于尚未整体探明，学术界仍存争议

城林交融一体的古都特色。按照《南京城墙保护管理办法》和《明城墙风光带保护规划》的要求，城外以护城河对岸15米绿带为界，城内以城墙所依附的山体外围坡脚为界，无山无水及无因借自然、人文景观地段的城墙，向内、外墙面各处延不少于15米为保护范围，城墙墙基两侧不少于50米为建设控制地带。要拓展名都城保护的视野，要妥善保护好能体现明城选址山川形胜环境特征的明外郭，突出明城垣依山就水不规则的特征，将现有外郭本体划为保护范围，两侧建设控制地带宽度为50米，规划按绿线控制。地面上无迹可考的，结合规划绿地设置标识。燕子矶以西（观音门—上元门）段，应保护沿江幕府山山体，严禁开山采石，通过幕燕环境风貌保护区保护展示。燕子矶—夹岗门段现存较为完好，保护现有走向、宽度及断面，控制每侧绿带50米。夹岗门至河西已毁段，保留历史地名，结合城市绿地广场建设加以展示。在城门遗址处建城门遗址公园，并立标志物。

明故宫遗址保护综合考虑历史格局和现状条件，皇城部分可通过“一面、三线、八点”重点展现历史格局和规模（潘谷西等，2003）。“一面”即明宫城遗址区；“三线”即宫城中轴线、皇城城郭和皇城西城壕；“八点”包括西安门、东安门、社稷坛、太庙、端门、承天门、北安门、洪武门等城门（遗址）。同时，划定明代皇城及御道为地下文物重点保护区，作为明故宫规划控制范围。宫城重点保护现存的西华门、东华门、午门、内五龙桥等宫城遗迹和明御河等宫城护城河水系。在明宫城遗址区内不得进行新的建设，择机逐步置换用地功能，为明故宫遗址的未来保护展示创造条件。保护明代宫城的御道——御道街的现有宽度和断面形式，重点控制午朝门、外五龙桥、光华门等节点；外五龙桥以北，沿街不宜增加大体量的建筑，严禁现有建筑破墙开店；外五龙桥以南，沿街建筑在高度、体量、形式风格上尽量对称布局，强化轴线效果，烘托明故宫的气势。

民国首都南京的建设突破了明清以来的城市格局，初步呈现出现代都市的面貌。按照《首都计划》修建的中山大道（中山北路、中山路、中山东路）林荫大道系统及其沿线的重要近现代建筑形成了民国时期的历史轴线。严格保护民国时期修建的中山北路、中山路和中山

东路，保护现存的以浓郁绿化带相间隔的三块板的道路形式和热河路、鼓楼环形广场；择机恢复中山路三块板的断面形式和新街口环形广场。将中山大道两侧各100米以内划为控制范围，保护沿线民国建筑，保持公共建筑的主体功能，新建建筑应延续民国风貌和氛围。要保护好民国总统府、反映首都特征的“五部八院”行政办公建筑、颐和路民国公馆区以及一批反映当时最高标准的公共建筑，如民国中央体育馆、人民大会堂、中央大学等。

6.6.3 保护老城的历史风貌，控制老城的建设

1. 保护老城历史风貌和文化积淀

因历史的沿革，南京老城在其南部、东部、西北部形成了各具空间特色、文化内涵的地段，这些地段的空间特色和文化氛围需要得到保护和传承（周岚等，2004a）。

城南片区北至运渎，东、西至外秦淮河，南至纬七路，总面积约8平方千米。这一地区是南京历史最悠久的地区，其发展应以传统历史文化及市井民俗文化的彰显为主，要整体保护城南片区的历史风貌，严格保护城南片区的历史文化街区，重点保护历史地段、历史街巷格局以及各级文物古迹，保护城南片区的街巷肌理、空间格局和传统风貌，保护街道与院落的肌理和排列方式，保护建筑与街道之间的尺度。严格控制城南片区大规模的建设和改造，应以有机更新的方式推进地区文化复兴，要重点控制建筑高度、体量和建筑风貌，建筑高度以低层为主，禁建高层，其中集庆路、长乐路以南地区建筑高度以低层、多层为主，高度总体控制在12米以下，传统民居连绵区以1～2层为主，建筑形式应与传统风貌协调。已改造地区要择机修复历史风貌，要保护历史道路的格局、尺度、走向和街巷名称，严格控制大流量交通和大尺度道路，交通、市政和公共设施配套应采用小型分散布局。

城东片区以明代皇城宫城遗址区为重点，东、北、南至明城墙，西以龙蟠中路、御道街一带为界，面积约5平方千米。要保护明故宫地区大气疏朗、静谧雅致的空间氛围，整体控制建筑高度、体量、尺度和风貌，尽可能增加绿化率，保持并加强片区内低建筑密度、高绿

地覆盖率的空间风貌特征。御道街要强化道路两侧绿化空间和轴线对称的布局。中山东路龙蟠路以东段的新建建筑要同时尊崇民国历史轴线——中山大道的保护要求。

城西北片区包括鼓楼、清凉山、颐和路公馆区、金陵女子大学、金陵大学、五台山一带，面积约 6 平方千米。要保护该区域内以近现代建筑和文化为特征的历史文化街区、历史地段、重要近现代建筑等，保护片区内的山水环境景观及低山丘陵特征，继续保持区内行政办公、大专院校等机构布局舒展、建筑尺度适宜，环境幽静、绿化覆盖率高的空间环境特征，控制大规模房地产开发项目，新的建设在建筑形式、体量、风格以及环境配套等方面要与其周边环境风貌相协调，并保持较高的绿化水平。

以上历史城区内都应严格控制街区内新、改、扩建项目，保护风貌片区内的现有的空间尺度和街巷格局，新建建筑的形式、高度、体量、饰面材料以及建筑色彩、尺度、比例上应与片区内的文物保护单位、历史文化街区、历史建筑相协调。在道路线形、交通设施、市政管线和设施按常规设置要是与文物古迹、历史建筑及历史环境的保护发生矛盾时，应在满足保护要求的前提下采取工程技术措施加以解决。

2. 保护老城街巷格局和历史肌理

南京老城的道路和街巷格局清晰地展示了城市发展的历程，并构成南京老城发展的历史骨架。老城的道路街巷格局主要由六朝、明清、民国三个重要的历史时期积淀形成，三个历史时期城市建设重心区域的不同，使得南京历代街巷格局能够较为完整地保存至今（图 6-3）。

南京老城现存的历史性道路，大致可以分为三类：①与历史上都城格局相关的路，包括御道街、中华路等；②与历史地段相关的路，包括颐和路、贡院街、仓巷等；③与重要人物、事件相关的路，如与郑和相关的马府街等。上述历史性道路和街巷根据现状资源情况和保护状况，又可以分为三类：一是风貌保存完好的街巷，大多位于历史文化街区和历史地段内，如朱状元巷、大辉复巷、评事街、走马巷、平章巷、绫庄巷等；二是传统风貌在许多段落已经改变，但局部段落

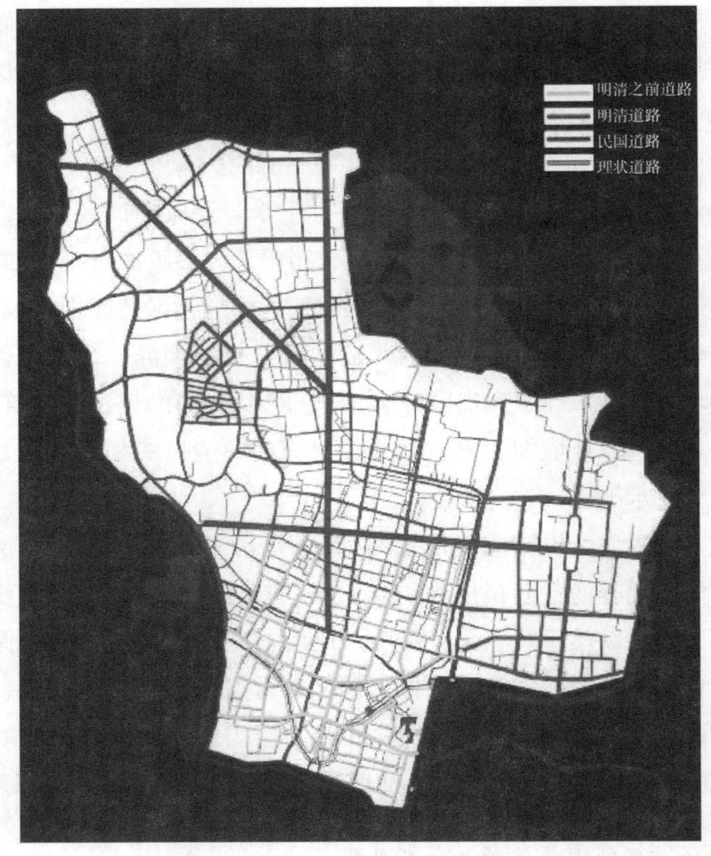

图 6-3　南京各时期的道路叠加图

资料来源：周岚等，2008a

仍保留有历史风貌或拥有历史文化资源点，如中营、边营、转龙巷、双塘园、龙泉巷、堆草巷等；三是街巷历史风貌已基本消失，仅保留有原来的道路线型和街巷名称的历史街巷，包括鸣羊街、花露北岗、搁漏巷、过街楼、双桥门、扫帚巷、南珍珠巷等。

根据上述情况，首先应将历史性道路和传统街巷的格局和肌理的保护纳入历史文化名城保护体系；其次要整合老城区功能，合理组织车流，减缓老城的交通压力，同时老城区道路考虑以步行、非机动车和公共交通为导向，而不是盲目拓宽或新建道路。要针对上述历史性道路的三种情况，分门别类地制定对策。南京重要的历史轴线以及风貌保存完好的街巷，应得到重点保护，要严格保护街巷的格局、尺度、断面形式，不得拓宽道路，要保持街道两侧建筑的界面和传统风格，增加道路绿化，改善道路环境，设立标志牌和反映传统风貌的城市小品，烘托传统街巷氛围；对于仍保有一定传统风貌的历史街巷，要严格控制拓宽道路，对于沿线历史资源点和状况较好的段落要加强保护，其他段落也要借助城市更新的机会，尽可能多地展示、再现历史环境和氛围；对于历史风貌已基本消失的街巷，也应保持街巷的走向，保留历史街巷名称，在合适的地点挂牌进行标识，并借助沿线城市更新的机会，尽可能地展示、再现历史。

3. 控制老城空间形态和景观视廊

不断增加的高层建筑构成对南京历史文化名城保护的最大冲击，它从根本上改变了南京老城的总体尺度和历史风貌。面对南京老城高层建筑已经很多的客观现实，未来必须严格控制南京老城高层建筑的继续新增，要根据历史遗产保护的要求，划定高层禁建区，将高层禁建区作为强制性规定加以严格控制。

根据南京老城“近城低、远城高；中心高、周边低；南部低、北部高”的总体空间形态，应将老城分为高层禁建区和高层控制区两种类型进行管理（南京市规划局，2008）。高层建筑禁建区覆盖所有历史文化资源、历史地段、历史轴线、历史街巷沿线及其周边，覆盖城南、城东、城西北历史传统风貌片区；高层控制区适用于老城其他所有地区，原则上不得新增高层建筑，如因特殊情况需要建设，必须先期进行空间环境景观敏感性分析，并通过专家论证，报规划管理部门审批后方可实施。

要根据南京老城重要的历史资源点和观景点，严格控制老城内部的9个重要景观视廊，以展现山、水、城、林相互交融的环境特色（王建国，2003），包括鼓楼—北极阁（鸡鸣寺塔）—九华山、狮子山—石头城、狮子山—大桥、中华门—雨花台、中华门—中华路、午朝门—富贵山、午朝门—御道街、神策门—小红山、神策门—北极阁（鸡鸣寺塔）。此外，还要严格控制老城及其周边景点制高点的景观廊道，包括加强玄武湖与紫金山之间的建筑高度控制，展现山水城林交

融特色，加强老城与周边幕府山、莫愁湖、长江等景观界面的控制。在景观视廊内的一切建设活动都必须服从景观视线走廊对于高度和建筑体量的控制要求。加强对城市观景点视觉环境的保护，严格控制历史景观视廊的建筑高度和体量。

整体设计论——以南京历史文化资源的整合利用为例

关于历史文化名城的保护与创造的关系，吴良镛（2007）曾精辟地指出：文化遗产的保护要与文化环境的创造并举，不能脱节。“我们必须认识到，光靠保护既有遗产是远远不够的，必须把历史地段与历史建筑物的整体保护工作同新环境的创造工作融为一体，即在保护的同时更要进行开拓创新”（吴良镛，2009f）。由此，整体设计论强调保护利用思考要综合、创造要整体，通过城市设计在纷繁中求整体，将历史资源的保护、历史“碎片”的整合与城市公共空间的塑造有机结合起来，形成富有历史内涵的当代文化空间。内容包括历史文化地标的当代塑造、历史文化廊道的串联整合、历史文化网络体系的整体构建。

7.1 历史文化地标的当代塑造

历史资源和传统风格的当代运用是个有争议的话题，有人一概将之称为造“假古董”。笔者认为，对历史资源和文化传统的运用不能因

噎废食，造“假古董”和运用历史资源塑造当代文化地标有一个本质的差别，即在设计和建造过程中是否有艺术的创造，是否考虑了时代的变化、文化的需求和地域的特点、环境的特征等，是否只是对历史的简单抄袭和模仿。历史文化资源是城市宝贵的财富，对于那些在历史进程中消失的有价值的历史文化资源，如南京金陵四十八景，在当代用某种恰当的方式再现表达，是城市珍惜自己的传统和历史记忆的表现，应该得到肯定（程章灿，2009）。在再现表达时，传统的形式和要素可以成为设计手法之一，设计师可以根据历史资源自身的特点及其周边环境的特征灵活加以运用和创新，在这样的情况下，就不能武断称之为“假古董”，而应更加准确地表达为“运用历史元素塑造的当代文化地标”。

7.1.1 老城北部历史地标的当代重塑——阅江楼案例

南京城西北狮子山上的阅江楼是南京近年来较为成功地运用历史资源塑造当代文化地标的一个案例。历史上的狮子山是南京城北临江的制高点，浩浩长江在此由西南折向东流入海，其位置十分重要。正因如此，朱元璋修建明城墙时，改变了原来顺覆舟山、鸡笼山、鼓楼岗西进的计划，而决定继续向北向西将狮子山纳入都城范围。金陵四十八景有两处位于狮子山地区，分别是“狮岭雄观”及“三宿名岩”（图 7-1）。

金陵四十八景·狮岭雄观(清宣统二年五月版，藏南京古旧书香古籍部)

金陵四十八景·三宿名崖(清宣统二年五月版，藏南京古旧书香古籍部)

图 7-1 清金陵四十八景之“狮岭雄观”及“三宿名岩”

资料来源：《金陵四十八景》图册，南京古籍书店，1990 年，据宣统本影印

600 多年前，朱元璋在此设伏，以少胜多打垮了 40 万来犯之敌，奠定了建立明王朝的基础。当上皇帝后，他萌发了改原山名“卢龙”为“狮子山”并在山顶建阅江楼的念头，并亲自撰写了 1199 字的《阅江楼记》。他还让殿前文官每人写一篇同名命题作文《阅江楼记》，当时共交来 100 多篇，其中以大学士宋濂所作为最佳，文思飞扬、语词优美，后被《古文观止》选录。

1374 年春，因星象有异，“抵期而上天垂象，责联以不急，即日惶惧，乃罢其工”（《又阅江楼记》），阅江楼最终并未兴建，使狮子山 600 多年来有记无楼，成为历史之谜、历史之憾。长江以南的四大名楼中，黄鹤楼、岳阳楼、滕王阁都以“有记有楼”（如《岳阳楼记》、《滕王阁序》等）而名闻天下，唯独阅江楼“有记无楼”。清代中叶，鸦片战争爆发之前，清政府在狮子山建造炮台，由此这里开始成为军事禁区，相继成为清军、太平天国部队、日军、国民党军队、解放军的要塞，共计近 200 年（俞明，2007）。

狮子山及其周边地区的历史文化资源十分密集，包括三宿崖、古炮台、徐将军庙、玩咸亭、静海寺、天妃宫等。其中，静海寺是 1842 年割让香港的《南京条约》拟定的地方，天妃宫则是明代皇帝为郑和下西洋特别建造的。但遗憾的是，这些重要的文化资源在历史进程中已经消失得难以寻踪，其他的历史文化资源当时也被各种设施侵占，变得面目全非，山顶则是军事禁区、禁止入内（图7-2）。

图 7-2　阅江楼景区修建前的情况

1998年底，经过和部队的商谈，在解放军的支持下，狮子山公园和阅江楼终于破土动工，历时4年终于建成（图7-3）。方案由东南大学教授杜顺宝主笔，并经多轮专家论证。

图7-3　阅江楼景区重塑后景色

设计方案（图7-4）综合考虑基地的区位特征和环境特征，总平面布置采用不对称的转角造型，主翼面北，次翼面西，则两翼皆可观赏长江风光，主楼位于两翼转角处，各层均由平座向四边出挑，便于游人观赏外景。建筑风格按照元末明初的样式设计，明显区别于岳阳楼、黄鹤楼、滕王阁等其他江南名楼。外观四层（暗三层），总高39.88米，采用十字脊屋顶，两翼各以歇山顶依次递降。屋顶犬牙交错，高低起伏，形成跌宕多变的优美轮廓线。屋面采用黄色琉璃瓦，以绿色琉璃瓦剪边，檐下斗拱绘彩画，柱与门窗皆用土红色。整座楼立于汉白玉的须弥座平台上，在蓝天与绿树的衬托下，色彩明快而绚丽（杜顺宝，2003）。

阅江楼的建成改写了狮子山600多年来有记无楼的历史，成为老城北部重要的历史文化景观，社会评价良好。百岁老人顾毓秀先生题了楼名，并诗云："开国多贤哲，南雍庆百龄。阅江楼上客，千载留芳名"；钟振振先生为阅江楼撰联："吴楚名楼今则四，水云明月古来双"；时任全国书法协会主席的沈鹏先生题楹联："天地沉浮迎日出，古今代谢阅江流"；旅美书法家潘力生题联："千古江声流夕照，九天楼景俯朝飞。"许多原先持批评和观望态度的人士也改变了观点（俞明，2007）。

全国政协主席李瑞环后来登楼时题写了"登楼阅世，抚今追昔；望江怀古，鉴往知来"，并说："修建阅江楼是件好事，后人定会给予很高评价的。阅江楼建造得非常好，充分展示了传统文化、传统建筑

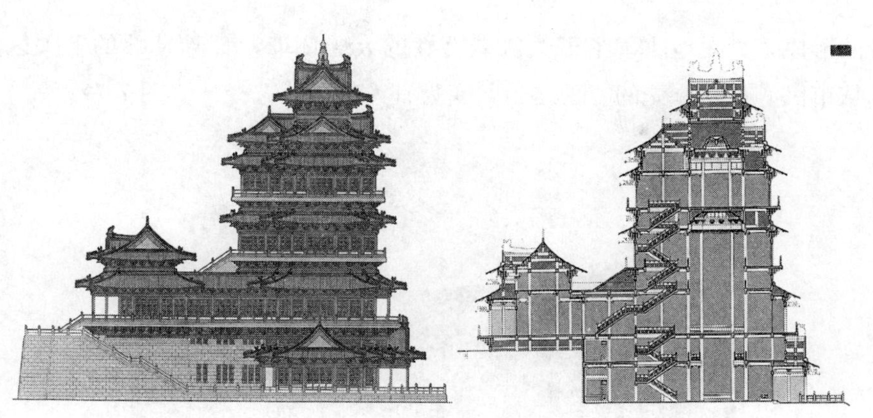

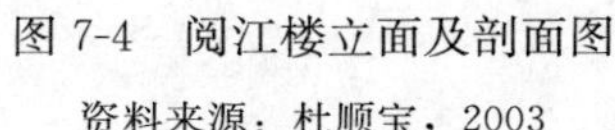

图 7-4　阅江楼立面及剖面图

资料来源：杜顺宝，2003

的特色，可以找名人再写第三篇《阅江楼记》，进一步深化阅楼文化建设。朱元璋那篇《阅江楼记》写过去多，写后来少，这类文章应该往前看，进行鼓舞、激励后人的发挥。但是，也可借用其中精彩部分。江苏才子多，可找些人来好好写这篇文章，说明为什么六百年有记无楼，今天却有楼了，但是，不光讲一时一事，不光讲南京，要讲中国人，讲中华民族，讲中华大地的凝聚力，讲一代比一代强。总之，要借题、借景发挥好"[①]。李瑞环主席清晰地阐明了历史、传统可以如何被当代加以综合运用，虽然他更多的是从政治进步和社会发展的角度来看，但对城市规划和建设一样有重要的借鉴作用。

阅江楼的建成使得南京城西北乃至长江沿线缺乏文化地标的状况得以改变，历史的文化资源丰富了今天的城市景观和文化内涵。阅江楼狮子山景区迅速成为国家AAAA级旅游景区，纷至沓来的游人给原已被边缘化的下关区带来了活力和人气。阅江楼重塑的成功坚定了城市和地方政府将文化的挖掘作为下关重要发展动力的信心，随后在阅江楼周边，业已消失的重要历史资源天妃宫（图 7-5）、静海寺相继重塑（图 7-6），今天阅江楼狮子山一带已经成为南京重要的历史文化景观区。这一历史文化景观的形成，同时还带动了沿明城墙护城河景区

① 《南京年鉴》2002 年

的形成，大大地改善了下关区老百姓的人居环境，日趋衰败的下关区从市民心目中原先的“下之角”变为宜人的居住选择地（图 7-7）。

图 7-5　阅江楼地区天妃宫实景图

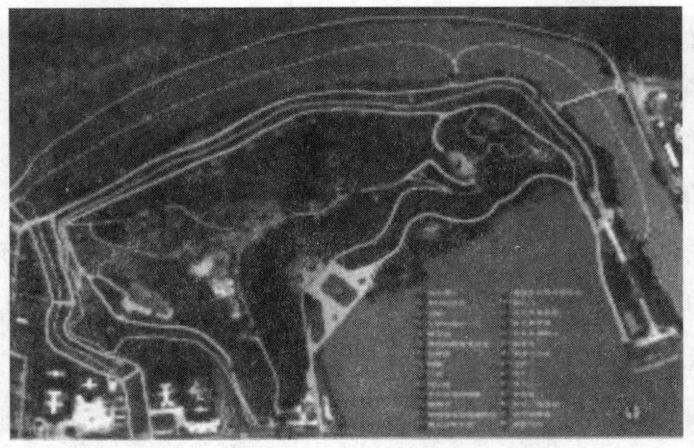

图 7-6　阅江楼地区历史资源整合图

图 7-7　画家心目中阅江楼地区的当代美景

7.1.2 老城南部历史地标的当代重塑——大报恩寺案例

阅江楼的成功使得谨慎地选择业已消失的重要历史文化资源进行当代艺术重塑，成为南京历史文化资源挖掘和利用的策略之一，并导致位于南京老城南部的另一历史地标——大报恩寺重建项目的启动。

古金陵大报恩寺塔是明代初年至清代前期南京城最负盛名的标志性建筑（图 7-8），它位于中华门外古长干里，与中华门城堡隔秦淮河相望，系明成祖朱棣为纪念其生母于永乐十年（1412 年）始建，历时 19 年耗费 248.5 万两白银建成，永乐皇帝赐封该塔为“第一塔”。明清鼎盛时期，其范围达“九里十三步”，曾与灵谷寺、天界寺并称金陵三大寺，而大报恩寺为三大寺庙之首。

(a) 康熙南巡图中的南京大报恩寺

(b) 西洋版画中的南京大报恩寺

图 7-8　南京大报恩寺图载

资料来源：潘谷西等，2008

大报恩寺塔高达 78.2 米，九层八面，琉璃塔因塔体全部用白石和五色琉璃瓷砖砌成而得名。琉璃塔以五色莲台为基座，塔体自下而上逐层缩小，每层的覆瓦、拱门均用赤、橙、绿、白、青五色琉璃贴面。拱门由五色琉璃构件拼接而成，上有飞天、雷神、狮子、白象、花卉等图案，造型生动，制作精美。塔顶有黄金制成的宝顶，金碧辉煌，下面有 9 级“相轮”，之下为“承盘”。塔内壁布满佛龛，塔顶和每层飞檐下都垂悬金铃鸣铎（风铃）152 只，金铃闻风而鸣，声闻数里。塔内置有 146 盏长明灯，昼夜通明，白天光亮耀日，入夜如火龙悬挂，华灯耀月，数十里外可见。爱新觉罗 · 弘历曾诗云：“半天插浮屠，宫殿

金银三界上；云中现忉利[①]，楼台丹碧六朝前。”

大报恩寺塔独特的琉璃宝塔建造技术代表了中国历史上极高的建筑艺术成就，它以独特的艺术价值和观赏价值在海内外享有很高的知名度，被誉为与古罗马大斗兽场、意大利比萨斜塔、英国沙利斯布里石环、土耳其索菲亚大清真寺、埃及亚历山大陵墓和我国的万里长城齐名的“中世纪世界七大奇观”之一。

大报恩寺存世444年后毁于1856年的太平天国战火。随着历史的演变，大报恩寺遗址已成为棚户简屋搭建地，历史盛况繁华消失不再(图7-9)。随着城市的不断发展、经济实力的不断增强以及社会对于历史文化资源关注度的上升，重建大报恩寺及琉璃塔、重现南京中世纪盛世繁荣的呼声日高，南京不断有文化人提出倡议，人民代表大会代表和政协委员也多有建议提案。

图7-9　拆迁中的大报恩寺遗址上的棚户简屋

2006年，金陵大报恩寺塔文化园区项目正式立项，项目占地7.6公顷，拟建设内容为塔区、庙区、遗址区、沿秦淮河明文化商业一条街四个部分。项目由著名古建专家、东南大学潘谷西教授指导设计，东南大学教授朱光亚、陈薇设计。在现场初步考古发掘、历史文献资料查阅考证、各地寺庙宝塔调研对比的基础上，形成了大报恩寺遗址区的概念性规划设计（图7-10和图7-11），并经多次专家论证。

① 忉（dāo）利：佛经说须弥山有三十三天界，中央为帝释天，四方各有八天界。忉利为三十三天的梵文音译

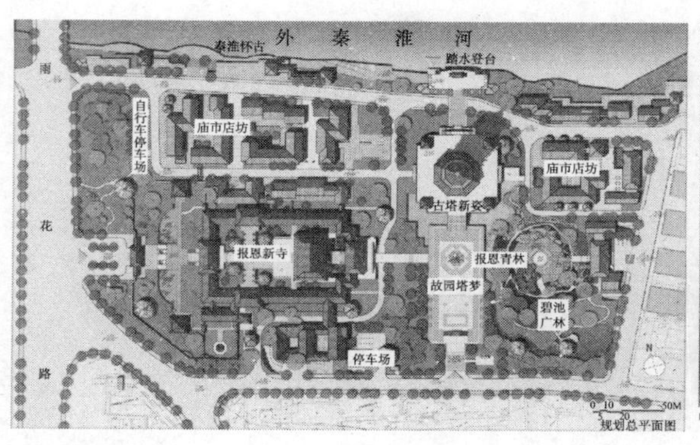

白天效果图

图 7-10 金陵大报恩寺遗址公园地区概念性方案

资料来源：转引自《金陵四十八景》图册，南京古籍书店，1990 年，据宣统本影印

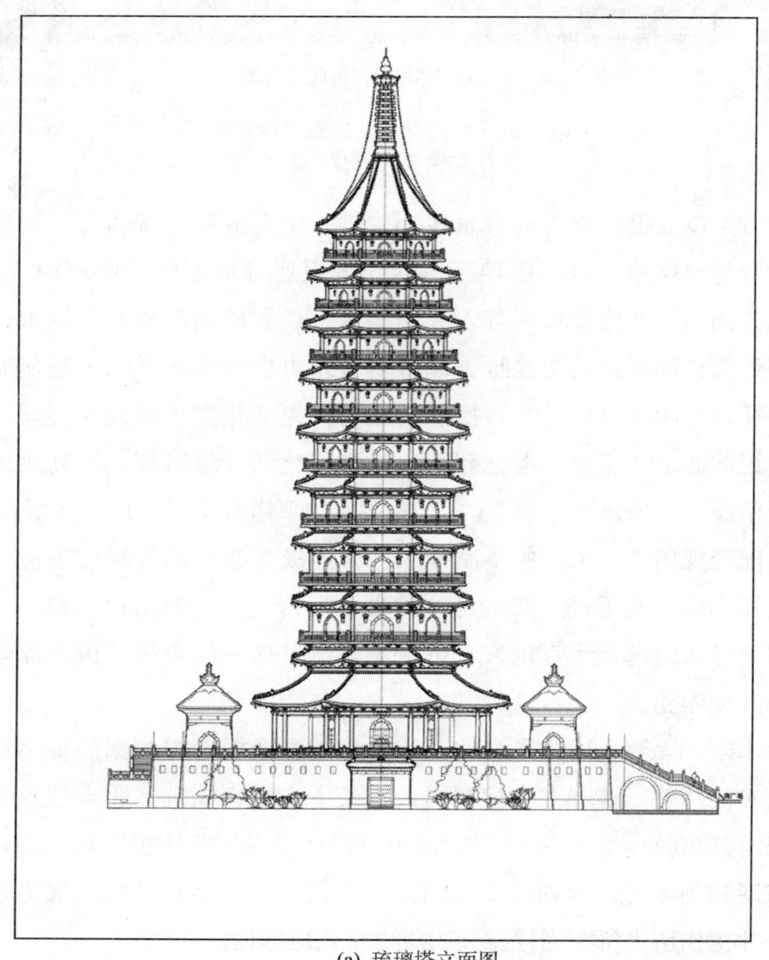

(a) 琉璃塔立面图

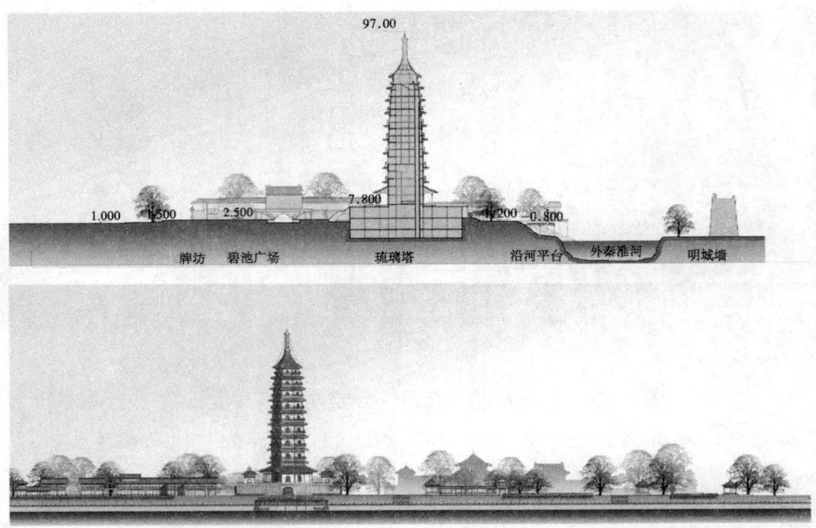

(b) 大报恩寺地区沿河剖面及立面图

图 7-11　大报恩寺重建概念性方案
资料来源：潘谷西等，2008

方案以大报恩寺塔原有轴线为主轴，将大报恩寺琉璃塔及遗址公园划分为原塔遗址区、琉璃新塔区、大报恩寺庙宇区、庙市商业区、滨水休闲区、办公管理区等六大功能区。规划琉璃新塔避开原址，以更好地保护和展现历史遗址。琉璃新塔既力求继承和延续传统琉璃塔的特征，又体现时代精神，提供满足当代人文化需求的建筑空间；同历史记载的塔高相比，考虑到周边已经变化的环境特征，塔高比史料考证略高，主塔外观 9 层，内部 18 层，地下塔基 1 层，地下 2 层。

随着现场考古工作的不断深入，历史极为悠久的大报恩寺遗址地区（图 7-12）有了进一步的考古发现，考古人员挖掘出比大报恩寺历史更为悠久的宋长干寺地宫，进一步丰富了这一历史积淀极为深厚地区的文化内涵。

未来，无疑上述的概念性设计方案需要根据考古挖掘的最终情况进行修改调整，整合考古挖掘出的宋长干寺地宫遗址、明大报恩寺遗址以及其东侧的建于 1865 年的清金陵制造局工厂等历史文化资源，进行空间和艺术的综合创造，并赋之以当代功能和活力，使之成为南京又一片挖掘历史资源当代意义的历史文化地标地段。

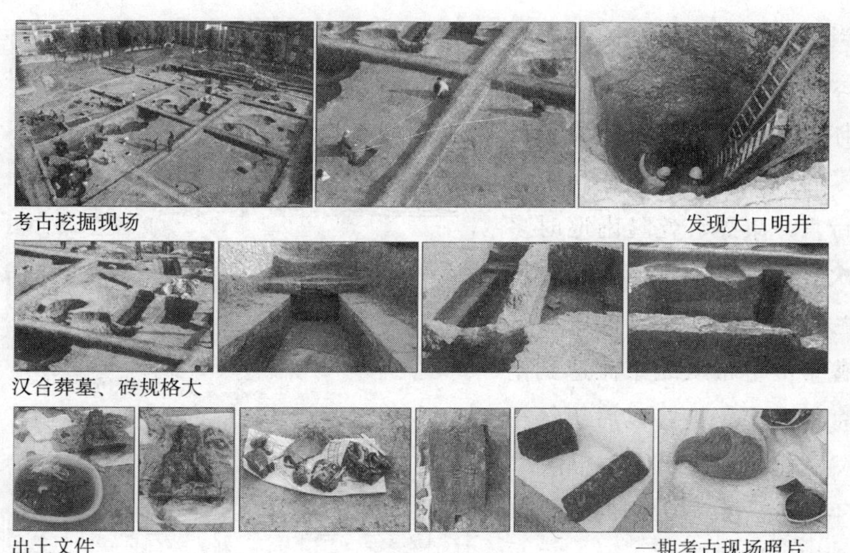

图 7-12　考古挖掘中的大报恩寺遗址图

资料来源：潘谷西等，2008

7.1.3　老城中心区历史文化新地标的当代塑造——江宁织造府博物馆案例

虽然都是综合运用历史上重要的历史资源作为当代城市文化发展和空间重塑的素材和元素，位于南京老城中心地区的江宁织造府博物馆的建设与阅江楼、大报恩寺还是有所差别。阅江楼和大报恩寺在历史上就是城市的文化地标（金陵四十八景之一），其地点、范围较为明确，所在地段的历史环境虽然有一定变化，但是基本空间关系和格局未发生大的变化，因此当其被重塑时，历史和传统的因素和含量要重一些。而江宁织造府博物馆的情况则有所不同，首先历史上江宁织造府的准确界限现在已经难考，相关的历史文献资料也相对较少。更重要的是，今天建造江宁织造府博物馆的基地大约仅是历史盛景时的六分之一，再加上处于老城核心地段，基地周边已经被现代化建筑所包围（吴良镛，2009a）。

同时，据史料记载，曹雪芹于康熙五十年在江宁织造府出生。江宁织造府设立于清顺治年间，是专门制造御用和官用缎匹的官办织局。

当年，它不仅是全国最大的云锦生产基地，其建筑和园林艺术也是我国古代建筑艺术的典范，曾为清代皇帝的行宫，康熙、乾隆南巡时多次在这里下榻，因此又称“大行宫”。曹雪芹的曾祖父曹玺被皇帝从北京派遣到南京任江宁织造，以后历经祖父、伯父、父辈，先后达 65 年之久。太平天国时期，江宁织造府被毁于一旦，后人只能从《红楼梦》的描述中依稀想象当年的浮华，而曹雪芹的妙笔生花使得人们对大观园充满了不同的想象（图 7-13）。

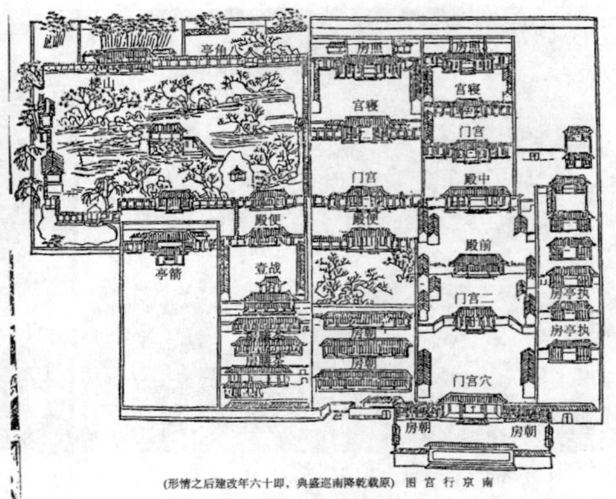

(a) 清南京行宫图

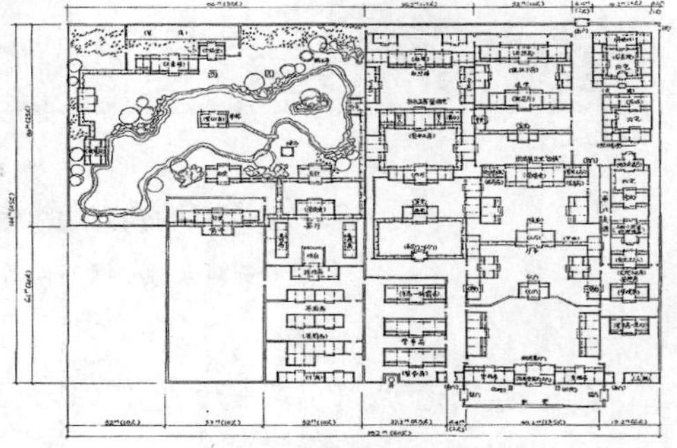

(b) 康熙年间平面推测图

(c) 清孙温绘红楼梦

图 7-13　江宁织造府
资料来源：吴良镛等 . 2009a

上述因素叠加在一起，使得江宁织造府博物馆的设计任务变得十分艰巨而富有挑战性，需要在完全现代的环境中、在基地历史格局已经发生本质变化的条件下用恰当的方式再现表述历史文化。对此，吴良镛指出：“设计难点在于当今的现代建筑理论思潮如何在中国历史文化名城南京这个具有深厚文化积淀的场所中合适地表现出来的问题，即建筑如何既

有现代感又有历史感。建筑位于江南，又在南京旧城内，是若干历史建筑的所在的文化中心，所以要体现地方文化，需要采用江南传统的南京、扬州、苏州等地的建筑形式。探索过程中也存在一个如何求新的问题”（吴良镛，2009a）。

为在当代很好地再现南京这一重要的历史文化资源，南京市委市政府专门邀请吴良镛担当主笔进行设计（图 7-14 和图 7-15）。吴良镛对于家乡的这一文化建设项目十分重视，亲自执笔，率领多学科合作的团队，自 2004 年起六易其稿，不断精雕细刻、完善方案，在项目实施过程中多次到现场指导实施。其作为学者追求完美的精神不仅令人感慨，也使得这一原本可能容易引发仁者见仁、智者见智的社会讨论的题目达成了广泛共识。

笔者认为，项目的成功源自吴良镛率领的团队把握住了历史和当代、传统和现代、形式和内容、实体表达和意境营造等问题的关键。2004 年，吴良镛在第一次阐述南京江宁织造府博物馆设计方案时即清晰地明确了以下三个原则。

（1）对建筑形式的设想：是新建筑还是历史建筑复原？应不应该复原？重塑江宁织造府遗址、故居遗址是可以的，但它又不能简单地“复原”，复原了也只能是“假古董”，缺乏真实性（由于修了马路，现在遗址只是旧江宁织造府的一部分：这一点红学家有些意见不完全一致，或者说不能完全满足希望）。

（2）选不选用传统的建筑形式？它是新建筑（“中”而“新”，“宁”而“新”），但它的设计又应借鉴古典建筑、江苏的地方建筑，是古典建筑与现代建筑的结合。

建筑要充分利用“园林”景观，江宁织造府有“园林”（西园、楝亭），要反映“红楼梦”中曹雪芹对园林艺术的理解。

（3）总的指导原则：围绕“新”与“旧”结合做文章。具体参用两种设计手法表达“新”与“旧”的结合：一是用核桃模式表达外壳与内质的关系，进行“新”与“旧”的对话；二是用盆景模式，暗喻项目是都市的盆景、嵌在现代都市里的“历史碎片”。

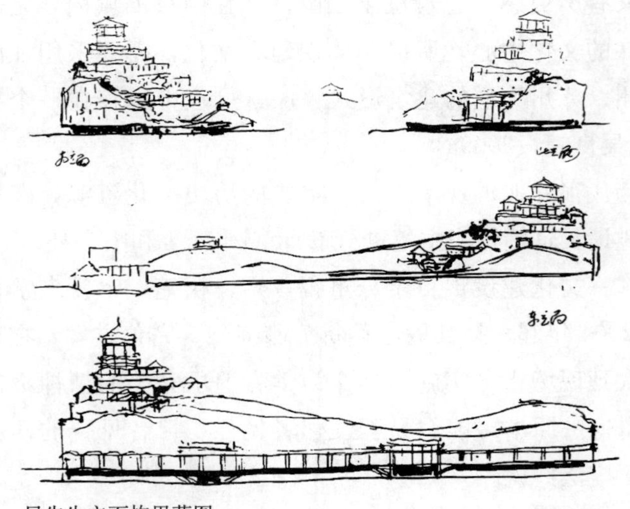

吴先生立面构思草图

(a) 立面构思草图

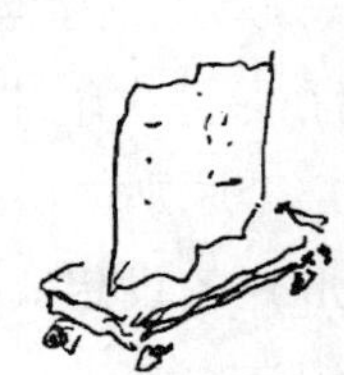
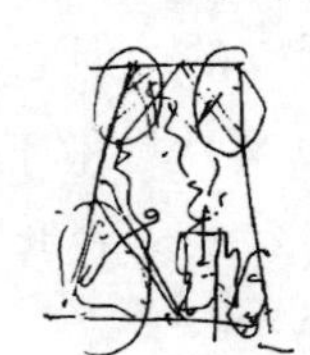

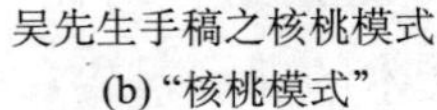

吴先生手稿之核桃模式　　吴先生手稿之盆影模式

(b)“核桃模式”　　(c)“盆景模式”

图 7-14　江宁织造府博物馆方案吴良镛手绘图

资料来源：吴良镛，2009a

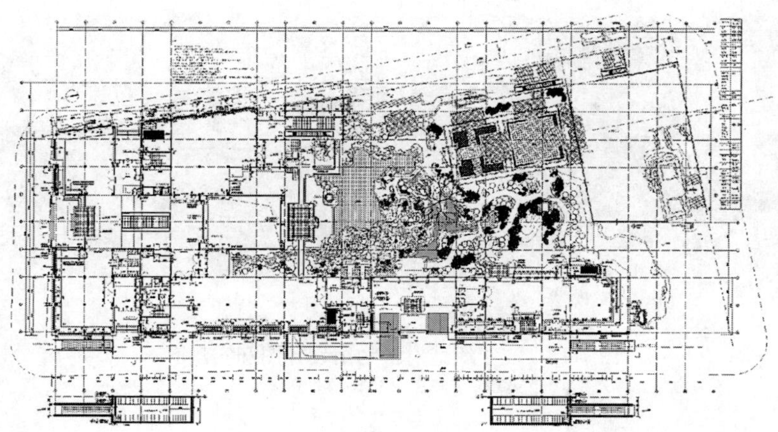

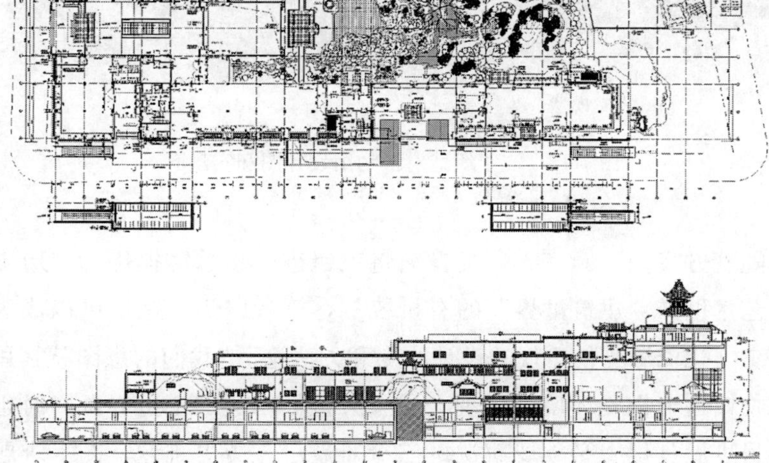

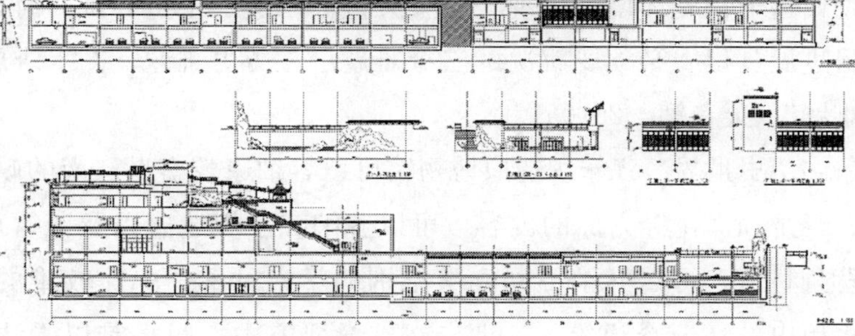

(a) 设计最终方案

(b) 方案效果图

(c) 方案模型

(d) 实景照片

图 7-15　江宁织造府博物馆设计图和实景图
资料来源：吴良镛，2009a

随着方案的不断完善，吴良镛将项目进一步总结提炼为“历史世界、艺术世界、建筑世界”的有机统一，笔者以为，这也可以成为所有历史文化资源当代再现的设计原则和方法论。“我们的意图就是用建筑博物馆这个物质环境来表现上述三大世界。这三个世界，同时也是本项目进展过程中必须要解决的三个难题——历史难题、艺术难题和建筑难题”（吴良镛，2009a）。

（1）历史世界。江宁织造府博物馆可以容纳康乾盛世江南的政治、社会、经济和文化等方面的内容，可以容纳江宁织造府以及曹雪芹平生的背景材料，可以容纳不同红学派别的学术见解……比较难的是，有很多历史的情况众说纷纭，即使在红学研究中一时也难以弄清楚，其中有很多历史典籍和背景材料需要花工夫梳理。

（2）艺术世界。《红楼梦》是一部小说，是艺术的创作，既有细腻的人物刻画，又有大观园丰富的园林艺术和种种传说，更有对人世盛衰的感叹；历史上的江宁织造府和西园本身又具有文学的精神，江宁织造府是南来北往文人墨客咸集交往的场所，西园的“楝亭”是当时南京文人的活动中心；而江宁织造的“云锦”又是工艺美术的代表，是中国古代三大名锦之首等。这些艺术精神是需要在建筑和园林的造型和布局中得到体现的。博物馆是对艺术精神的呈现，更是赋予艺术精神的创造。它是“纳须弥于芥子”百科全书式的展馆，它是中国康乾时期“浮世绘”的世界展示，是一个小说世界的想象中的幻境，是昙花一现的“极乐园”，是一个“清醒了”的真正才子的独白（“满纸荒唐言，一把辛酸泪”）。它是现实与幻想的错综，是理性与浪漫的交织，是沉醉与清醒的结合，是真真假假的世界传奇（“假作真时真亦假，无为有处有还无”）。

（3）建筑世界。上述的两个世界需要以博物馆的建筑形象表现出来。今天的人们不仅需要欣赏建筑，还需要欣赏这些历史（红楼梦、江宁织造府）的内容。建筑创作既不能完全复原或复旧，但也不能虚无缥缈。我们的创作就是要通过今天的想象，把小说中对大观园的构想、现实中江宁织造府中的楝亭和萱瑞堂以及江宁织造府图中“西园”的布局，作为立意的基础，将历史碎片（fragments）重新加以巧妙的构成。像文艺复兴后的想象画（fantasia），用它构成不同美好的幻境，把这虚拟的世界构成一个“都市的盆景”，把这文学的、艺术的、历史名都的熙熙攘攘一组组形象，塑造成建筑的话语去表达历史和现实的世界。“假是真来真亦假”，这是一个现实世界的红楼幻境、“青埂峰”下的顽石演绎。此外，设计吸取了宋画中对于山水意境的表达方式，形成以楝亭为中心的高远园林、以萱瑞堂为中心的地面园林和以青埂峰为中心的下沉式园林，三个不同标高的园林形成博物馆完整的景观体系，营造“天上人间诸景备”的美学意境（吴良镛，2009a）。

江宁织造府博物馆已经落成，不日布展完成后即将正式开馆，项目获得了广泛的社会好评。吴良镛所率领的团队的精心创造，留给南京的不仅仅是一个优秀的设计精品，更重要的是他们探索并成功地将历史的素材化为今天的文化财富，把历史的资源作为当代人居空间、社会生活塑造的一部分，这对于南京这座历史文化名城的未来发展有着极为重要的指针意义。同时由于该项目位于南京长江路文化一条街的核心地段（图 7-16），江宁织造府博物馆无疑将成为南京城市中心区新的文化地标。

7.2 历史文化廊道的串联整合

历史文化名城的内涵与特色的彰显和展示，不仅要表现单个历史文化资源的自身价值和特色，更重视的是能够将散点的历史遗产用文化线路、文化廊道等方式串联起来，整合形成有助于理解城市整体文化魅力的结构性公共空间。

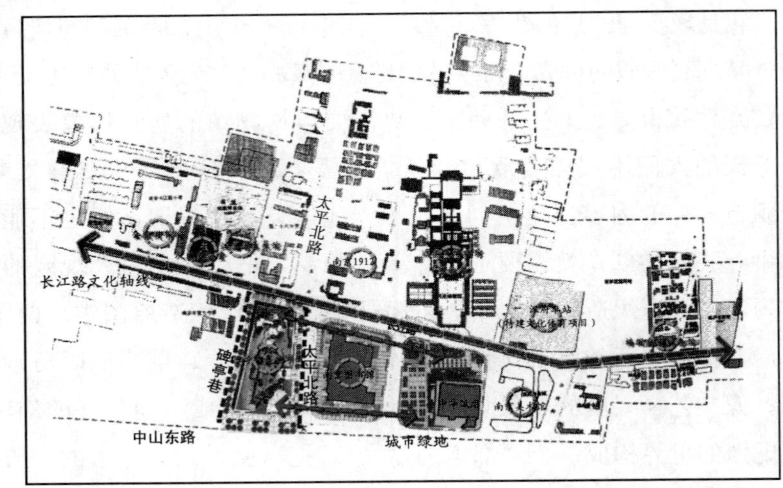

图 7-16　江宁织造府博物馆及长江路沿线文化设施

资料来源：吴良镛，2009a

以南京明城墙风光带为例，吴良镛曾经针对南京的明城墙提出，要“从人类文化遗产的高度审视城墙的历史文化价值以及古城墙、城河及其相关的公园绿地对南京主城绿地系统所起到的主骨架作用”，使城墙成为南京城市“独立于任何其他城市的艺术骨架”①。

南京明城墙总长 35.267 千米，是世界上现存最大的古代都城砖砌城墙，气势恢宏雄壮。同中国历史上绝大多数都城相比，明南京城的规划非常注重与自然山水的结合，所以南京明城墙也就自然而然地与南京的自然山水紧密结合了起来，蜿蜒盘亘于南京山水之间，或依山势而蜿蜒，或傍水形以延伸。不循旧制，设计思想独特，特色明显，建造工艺精湛，堪称我国古代军事防御工程、城垣建造集大成之作。

自 1988 年明城墙被列为全国重点文物保护单位起，南京市多年来致力于保护明城墙。1992 年开展明城墙保护规划；1994 年启动明城墙修缮工程（图 7-17），完成了台城段的修缮工作；1996 年江苏省人民代表大会颁布《南京城墙保护管理办法》；1997 年编制《明城墙风光带规

① 吴良镛．《南京明城墙风光带保护规划》专家论证会评审意见．1998 年 5 月

划》①，1998 年通过全国专家的评审；随后分年度逐段修缮月牙湖、集庆门、狮子山、武定门、东水关、前湖、石头城、小桃园、干长巷、神策门等段城墙，并综合整治周边环境，取得了令人瞩目的成效；2004 年“南京明城墙风光带规划及实施”获得中国人居环境范例奖（南京市规划局等，2003）。

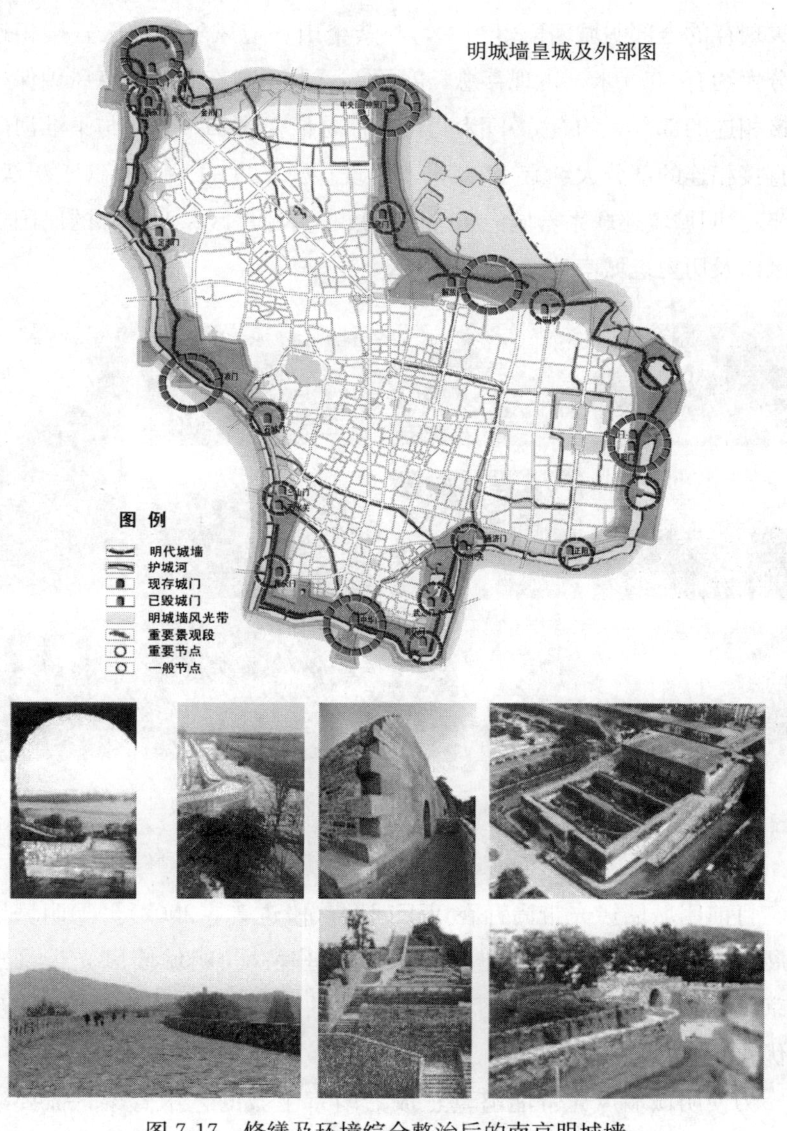

图 7-17　修缮及环境综合整治后的南京明城墙

① 杨瑞松，刘正平等．明城墙风光带规划．南京市规划局，南京市规划院，1997 年

从使城墙成为南京城市“独立于任何其他城市的艺术骨架”的更高要求角度看，目前已经进行的大量工作尚只是迈向成功的第一步，明城墙风光带对于改善南京城市空间环境的结构性意义尚未完全发挥。因为明城墙不仅是南京老城的界定边界，而且更是南京城市空间特色系统中具有结构性意义的空间要素，它同时连接了南京多个城市特色片区。在今天现存的全部明城墙段落当中，与紫金山环境风貌保护区直接相连的部分大约有3650米，占现存总长度的14.6%；与玄武湖环境风貌保护区直接相连的部分大约有5300米，占现存总长度的21.1%；与秦淮河风光带直接相连的部分大约有1700米，占现存总长度的42.7%（丁沃沃等，2005）。明城墙还联系着城内东部的明故宫资源片区、西北部的民国资源片区以及历史老城南地区（图7-18）。

图7-18　明城墙串联的部分沿线景观资源

资料来源：段进等，2007

目前明城墙风光带尚存在以下问题（段进等，2007）：①明城墙自身展示不够；②各景点彼此孤立，缺乏串联；③明城墙风光带景点与南京其他遗存之间的联系不够；④沿线的土地利用功能有待进一步调整优化。

为使明城墙风光带能够真正成为南京主城的艺术骨架，需要继续坚持吴良镛在明城墙风光带规划评审中提出的原则和意见，“规划将融山、水、城、林为一体的明城墙、城门、城河三位一体，作为城市绿色的环，将分散的绿地有机组织在一起，作为发挥城市特色的积极措施是非常正确的”①（图 7-19）。因此，要继续有针对性地将明城墙及其沿线资源“亮出来、连起来、串起来、活起来”。所谓“亮出来”，是指要改变部分城墙段落被城市建筑遮挡、被杂树掩盖的局面，通过整治，将明城墙展示在公众的流线上，让公众能频繁感知明城墙的存在；所谓“连起来”，是指要将目前尚未完全贯通的明城墙风光带用多元的

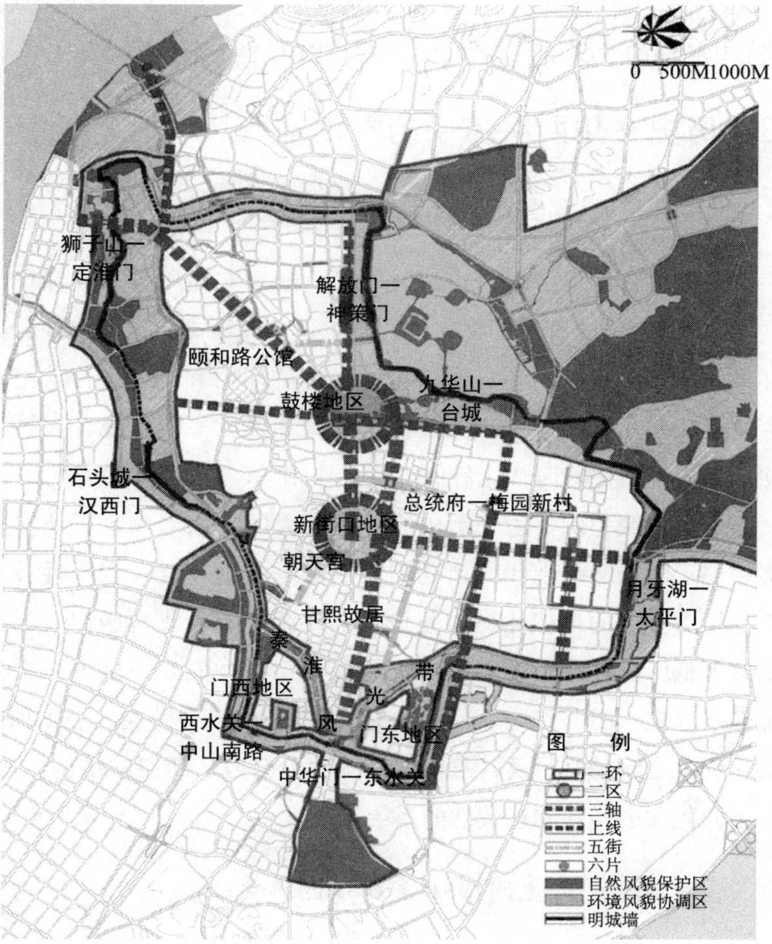

图 7-19　明城墙风光带对南京城市空间的结构意义分析图

资料来源：周岚等，2006

① 吴良镛.《南京明城墙风光带保护规划》专家论证会评审意见.1998 年 5 月

手法串联起来，使之成为环状城市空间特色系统，形成环绕老城、串联主城东西南北片的绿色翡翠项链；所谓“串起来”，是指不仅要串联沿线的多个城市特色区、特色景点，还要向两侧纵深方向发展，形成“梳子状”的结构性公共空间，让散布的文化资源可以集成并发挥整体效应，使明城墙成为展示南京空间特色的主要路径；所谓“活起来”，是指要不断激发明城墙活力，通过沿线土地利用功能的逐步置换调整，更多地提供公共设施、公共空间，实现其从原始的防御边界到历史资源的展示、现代文化传播的“媒介”的转化，使明城墙风光带焕发当代活力。

7.3　历史文化网络体系的整体构建

7.3.1　历史文化网络体系构建的意义

关于历史文化网络体系构建的意义，国家文物局长单霁翔曾经论述：“从全局的角度研究文物建筑、文化遗址和历史街区的空间分布规律和空间整合关系以及各自在历史城区中的作用和特色定位，将孤立散存的点状和片状结构变成更具保护意义的网状系统，充分发挥出文化遗产对提升历史城区整体价值的重要作用”（单霁翔，2008）。

以南京老城为例，由于历史原因，今天的南京老城既是历史文化的集中展示区，又是现代城市功能的主要承载地，这一双重性导致老城在经历了多年的现代化城市建设后，传统风貌已支离破碎。虽然至今仍有大量历史文化资源点、历史地段的遗存，但是一处处历史文化资源孤立分散（图7-20）。要跳出“孤岛式”的保护模式，必须加强历史文化资源之间的联系及其整体的系统性，努力从断裂的结构、肌理、片断走向包含多样性和连续性的系统策略。

7.3.2　历史文化网络体系构建的方式

历史文化网络体系的构建可以借鉴景观生态学的类似理念，建立起“基底-斑块-廊道的历史文化＋公共空间”的复合网络（图7-21）。历史文化空间网络构建的具体手法包括串联、织补、延续和发展四种。

串联：通过历史轴线、传统街巷、传统特色的商业街、绿带、水

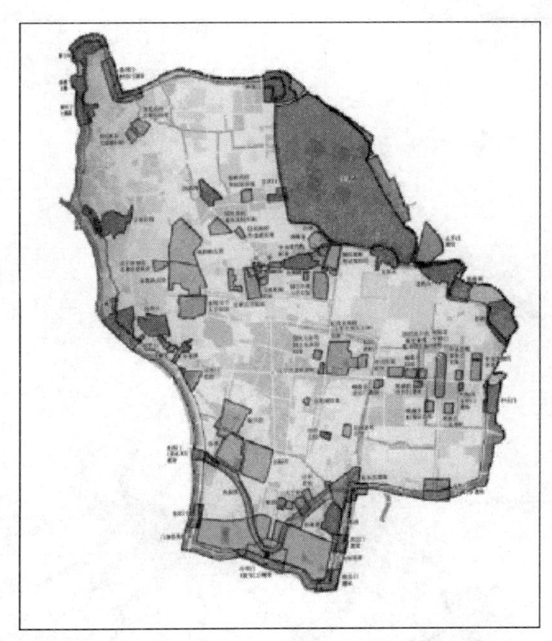

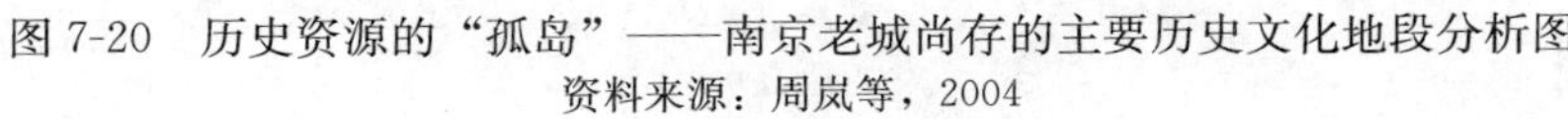
图 7-20　历史资源的“孤岛”——南京老城尚存的主要历史文化地段分析图
资料来源：周岚等，2004

网等组织串联线路，联系各类文化资源、开敞空间和公共活动设施；

织补：在消失和中断的历史空间上，通过添加文化空间、绿地等开敞空间，织补历史肌理和历史格局；

延续：通过道路、视线廊道、景观轴线等延伸历史轴线和历史文脉；

发展：通过塑造新的能够体现传统风貌的复兴区，通过文化线路的连接，完善网络结构。

通过上述手法对零散的各类文化资源进行组织和重组（图 7-22），使之得以整合、相互联系。南京可以重新组织城市的节点、界面、轴线和公共空间（图 7-23），让众多的历史资源点成为南京星罗棋布的“文化基质点”，让历史环境相对完整的历史地段成为富有文化内涵、空间特色的“历史文化斑块”，在此基础上充分利用文化线路、内外秦淮河、明城墙风光带、明外郭历史之旅乃至林荫道、旅游线路等线型文化廊道，串联整合上述“文化基质点”和“历史文化斑块”，构成有机联系的历史文化遗产保护和彰显体系。通过发掘、激活“历史节点”以及对其周边环境的整治和公共空间的营造，强化“文化特色片区”，

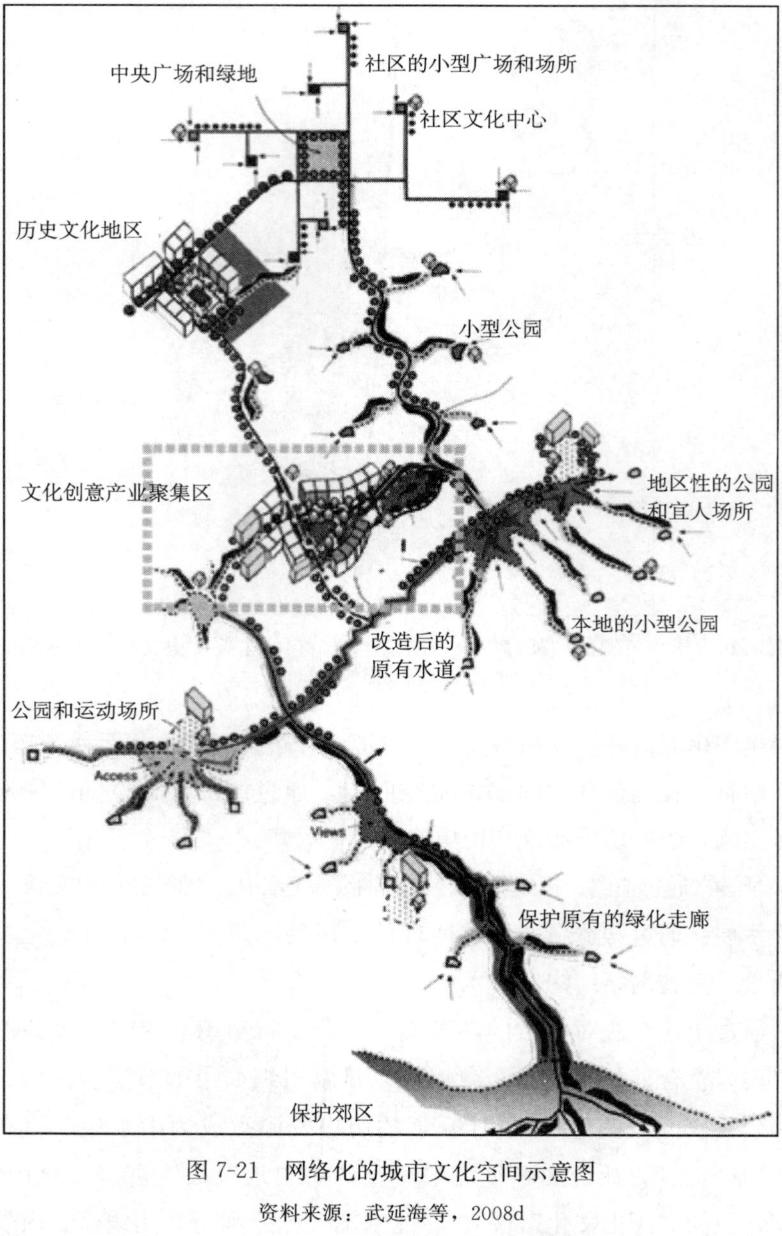

社区的小型广场和场所
中央广场和绿地
社区文化中心
历史文化地区
小型公园
文化创意产业聚集区
地区性的公园
和宜人场所
本地的小型公园
改造后的
原有水道
公园和运动场所
Access
Views
保护原有的绿化走廊
保护郊区

图 7-21　网络化的城市文化空间示意图

资料来源：武延海等，2008d

将重要的特色片区和公共空间串联整合起来，组织到现代城市中（周岚等，2006），形成系统化历史文化空间网络体系，让市民在步行距离内就可感知、享受城市的文化场所（图 7-24）。

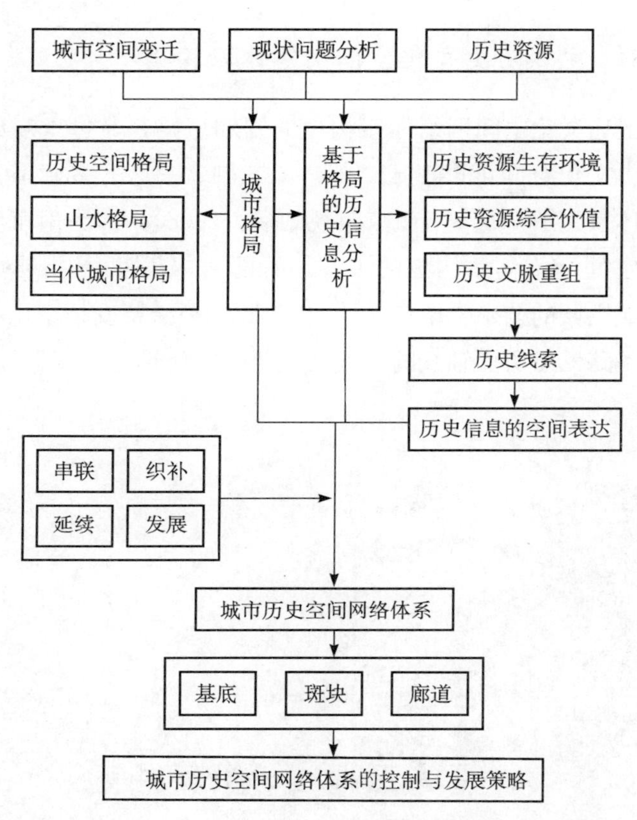

图 7-22　南京历史文化空间网络体系的构建分析
资料来源：南京市规划局和东南大学建筑学院，2008d

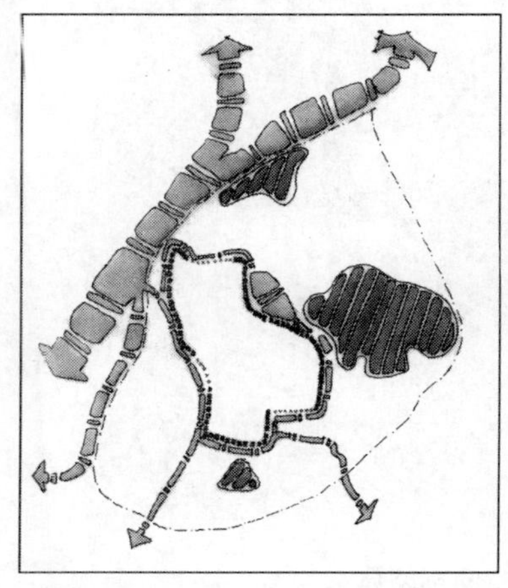

图 7-23　主城空间特色结构示意
资料来源：周岚，童本勤，2006a

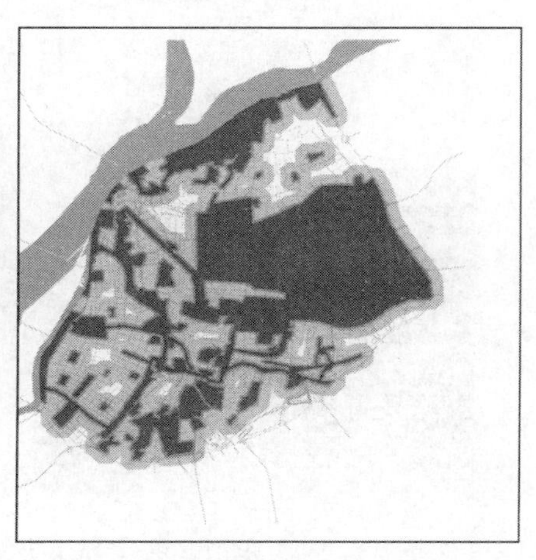

图 7-24　主城文化空间覆盖分析
资料来源：武庭海等，2008

7.3.3　主城历史文化空间网络体系构建

按照上述文化空间网络体系构建原则和思路，经过重新组织的南京老城历史文化空间可以形成“一环、三轴、三区、多廊道”的历史文化网络体系（图 7-25）（南京市规划局，2008），成为南京整个市域历史文化空间网络体系构建的中心。所谓“一环”，是指明城墙风光带，要构成主城的艺术骨架；所谓“三轴”，是指要发挥中山大道、御道街、中华路三条历史轴线的当代文化意义；所谓“三区”，是指老城

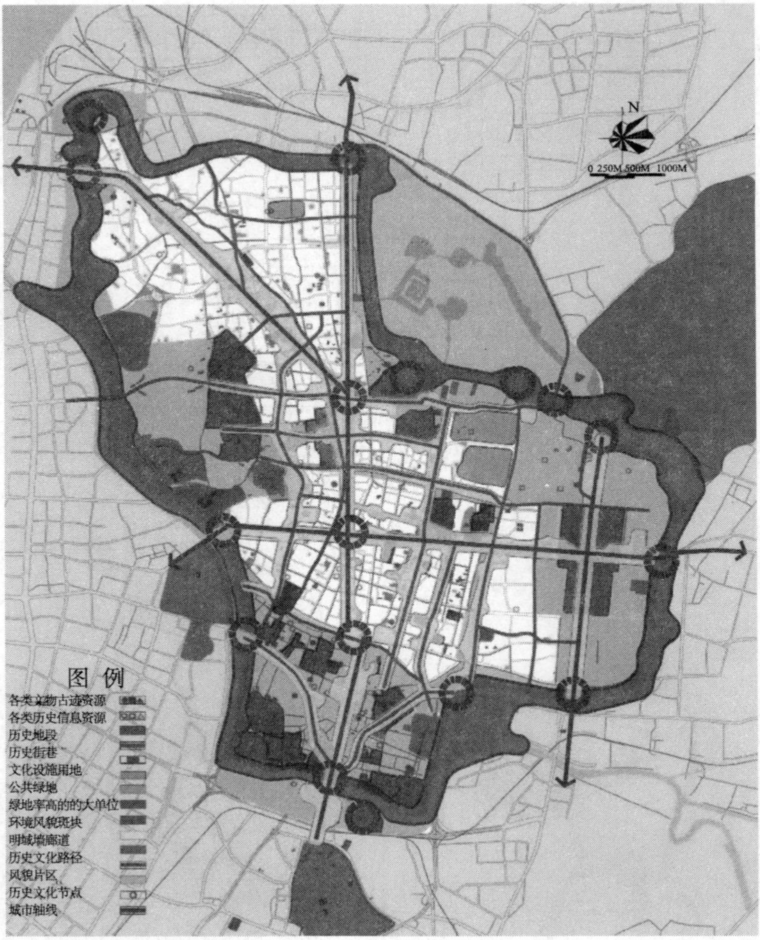

图 7-25　老城历史文化空间网络体系

资料来源：南京市规划局，2008

南地区、城东大行宫—明故宫地区以及城西鼓楼—清凉山地区，为格局和风貌保存较为完整的特色风貌片区；所谓“多廊道”，是指河流、历史街巷、商业街、步行街等串联空间，河流包括内秦淮河、运渎、金川河、珍珠河等，通过沿河绿带组织步行游览道路，串联沿线历史文化遗产。其他值得重视的廊道还包括：

（1）京市铁路廊道（图 7-26），中山大道和京市铁路沿线串联了南京众多的民国资源，中山大道对于展示民国文化的意义已经被广泛认知，未来还应充分重视京市铁路的文化串联意义；

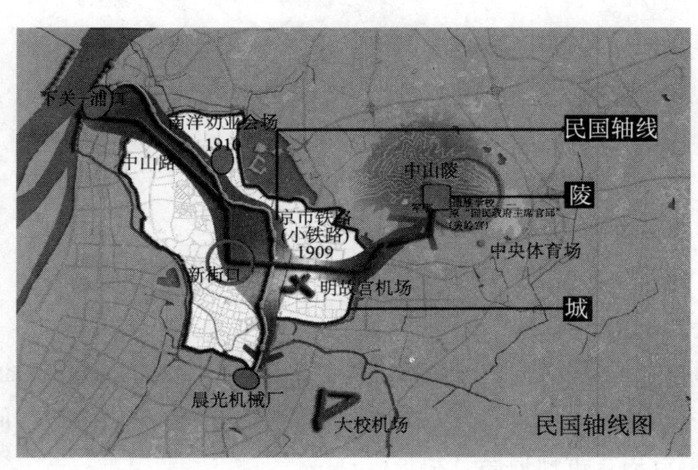

图 7-26　京市铁路沿线民国资源分析

（2）太平南路和太平北路廊道，联系了科举文化的重要节点国子监和江南贡院，通过与沿线其他文化资源的串联，可以形成科举文化展示的廊道；

（3）上海路—莫愁路廊道，联系了五台山体育馆、金陵女子大学、仓巷、秦淮河等资源；

（4）学府路廊道，串联了金陵女子大学、金陵大学和中央大学，通过文化氛围的塑造，可以形成以学院气息为特征的历史文化廊道。

在老城历史文化空间网络体系整体构建的基础上，要充分重视明代外郭对于组织主城历史文化空间网络的结构意义。加强老城、明城墙风光带与明外郭、秦淮新河的空间联系（图 7-27），结合古都选址所

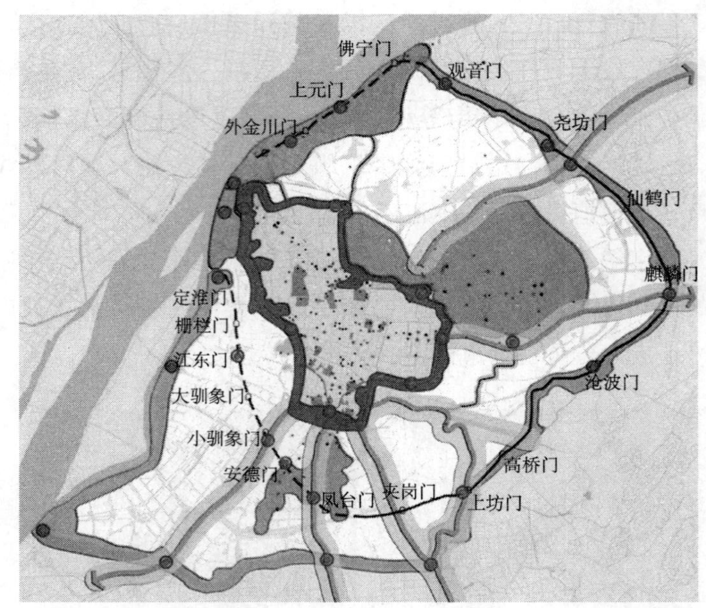

图 7-27　老城和明外郭秦淮新河联系分析

资料来源：南京市规划局，2008

依托的自然山水环境，通过水系山体、历史轴线、交通廊道等的串联，整合形成主城“一心、一环、三片、五带”的历史文化网络空间体系（图 7-28）（南京市规划局，2008）。

所谓“一心”，是指明城墙围合的老城是古都南京历史风貌的集中展现核心。

所谓“一环”，是指明外郭风光带，现明外郭—土城头路应逐步疏解交通功能，组织以步行、自行车和公共交通为主的游览线路；明外郭遗址已经消失的夹岗门—栅栏门段可以河代墙、以绿代墙、以步行路代墙，通过铺装、标识等多元手法进行历史提示；在原有城门位置，结合光华门、麒麟门、沧波门、上坊门、驯象门、江东门等城门打造遗址公园，形成明历史文化展示节点。

所谓“三片”，是指联系老城和明外郭的钟山环境风貌保护区、下关—幕燕滨江地区、雨花台—菊花台地区。其中，东部钟山环境风貌保护区是南京城市的重要名片，要重点展示玄武湖和紫金山与城市之间的关系，展示山水城林有机交融的景观界面，应加强玄武湖、紫金

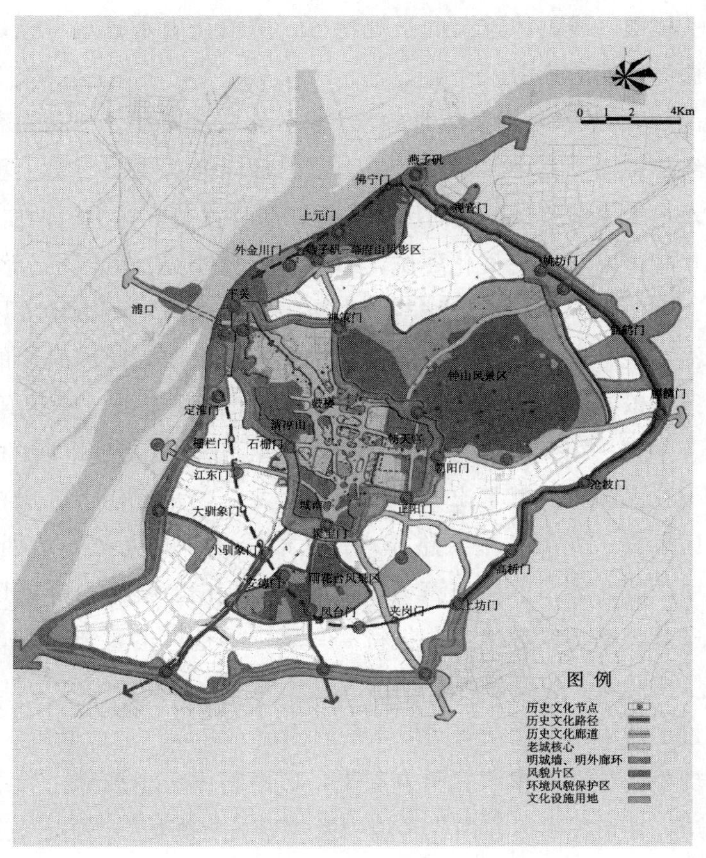

图 7-28 南京主城历史文化空间网络体系

资料来源：南京市规划局，2008

山与老城的空间联系和通道联系，重点控制湖山结合部的建设行为，继续强化钟山环境风貌保护区独特的“景观特征，发挥其作为国际旅游胜地、市区维护生态平衡基地”的重要功能；北部下关—幕燕滨江地区是南京沿江的风貌集中展示地区，也是民国资源集中区，要整治大马路沿街建筑风格，择机恢复商埠街的商贸风貌，形成以大马路历史建筑群、天光里传统居住区、商埠街商贸风貌为主体的繁华商贸地区，以幕燕环境风貌保护区为中心，结合燕子矶老镇，形成以自然观光和旅游接待为主体的旅游风貌区；南部雨花台—菊花台地区是牛首祖堂山向老城楔入的余脉，自六朝开始就有丰富的山水景观和人文景观资源，更有明朝花神庙花卉博览的盛会，规划要保持牛首祖堂山—

雨花台—横山一线山体连绵的景观特征，应依托山水景观特色，吸引文化和旅游功能的集中。

所谓“五带”，是指秦淮河、老宁杭公路、宁丹路、板仓街和宁马公路等线形廊道。其中，秦淮河是南京的母亲河，也是历史上重要的航道和水上交通线路，丰富的历史文化资源和古镇古村沿河两岸分布，可形成景观带串联历史文化资源，组织水上游线路；老宁杭公路西段是中山大道的延伸，联系老城与中山陵、阳山碑材、汤山环境风貌保护区，沿线也有许多民国时期的文化资源，可以作为民国时期的城市发展轴线予以延展；宁丹路连接老城与丹阳，通往安徽，联系雨花台、菊花台、牛首—祖堂—云台山等连绵山系，历史上就是重要的驿道；板仓街早在民国之前就是出城的主要路径之一，是近代市区通往工业集中地区栖霞、龙潭的主要路径之一，沿线分布有大量的六朝石刻，可联系中山陵北入口、南唐石刻集中区、尧化门、栖霞山环境风貌保护区；宁马公路是联系南京、板桥、马鞍山等地区的重要纽带，历史上曾是主要驿道，板桥就曾设有驿站。

通过上述历史文化空间网络体系的构建，可以将业已破碎、孤立、散布的历史文化资源串联、整合起来，形成整体大于局部之和的文化增值效应。让市民可以在当代环境中发“思古之幽情”，领略“燕子飞来石矶、穿行土城绿廊；拜祭明朝先祖，寻觅当年殿堂；出城观塔报恩，一路来到瓮城；泛舟西行北上，遥见造船作塘；怀想天妃郑和，登山狮子阅江”之文化美景，而一年四季也有“春去百病登南城，秋寻宫迹绕东界，冬踏曲瓮觅北垣，夏泛河舟观石城”之文化心情和意境（南京市规划局和东南大学建筑学院，2008c）。

第8章 渐进更新论——以南京老城南的保护更新为例

历史文化遗产保护的实施是一个动态的过程，历史文化名城的保护需要以谨慎仔细的态度来对待处理。渐进更新论反对以往的大规模推倒重建和改造，倡导小规模渐进改善、小尺度有机更新，即“有机更新”的手法和“渐进改善”的程序，通过试点实践—总结反思—完善再实践来不断改进、完善保护工作。

吴良镛 2007 年 7 月在南京旧城保护座谈会上曾经指出，“对任何城市，包括南京的保护和发展，没有固定的‘范式’，应当在‘积极保护、整体创造’的原则下探索新的方法和经验”。针对南京的旧城区改造，吴良镛提出，“我有个具体的建议，就是应该是小尺度的建设与改建，而非大规模的。每次更新规模不大，力求成功，实施了再修改、再调整，这样不仅提高质量，而且阻力较小，有利于逐步推进。”本章即以开篇讨论的南京老城南地区为对象来深入讨论渐进更新论，内容包括：以文化引领未来老城南更新的基本定位；以历史遗存的保护为老城南复兴之本；以有机更新为老城南更新的基本原则；以文化活力的增强为老城南复兴的带动；以“十里秦淮”为老城南复兴的空间轴线。

8.1 以文化引领为老城南更新的基本定位

历史南京城的发展由内秦淮河两岸兴起，随后自南向北逐步演变扩展，因而老城南地区是南京历史最为悠久、积淀最为深厚的地区，留下了大量有形和无形的文化遗产。但是，清朝以后随着科举制度的废除、手工业的逐步衰落以及南京城市发展重心的逐步北移，老城南赖以繁荣的经济基础及环境日益变迁，再加之太平天国、清军攻城、抗日战争等战乱的影响，老城南逐步衰落，繁华不再。今天的老城南在物质、经济、社会空间上日趋“边缘化”、“角落化”，呈现出“一种整体性衰败”的状态（吴良镛，2007a）。

如何实现衰败历史地区的当代再复兴，是多年来摆在南京市政府面前的问题。本章开篇叙述的老城南改造引发的社会广泛讨论和批评，不是源自希望老城南实现复兴、改善老百姓居住环境的初衷，而是源自错误的改造方法和手段。老城南复兴的出路在于文化导向的发展定位，在于渐进改善、有机更新的保护方式和更新手法，在于持之以恒地对珍贵历史资源的“积极保护，整体利用”。

悠久的历史给老城南留下了丰富的历史文化积淀，明清金陵四十八景中有七处位于老城南（图 8-1）。

（1）凤凰三山：西南花露岗凤凰台遗址上远眺江边的三山，李白曾诗云“三山半落青天外”；

（2）杏村沽酒：今城西南花露岗下的古杏花村，相传是唐代诗人杜牧买酒处，杜牧有诗云“借问酒家何处有？牧童遥指杏花村”；

（3）秦淮渔唱：在秦淮河上聆听渔歌；

（4）楼怀孙楚：李白在金陵时常饮酒的“孙楚酒楼”，李白曾诗云“朝沽金陵酒，歌吹孙楚楼”；

（5）桃渡临流：夫子庙利涉桥畔古桃叶渡，相传是东晋王献之之妾桃叶渡秦淮处，王献之曾诗云“桃叶复桃叶，渡江不用楫”；

（6）来燕名堂：夫子庙对岸乌衣巷内东晋王谢大族故居“来燕堂”，刘禹锡的名句“旧时王谢堂前燕，飞入寻常百姓家”即是吟此；

（7）长桥选妓：夫子庙对岸一带明清妓院聚集，是当时特有的文化现象。

(a) 凤凰三山　(b) 杏村沽酒　(c) 秦淮渔唱

(d) 楼怀孙楚　(e) 桃渡临流　(f) 来燕名堂

(g) 长桥联妓　(h) 长干故里　(i) 报恩寺塔

图 8-1　位于老城南及其周边的明清金陵四十八景

资料来源：转引自《金陵四十八景》图册，南京古籍书店，1990 年，据宣统本影印

如果将相邻的历史资源一起考虑，则相关的金陵四十八景还有长干故里①、报恩寺塔、莫愁烟雨等。其他的有影响的历史资源还有李渔芥子园②、沈万三③故居以及沿秦淮河两岸的一批会馆公所等(图 8-2)。

---

① 李白在关于南京的《长干行》中云："妾发初覆额，折花门前剧。郎骑竹马来，绕床弄青梅。同居长干里，两小无嫌猜。"

② 李渔，明末清初文学家、戏曲家，撰有《闲情偶寄》等名著。在南京筑芥子园，并编绘《芥子园画谱》，画谱系统介绍了中国画的基本技法，浅显明了，宜于习用。许多成名的艺术家，当初入门，皆得惠于此。故问世 300 余年来，风行于画坛，育出代代名家

③ 明朝朱元璋时期富可敌国的商人

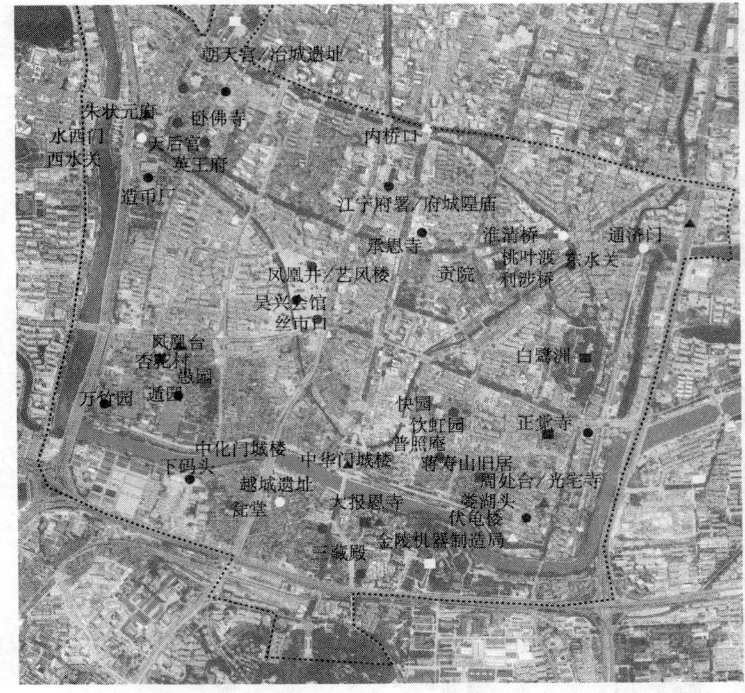

图 8-2　老城南的历史文件资源

资料来源：南京市规划局等，2008e

除曾有的有形历史文化资源外，历史上还有一大批文人名士吟诵十里秦淮以及历史老城南的诗词名篇（叶皓，2005），包括：

李白《登金陵凤凰台》

凤凰台上凤凰游，凤去台空江自流。
吴宫花草埋幽径，晋代衣冠成古丘。
三山半落青天外，二水中分白鹭洲。
总为浮云能蔽日，长安不见使人愁。

刘禹锡《乌衣巷》

朱雀桥边野草花，乌衣巷口夕阳斜。
旧时王谢堂前燕，飞入寻常百姓家。

杜牧《泊秦淮》

烟笼寒水月笼沙，夜泊秦淮近酒家。
商女不知亡国恨，隔江犹唱后庭花。

王献之《桃叶歌》

桃叶复桃叶，渡江不用楫。
但渡无所苦，我自迎接汝。

侯方域《金陵题画扇》

秦淮桥下水，旧是六朝月。
烟雨惜繁华，吹箫夜不歇。
……

此外，老城南作为传统市井文化的代表地，有着极为丰富的民俗文化，包括各种民俗节庆活动、多样化的传统小吃、传统手工艺等(图 8-3)，难以一一而足。

南京老城南的民俗节庆和生活享乐

正月十五　元宵节。

正月十六　玩城头，或称之为走百病。

二月十二　花朝，百花生日。

五月五日　金陵龙舟。

六月十一日　老朗会。

立春　踏青。

立秋　摸秋，生子。

六月十九　石观音香汛。

都天会灯会

徽州灯皆上新河木客所为。“岁四月初旬，出都天会之日，必出此灯，旗帜伞盖，人物花卉鳞毛之属，剪纸为之，五光十色，备极奇丽。合城士庶往观。车马填阗，灯火连旦，升平景相，不数笪桥。”

画舫

河中行船，可对河房酒店直呼“某船某人，需某菜若干、酒若干、碟若干”。

酒店

泰源、德源、太和、来仪、便宜家、新顺馆、一品轩等。

茶馆

文星桥东的鸿福园、春和园，贡院前的金陵春，利涉桥的海天春，中正街的阅宾楼。

茶食店

利涉桥的阳春斋、淮清桥的四美斋。

白局

白局最早是由南京丝织业机房的工人们，根据当时的社会新闻、民间传说等，套上明清民间俗曲曲牌，用方言串联说唱而成。在工作之余，也为老百姓的婚丧喜庆以及赛会等节日演唱。因为完全是白唱，不取报酬，每唱一次称作“摆一局”，所以被称为“白局”。

茶礼

客人进门，主人敬茶，是南京人的常礼，由于南京地处南北要冲，吴楚之交，居民来自四面八方，萃南北风俗于一方，仅茶一项，含义较广，就有好多种，除了茶叶茶外，还有糖茶、松子茶、果茶、元宝茶、秤砣茶等，虽也称“茶”，其实不用茶叶，而且各种茶礼，各有不同含义，例如“受茶允婚”之说，女方母亲到男方家相亲，男方母亲必献茶一杯。如果看了不满意，就滴水不沾，表示婉言拒绝，饮茶即表示答应亲事。还有“糖茶”视美好兴旺，关系和睦；“松子茶”又称“茶泡”，常献给长者，敬礼长寿；“果茶”，又称“元宝茶”，送者为取吉利，恭喜发财；“秤砣茶”为新嫁女及新娘回门，母亲必送“秤砣茶”，祝其在新家安心度日，左邻右舍也向回门的姑娘送茶，表示旧情不忘。

剪纸

南京剪纸是南京工艺三宝之一。在我国，剪纸在工艺上分为南方派系和北方派系，北方派系剪纸天真浑厚，南方派系剪纸则以玲珑剔透、巧夺神功为长，南京剪纸是南方剪纸的一个分支。由于特殊的地理位置，南京剪纸艺术也表现出南北交融、秀丽粗犷的特点，概括起来就是“花中有花，题中有题，粗中见细，拙中见灵”。剪纸中的喜花，格式多为“花中套花”，在花果形的大轮廓之内，填充以意趣相当的图案，显得丰满充实、喜气洋洋。喜花，可称南京剪纸中最有特色的代表，至今南京人办婚事，仍常买喜花贴在新房的玻璃窗和镜面上，其图案多为龙凤、鸳鸯、牡丹等，寓意新人成双成对。南京的绣样花在当时是作为刺绣的底样，其风格与苏、扬一带相近。许多绣样花有如中国画中的花鸟虫草小品，篇幅虽小，却透出一派活泼的生机。旧时南京的姑娘在出嫁时，这些剪纸都是作为嫁妆一同陪嫁的。

七家湾锅贴

七家湾是南京回民的最早聚集地，一直以来云集了众多的清真小吃，由于拆迁，目前仅存的只有红土桥附近的这家七家湾牛肉锅贴店。

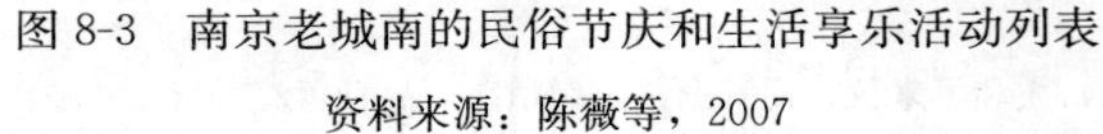

图 8-3　南京老城南的民俗节庆和生活享乐活动列表

资料来源：陈薇等，2007

随着时代的变迁和历史的演进，老城南许多有形和无形的历史文化遗产逐渐消失，但即便如此，这些珍贵的历史文化资源是老城南再发展、再复兴的重要文化财富。至今尚存的重要历史文化资源有夫子庙、贡院、瞻园、白鹭洲、蒋百万故居、胡家花园、中华门、东水关、西水关等，此外还有一批历史建筑和构筑物，包括古树、古井等。

但遗憾的是，不少历史文化资源的现状令人担忧，建筑破败、缺乏维护，周边及其内部更是为大量棚户简屋所围，历史上的盛况已经消失难寻。如果缺乏对南京历史沿革和文化传统的认知，会有人认为，这是一片典型的危旧房片区，亟须拆迁改造（图 8-4）。

湖南会馆现状

北货果业公所现状

图 8-4　老城南历史资源衰败现状

资料来源：陈薇等，2007

现实中大量的有形、无形历史文化资源未得到精心的保护和认真的利用，一方面是由于对历史的无知和对文化的漠视，另一方面是由于缺乏清晰明确的发展思路和实施制度的支撑。再加上老城南多年历史问题的累积，导致出现了本书开篇所述的简单粗暴式改造。

笔者认为，必须紧紧抓住老城南保护得到专家学者、社会各界关注的时机，明确老城南发展的历史文化引领定位，以丰富的历史文化资源为当代发展的动力；挖掘传统产业和传统社区的潜在价值，整合传统功能和新增产业，赋予其时代内涵和活力；通过文化环境的塑造和活力的增强来促进人居环境的改善，实现老城南复兴的保护、更新、综合发展的多元目标，包括历史建筑、历史环境和历史风貌的保存。传统的传承、民俗活动的复苏，文化产业、服务业的当代发展和时代活力的形成以及居民生活环境的改善和配套设施的加强。

8.2　以历史遗存的保护为老城南复兴之本

要实现老城南以历史文化引领为定位的当代复兴，首要前提是全力保护尚存的历史遗存、历史格局、历史肌理、历史风貌，并在此基础上有机更新、渐进改善。

历史风貌的构成要素包括传统街巷和格局，历史建筑和构筑物，建筑布局、尺度和风格，建筑细部等。所幸的是，虽然今天南京老城南的传统风貌已经受到现代化建设的较大影响和冲击，现状物质空间已经极度衰败（图 8-5），但是仍有以下正面的保护要素。

图 8-5　1978 年的南京老城南

资料来源：赵辰等，2006

（1）仍有大约 1 平方千米的地段内相对较好地保存了传统的肌理和格局，许多街巷的历史可上溯至明甚至更早的六朝时期（图 8-6）；

图 8-6　现状老城南道路肌理分析

资料来源：赵辰等，2006

（2）地段内传统的街巷尺度以及沿线的传统建筑尺度仍得以保存（图 8-7）；

（3）地段内现状建筑质量虽然已经较为破败（图 8-8），但仍有不少历史建筑和传统构件散布于历史地段内；

（4）虽然当代物质空间较为破败，但是在地段内破败的宅基上曾经有过动人的历史事件，如周初读书台①、李渔的芥子园等。

这些残存的历史肌理、历史格局、历史遗存、历史风貌，是老城南这个业已十分衰败地区残存的文化骄傲，也是实现历史地段文化复兴的最后寄托，还是南京这座城市追寻明清以前乃至六朝风华的物质空间载体，因此必须尽全力保护、维护，并努力在此基础上寻求更新复兴。

① “周处台”，地处南京城东南隅老虎头旁。周处字子隐，为东吴贵族周鲂之子，晋时为新平太守、御史中丞。周处台相传是周处出仕前读书之处。《资治通鉴》记载：“初，周鲂之子处臂力绝人，不修细行，乡里患之。处尝问父老曰：‘今时和岁丰，而人不乐，何邪?’父老叹曰：‘三害不除，何乐之有！’处曰：‘何谓也?’父老曰：‘南山白额虎、长桥蛟并子为三矣。’处曰：‘若所患止此，吾能除之。’乃入山求虎射杀之，因投水搏杀蛟，遂从机、云受学，笃志读书，砥带励行。比及期年，州府交辟。”这篇浪子回头、终成大器的故事成为人们教育后代的极好教材

图 8-7　老城南地区尚存的历史元素等

资料来源：赵辰等，2006；陈薇，2007

笔者认为，要做到这一点，必须以历史的责任感，站在文化传承的高度来看待这个地区，而不仅仅是看到它今日衰败的表面模样。在今后的工作中，需要：

（1）严格保护街巷的历史肌理，禁止随意拓宽道路、改变线型；

（2）严格控制建筑高度和尺度，禁止建设大体量、与历史环境不相协调的建筑；

（3）严格保护地段内的历史建筑、历史构筑物乃至古井古树；

（4）鼓励地段内建筑的小尺度自我维护更新，新建筑的尺度、风

图 8-8　老城南现状破败、设施严重匮乏

资料来源：陈薇，2007

格应与历史环境相协调；

(5) 更新的内容应该以提供现代设施如水电等设施、挖掘历史内涵为主。

8.3　以有机更新为老城南更新的基本原则

我们必须清醒地看到，老城南大多数的房子已经腐朽，曾经领衔编制《门西地区保护和更新规划》的杨瑞松先生伤感、同时也是正视现实地指出："这个地区每天都在发生变化，不是变好，而是变坏。"所以，本着对历史负责任的态度，也不能任由历史地段被自然毁坏或人为破坏，进行更新是必然的。对此，吴良镛提出："城市永远处于新陈代谢之中，居住区内的住房更是如此，城市的细胞总是要更新的，保留（相对）完好者，逐步剔除起破烂不适宜者"（吴良镛，2009b）。

历史地段的更新是必然的，也是必要的，更新的内容包括（图 8-9）：

（1）房屋建筑的修缮更新以及必要的改造；

（2）现代生活必需设施的配套，包括水、电、消防设施等；

（3）当代功能活力的培育和复兴。

但问题的关键在于如何更新，是大规模改造还是有机更新？对此，吴良镛提出："规划建设时，新的建设宜较为自觉地顺其肌理，用插入法以新替旧，一般无法全面推倒重来"（吴良镛，2009b）。

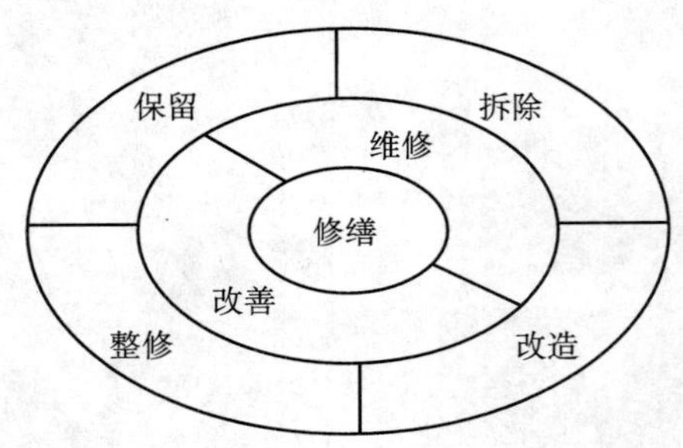

图 8-9　对传统街区内现有建筑采取不同的多元化更新策略

资料来源：杨瑞松，2004

针对南京老城南，吴良镛（2007a）指出："南京中华门城西城东、秦淮河湾过去颇为繁华，相当时期以来已呈衰落；过去它是南京中轴线以南的重要地区，现在已成南城的边缘；过去还有一些质量较好的房子，今天多已腐朽。在这样一种状况下，用一般的改建方法——大片的拆建，用单元式的多层房屋重建，与原有的城市肌理将格格不入。以开发方式改造，期望一蹴而就，其结果必然事与愿违，不可能取得满意的效果……除保护好原有的旧建筑外，就需要新建。而这新建的房屋，要能够保持旧有的肌理，又能保留点传统的风格，形成宜人的新的乡土风情。北京的菊儿胡同和苏州的桐芳巷都是依据不同的周边环境条件的创造，尽管是新建建筑，应当说都抓住了环境的特色，这样随着时间的推进，环境才能承接和延续下去。"

依据上述原则，在研究传统尺度感的街巷网络空间和院落民居群空间的特征及其规律的基础上，根据当代的生活需求、延续传统的规则进行设计，在满足现代功能的基础上尽可能地保存传统肌理的意象和传统民居的特色。其规划设计应遵循以下原则。

（1）认真研究历史地段的传统肌理及历史建筑的空间构成（图 8-10 和图 8-11），找出历史环境和空间的构成元素、组合规律和可能演变；

豆腐巷：
最窄处0.9米 最宽处4.1米

大荷花巷：
最窄处1.6米 最宽处3.7米

小荷花巷：
最窄处1.9米 最宽处5.9米

边营：
最窄处3.8米 最宽处6.6米
平时有机动车行

图 8-10 老城南街巷空间尺度分析
资料来源：赵辰等，2006

原型：区域内存在最多的类型，原功能为民居。一般为三开间，最大五开间。进深两进至四进。院落尺度较小。

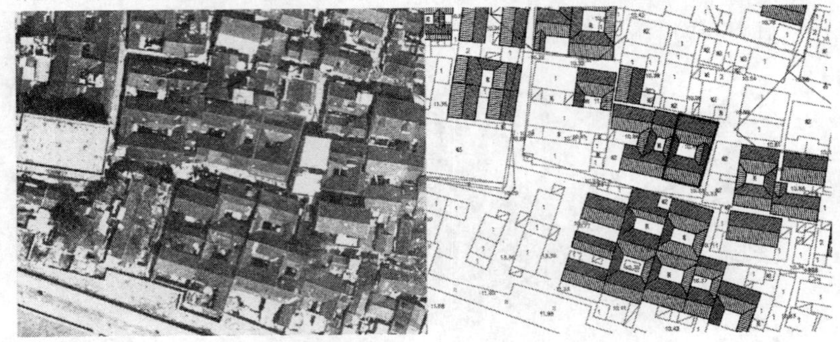

类型-A:占地面积：144.9平方米 建筑面积：192.4平方米 开间:7.2米 进深：17.2米

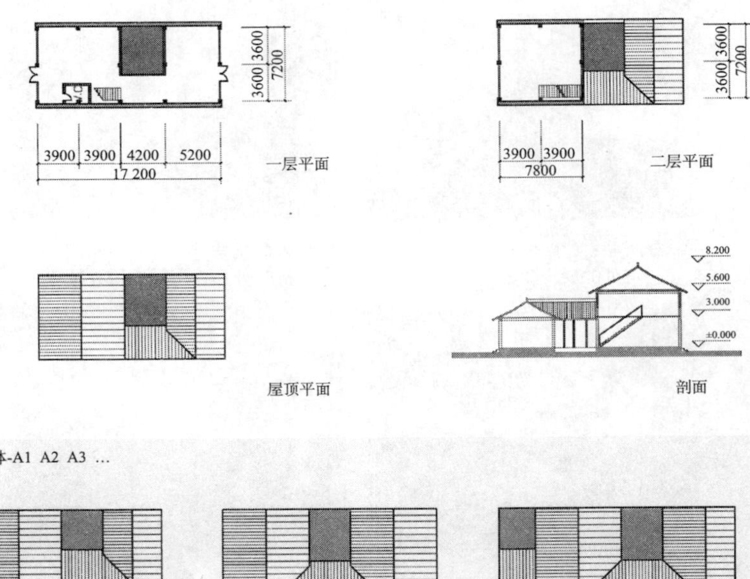

变体-A1 A2 A3 …

图 8-11 老城南传统民居的院落和建筑空间分析

资料来源：赵辰等，2006

(2) 在新的发展环境中，研究确定与历史环境相协调的适宜功能和用途；

(3) 借鉴传统的肌理、空间的构成规律和空间尺度建筑风貌（图 8-12），对新的时代功能需求进行当代设计（图 8-13）；

(4) 寻找可能带动地段复兴的、有一定历史影响的公共性历史建筑，精心设计；

图 8-12　老城南门东地区航片
资料来源：赵辰等，2006

图 8-13　按有机更新原则生成新的门东规划
资料来源：赵辰等，2006

（5）寻求合适的更新方式，应采用小尺度、渐进式更新，不以短期改变面貌为追求，以一步步帮助百姓改善居住环境为根本；

（6）需求实施的政策和财务支撑，应以政府主导为前提，不以营利为目的，民众参与，市场帮助。

上述原则和方法同样适用于历史地段的公共建筑。在历史资源挖掘、历史研究的基础上，依据历史的空间关系，可重塑当代社区文化节点（图 8-14）；在进一步分析地区历史街巷格局的基础上，保护历史

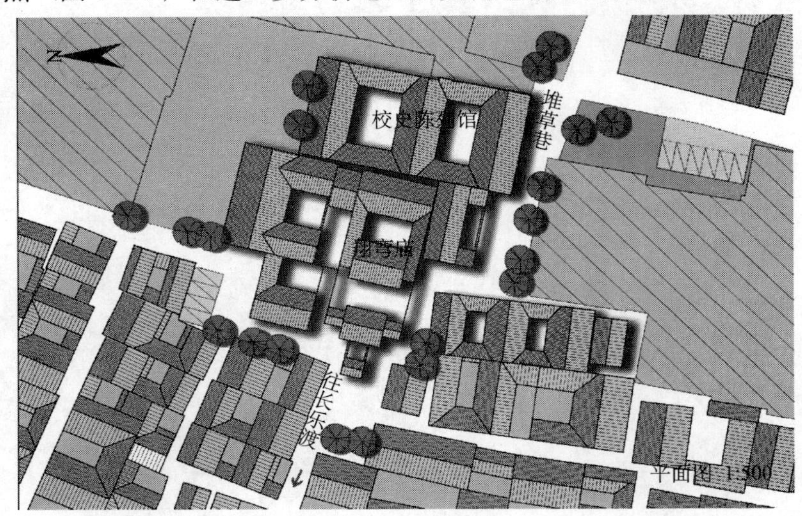

图 8-14　老城南门东地区已经消失的翔鸾庙景区重塑方案示意图

资料来源：赵辰等，2006

建筑，保护历史街巷空间；对于新建部分，按照历史肌理，根据现代功能需求和设施配套要求进行规划设计，这样的有机更新方式将使得历史风貌得以沿袭传承。

8.4 以文化活力的增强为老城南复兴的带动

老城南的保护需要对不相容建设进行严格的控制和管理，但是仅仅保护和控制是不够的，还必须有恰当的复兴路径和合适的项目带动。其中具影响带动作用的重要历史文化项目的选择及其实施十分重要。它的成功，一是可以使社会对历史资源的当代利用产生信心（如前述案例江宁织造府、阅江楼等）；二是可以通过文化环境的营造增强地区人居环境的吸引力；三是可以促进旅游、文化休闲以及衍生服务业的发展，给地区带来活力。同时试点渐进的复兴路径，使得可以不断总结规划、建设、实施、管理等各方面的经验，为改善历史文化遗产的保护利用工作积累宝贵的经验。

对于南京老城南而言，在秦淮河曲和明城墙围合的范围内，综合考虑空间区位以及历史资源的带动性，最为关键的线性元素是秦淮河和明城墙风光带。关于这两个历史文化资源的挖掘在其他章节已经探讨，本节以该地段内最为重要的点状历史资源——门东的白鹭洲以及门西的胡家花园（即白下愚园）为例进行讨论。笔者认为，它们的当代复兴能给已经边缘化的老城南地区带来新的生机，作为重要文化项目的启动带动这一衰败地区的当代复兴。

8.4.1 门东白鹭洲公园的复兴案例

古代的南京白鹭洲应在今莫愁湖的西岸至上新河一带，据《丹阳记》载：“在县西南三里大江中，多聚白鹭，因名为洲。古白鹭洲二水环抱，绿树成荫，白鹭翔集，为历代文人骚客瞩目之地。”唐李白诗“二水中分白鹭洲”即指此。后因长江泥沙淤积，水道西徙，洲与陆地相连而湮没。沧海桑田，现在的白鹭洲在中华门内东侧，秦淮河、利涉桥之南，原是明徐达后代徐天赐的东花园，又名太傅园，是当时南京“最大而雄爽”的园林。清咸丰年间被毁，逐渐凋零。1929 年，民

国政府将之辟为公园，以“春水垂柳、红杏试雨、夭桃吐艳、辛夷挺秀”闻名。新中国成立后进一步建水榭，置假山，辟池架桥，白鹭洲公园成了碧波荡漾的老城南以水景为主的公园。

至今，白鹭洲公园仍是老城南地区最大的公园（图 8-15），北距内秦淮河 190 米，东临明城墙，西邻夫子庙，总面积 229.41 亩，其中陆地面积 172.06 亩，湖水面积 57.35 亩，有大量历史文化遗存和自然景观（图 8-16）。但它位于总体呈衰落趋势的老城南，且偏于城墙一隅，为居民区所包围，因此实施环境改善前仅仅起到社区公园的作用，与夫子庙、中华门毗邻的作用未得到充分发挥。

虽然公园经过历代的破坏和建设，但整体上仍保留了良好的空间、水系构架和传统的人文景观风格，园中有大小十三座桥梁，形态各异，也构成了园中独特的一道风景。园中的大型乔木长势良好，形成了较好的绿化环境。

水体：水面有开有合，富于变化；**建筑**：亭台楼榭，体现了传统的园林风格；**桥梁**：形态各异，造型优美，是园中的一大特色；**绿化**：大型乔木长势良好，营造出城市山林的优美感觉。

图 8-15　白鹭洲公园现状情况

规划中一个大胆且重要的举措是将白鹭洲公园的水系向北延伸约 190 米，将白鹭洲与“十里秦淮”直接联系起来，内秦淮河的游船可以直接驶达白鹭洲，并在两河交汇处通过环境营造和雕塑小品等增加引

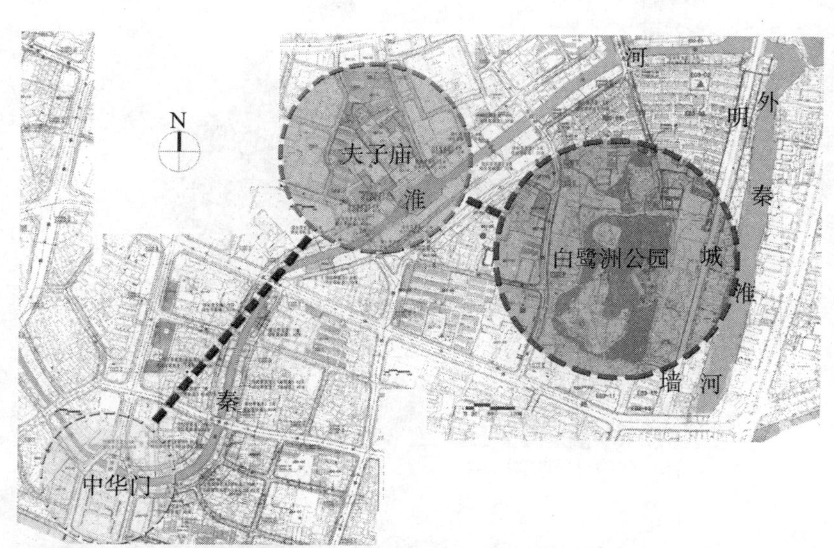
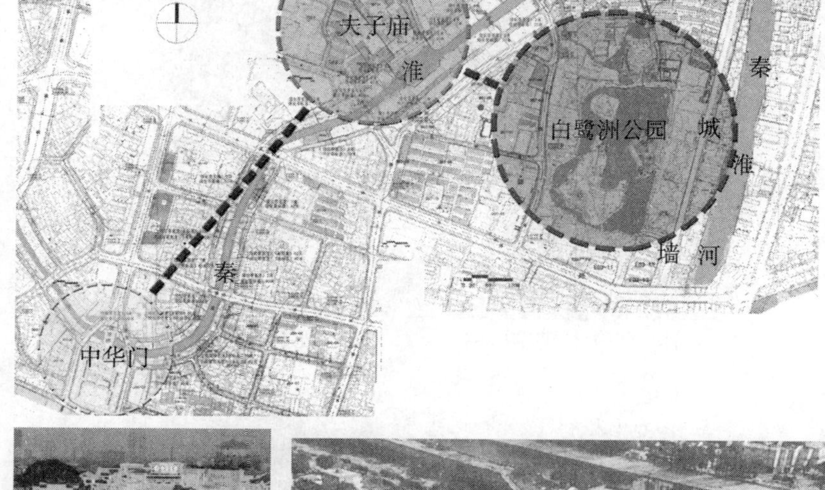

图 8-16　白鹭洲周边资源情况

资料来源：叶菊华等，2006

导标示。改善公园北、西、南三面陆路出入，拆除入口周边的居住建筑，增强入口广场绿化，增强公园的开放性，将内部景观向外界打开，引导游人和市民进入。同时着力加强与其他文化和景观资源的联系，改变过去相对孤立、缺乏联系的状况（图 8-17）。

规划充分考虑内部水系和秦淮河连通后水位的下降（下降约 1 米），改造驳岸，增加亲水性。在内部景观特色和功能营造上，突出“白鹭芳洲”的传统韵味、明城墙的古老意境、江南水街传统“七雅”以及历史文化的夜间展演。通过整合历史和自然资源，形成白鹭新十景。

(a)水、陆路交通改善方案

(b)驳岸重新整理方案

(c)改善亲水性的驳岸设计

图 8-17　白鹭洲公园环境改善规划方案

资料来源：叶菊华等，2006

（1）塑造“芦凤白鹭”，从水路进入白鹭洲公园的第一主题景观，突出白鹭芳洲的景观意韵；

（2）再现春水垂柳、红杏试雨、天桃吐艳、辛夷挺秀“民国四景”，这四景是白鹭洲民国时期著名的春日四景，规划通过植物景观塑造，再现历史美景；

（3）重整“鹫峰古刹”，以鹫峰禅寺为核心，恢复历史上“春光浓冶，牡丹盛开”的美景（清代嘉庆年间，明彻和尚曾在鹫峰寺广植牡丹、芍药，为当时金陵一绝）；

（4）展现“古城遗韵”，充分发挥明城墙作为公园背景的特色，营造古城墙及其周边环境的历史沧桑感，规划未来可由此登城，将公园与城墙外秦淮河风光带连为一体；

（5）营造“春满秀阁”，在全园制高点的岛上设计建造“携秀阁”，营造古色古香的传统园林意境，并作为统领全园的标志性景观；

（6）策划“水街七雅”，以“琴棋书画歌舞茶”传统“七雅”为特色，融合传统歌舞观演、书画展览、民间技艺等多种展示，给游客提供精心品味传统文化的休闲场所；

（7）凸现“碧波桥影”，规划改造园内桥梁风格，考虑水上游船通行要求，部分桥梁重新建造，映月桥采用五孔桥式样，二水桥采用三孔桥式样，飞鸿桥采用大跨单拱式样，使园中各座桥梁各具特色。

白鹭洲公园及其周边环境改善工作于2006年完成，实践证明历史文化和自然景观的挖掘、内部及周边建筑和构筑物的风貌重塑、当代文化休闲功能的开发十分成功。今天，白鹭洲已经成为十里秦淮水上游的必至景点，夫子庙的活力延伸到门东的边角地区。南京市民的评价也十分正面，白鹭洲复兴案例被市民选为2007年南京十大成功规划实施案例之一。更加重要的是，它让人们重新感受到老城南历史文化及传统园林的魅力，带动了周边居住环境的改善，对于老城南、特别是门东地区的当代复兴有着十分重要的意义（图8-18和图8-19）。

吴良镛在参观白鹭洲公园的改造后曾经指出：“昨晚看到秦淮河的改造与东城白鹭洲的更新结合了起来，因为在夜晚一走而过，难以作科学的判断，但值得欣慰的一点是，河岸打开了，扩大了公共活动空间，

图 8-18　白鹭洲水系沟通及公园环境改善方案效果图

资料来源：叶菊华等，2006

印月桥现状

(a)水系联通、驳岸改善前后　(b)桥梁改善前后

(c)桥梁改善前后　(d)周围建筑改善前后　(e)入口改善前后

图 8-19　白鹭洲公园环境改善前后比较分析

资料来源：叶菊华等，2006

人们可以欣赏到秦淮河的美景；百姓载歌载舞，一片欢乐气氛，为旧城注入了新的活力；这使我联想到威尼斯的城市节日庆典。联系到门西地区，似也可以找出另一种途径加以综合创造。例如，‘胡氏愚园’再建并非一切照旧，而是在原有基础上再创造（reinvention），再发现，从旧环境中找出新的片段，找到新的灵感，借题发挥，力求在这片衰颓的地区再现新的生命力。”①

8.4.2 门西白下愚园的重塑案例

吴良镛所指的胡氏愚园位于老城南的门西地区，又称胡家花园或白下愚园，曾是江南古典园林中的一颗明珠，因借景之丰富、花树之茂盛、景点之俊朗而成为远近遐迩的园林。宋时，这里因属凤台山，园初名凤台园；至明代，园为中山王徐达五世孙徐博魏国公的别业，遂易园名为魏公西园；清同治年间，苏州知府胡恩燮辞官归故里，购下西园故址，光绪年间构筑愚园，又名胡家花园。《愚园三十六咏》所记园中诸景，时为该园鼎盛时期，号称“南京狮子林”。刘铭传曾为愚园诗云：“地近杏花村，栏槛留春，潇洒林泉新画稿；我来梅子雨，琴樽消夏，清凉世界小神仙。”后惜战火之故、沧桑之因，一代名园终止荒芜。今天，胡家花园的山水格局尚存，但原有的建筑、山石基本毁坏，少量留存的宅院为居民占用，周边搭建了大量的披棚简屋以及已经衰败的小工厂，已经面目全非（陈薇等，2008）。

不同于门东地区白鹭洲情况的是：胡家花园今天已经不复存在，仅山水格局基本依旧。因此愚园的重塑任务比白鹭洲的重新改善要重得多。好在童寯先生所著《江南园林志》中记载了抗日战争前根据测绘所作的愚园复原平面图，并有《白下愚园集》的“愚园题咏”之三十六景（图 8-20），此外民国初年朱偰先生拍摄了一组愚园的照片（图 8-21），这些为愚园的当代重塑提供了宝贵的历史资料。

愚园的当代重塑须从历史研究、历史考证和现状调查做起（陈薇等，2008）。

① 引自吴良镛 2006 年 9 月 19 日在“南京历史文化名城保护与发展研讨会”上的讲话

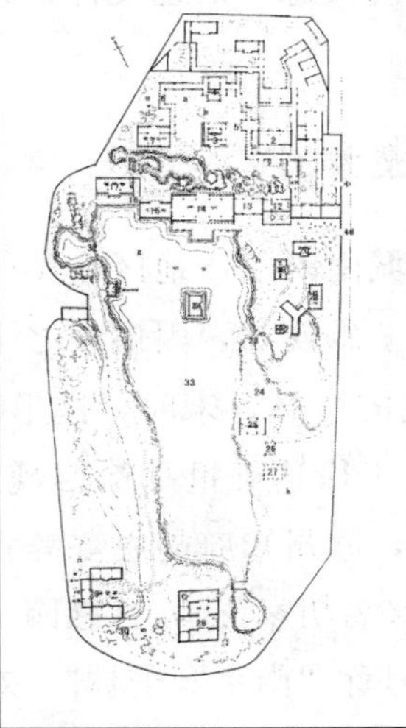

1.宅门	18.园门
2.容安小舍	19.秋水蒹葭之馆
3.春晖堂	20.竹邬轩
4.分荫轩	21.课耕草堂
5.巖窝	22.茅亭
6.觅句廊	23.渡鹤桥
7.无隐精舍	24.鹿坪
8.小山佳处	25.延青阁
9.小沧浪	26.梅庵
10.漱玉	27.啸台
11.憩亭	28.家祠
12.依琴拜石之斋	29.春睡轩
13.集韻轩	30.秋实老圃
14.清远堂	31.柳岸波光
15.水石居	32.界花桥
16.镜里芙蓉	33.愚湖
17.青山伴读之楼	34.在水一方

图 8-20　根据童寯先生《江南园林志》愚园平面图推断复原的景点

图 8-21　民国初年朱偰先生拍摄的愚园照片

资料来源：陈薇等，2008

（1）比对历史文献与基地内现状水系、地形、巷道、入口、历史建筑等的相互关系，初步确定历史格局及空间关系。

（2）根据现场考古勘探资料，调整、确定历史愚园在基地内的准确定位。考古勘探资料显示，历史的水面边界要比现状大，且位置东移。相应根据考古勘探资料确定复原愚园的准确定位。

（3）在历史格局和当代空间关系清晰的基础上，分析评估基地内的建筑现状，根据历史价值、艺术价值、现状质量、建筑体量相容度等确定需要保护、保留的建筑，为设计方案的拟定提供依据。

（4）对历史愚园的部分，方案严格按照考证资料进行空间和环境设计，以还原愚园作为南京私家园林代表的历史状况（图 8-22）。

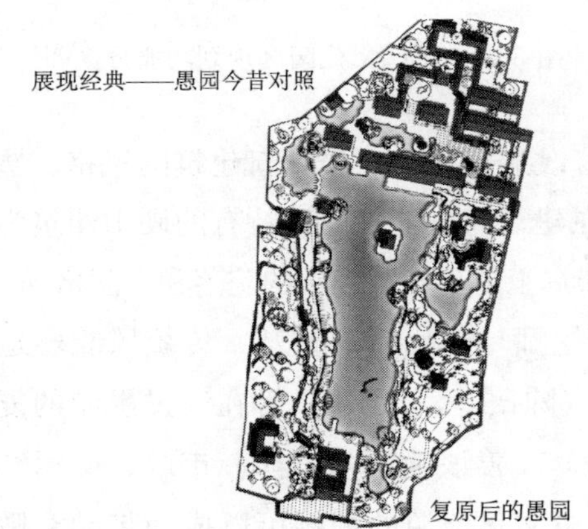

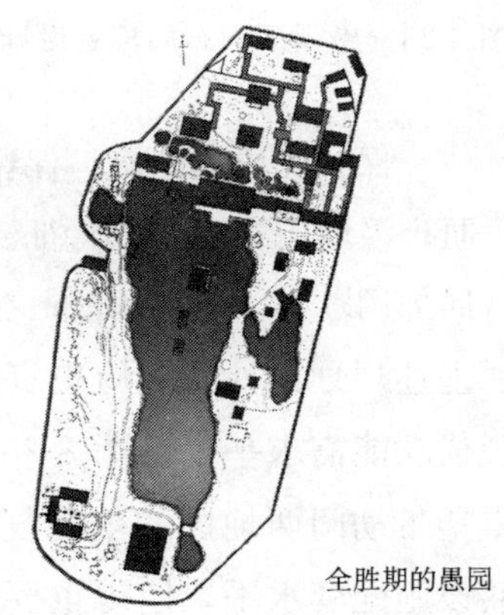

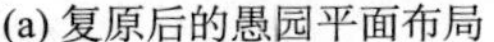
(a) 复原后的愚园平面布局　　(b) 全盛期的愚园平面布局

图 8-22　愚园平面布局对比
资料来源：陈薇等，2008

（5）规划进一步拓展当代愚园的空间范围，将其西北及东南的岗地作为愚园的延伸，使山水相连，更好地体现南京私家园林特有的高阜广水的特点（图 8-23）。

（6）规划充分挖掘愚园的历史、文化、社会和艺术价值，努力使胡家花园成为带动门西地区复兴的亮点。根据当代发展的功能需求，将现状道路围合的整个地块作为愚园文化园区。地块内除配备必要的管理服务设施、交通停车设施等之外，在其西侧规划设计花露岗步行区，功能包括历史展示、民俗展示、旅游休闲等（图 8-24）。

图 8-23 愚园平面布局规划设计图 图 8-24 愚园文化园区规划功能分区图

(7) 保护历史的建筑，保留、改造相容的建筑，新建筑的风格、造型、肌理汲取历史建筑的特征。在建筑风格上以门西特有的硬山建筑为主，局部用歇山，素朴明朗；在布局上体现传统民居的院落和空间格局。

上述规划设计兼顾历史资源挖掘与当代活力重塑、传统风貌塑造与现代功能需求平衡（图 8-25）（陈薇等，2008），旨在通过愚园的复建重塑带动门西地区的功能复兴，改善该地区的消防、市政、交通和公共设施配套水平，使得重要历史文化资源的挖掘可以成为带动衰败历史地区人居环境改善的触媒。

图 8-25 愚园地区重塑设计方案空间意象

8.5 以“十里秦淮”为老城南复兴的空间轴线

“十里秦淮”是南京的母亲河，是古代南京的黄金水道，南京历史上最早的几座城池，如冶城、越城、东府城、西州城、丹阳郡城等，都分布在秦淮河两岸。随后2000多年，无论是东吴、东晋、宋、齐、梁、陈，还是延续了600年的明、清两代，都将秦淮河两岸作为重要的历史舞台。借离合之情写兴亡之感的《桃花扇》、被誉为中国古典文学中讽刺艺术高峰的《儒林外史》都是以秦淮风光为背景展开的。李白、辛弃疾、杜牧、刘禹锡、曹雪芹，这些中国文学史上的重要人物，都在秦淮河的两岸留下了他们的足迹和诗文。由于政治、军事等原因，作为都城部分的皇城宫城屡兴屡毁，但内秦淮河两岸一直是南京稳定的居住区、工商业区、乃至享乐区（夏仁虎，2006）。

吴敬梓在《儒林外史》第三十三回中写道，“到上昼时分，客已到齐，将河房窗子打开了。众客散坐，或凭栏看水，或啜茗闲谈，或据案观书，或箕踞自适，各随其便”，清代秦淮河河房的繁华跃然纸上。朱自清先生的《桨声灯影里的秦淮河》则生动地刻画了民国初年秦淮河的状况，文中写道：“我们模模糊糊地谈着明末的秦淮河的艳迹，如《桃花扇》及《板桥杂记》里所载的。我们真神往了。我们仿佛亲见那时华灯映水、画舫凌波的光景了。于是我们的船便成了历史的重载了。我们终于恍然秦淮河的船所以雅丽过于他处，而又有奇异的吸引力的，实在是许多历史的影像使然了。”

关于“十里秦淮”对于南京特别是老城南的意义，吴良镛曾经精辟地将之概括为南京历史文化走廊和空间骨架，他指出，“南京的建筑与城市规划工作者也许可以尝试一下，对以中华门与秦淮河曲为中心的建筑群进行整体思考，使‘门东’、‘门西’结成一体，构成旧城风貌区，秦淮河一带，历史上上承六朝烟水，从孔尚任《桃花扇》中的人物佚事，以至于俞平伯、朱自清《桨声灯影里的秦淮河》的遗蕴，在城市结构中，可以建设连缀成中华门门西门东的项链”（吴良镛，2007a）。

但遗憾的是，随着历史的变迁，秦淮河及其沿线地区日趋衰落，

今日秦淮河尚未进行环境整治的段落同朱自清笔下的“桨声灯影里的秦淮河”已不可同日而语。秦淮河甚至成为沿线居民丢弃垃圾、藏污纳垢之地（图 8-26），两岸民居也日益破败，这样的秦淮河是无法担当起吴良镛所说的作为老城南复兴的空间骨架的重任的。反之，要实现老城南的复兴，必须首先实现“十里秦淮”的当代复兴。

图 8-26　秦淮河西段环境整治前的情况

资料来源：陈薇等，2007

为了重整南京的母亲河，在前些年秦淮河东五华里环境整治工程基本完成的基础上，南京市 2007 年启动了“秦淮河西五华里环境整治工程”，目标即吴良镛提出的重整“十里秦淮”，使秦淮风光带成为“连缀成门西门东的项链”。规划目标是：

（1）保护历史建筑、历史环境和历史风貌；

（2）依托历史资源、民俗文化，形成当代文化活力，带动老城南复兴；

（3）改善居民生活环境，提高现代化设施的配套水平；

（4）贯通十里秦淮河，在外秦淮河水质改善的基础上实现内外秦淮河的联动，改善水环境和城市环境，重现并发展“十里秦淮之繁华”。

8.5.1 历史文化资源的保护、挖掘和当代利用

历史资源保护利用的基础性工作是深入调查历史遗存现状、深入研究地区发展的历史沿革和变迁。在调查研究的基础上，要按照“应保尽保”的原则，拓展保护的内容，不仅要保护、修缮好各级文物保护单位，也要保护、利用好非文物类的历史建筑、历史构筑物乃至古树古井。

以内秦淮河沿线的徐家巷33号传统民居再利用为例。它是建于清代的大家宅邸，从现存的一栋三开间堂屋可以想象其当日之繁盛，但现状院落连廊的挂落已摇摇欲坠，整栋建筑亟待修缮和改造。居住结构也发生了较大变化，由一户大家的宅院变为多家合住的居所。规划拟拆除后期搭建的简屋棚户，整修传统立面，再现传统院落空间；增加内部现代化配套设施。根据当代的功能需求，可将该院落改造为三套50～90平方米不等、厨卫齐全、设施配套的住宅；也可以将之改造为SOHO式住宅，沿街第一进为工作室和接待室，局部增加两层，第二进为毗邻秦淮河的私密家居空间，可听闻水声，尽享传统生活情趣（图8-27）。

同时，针对内秦淮河历史故事传说多而现状实物文化遗存较少的现状，规划确定：在坚持必须深入挖掘包括已经消失的历史资源及非物质文化遗产的基本原则的同时，强调历史资源的挖掘必须要与现代需求相结合，使历史文化资源能够融入当代生活，成为当代城市功能活力的重要组成部分。因此，在内秦淮河沿线，塑造、整合了一批有历史文化内涵的公共空间节点（图8-28和图8-29）。

例如，“钓鱼市”节点的营建，概念源于老地名钓鱼台及其历史渊源，规划再现织锦坊、染坊、花市、仓司三制等该地区历史上的职能空间，同时结合现代需求，创造市民和游客喜闻乐见的城南传统工艺和民俗活动的缩微风景画；再如，“回龙湾”节点的营造，概念源于历史地名回龙街，当代命名为“回龙湾”，旨在突出城市设计中“湾”的意象，强调该地由内秦淮河向外秦淮河过渡的空间和景观特征，规划以绿地、滩地为主，间以传统尺度的休闲建筑，提供品茗之场所，营造轻松休闲的氛围（陈薇等，2007）。

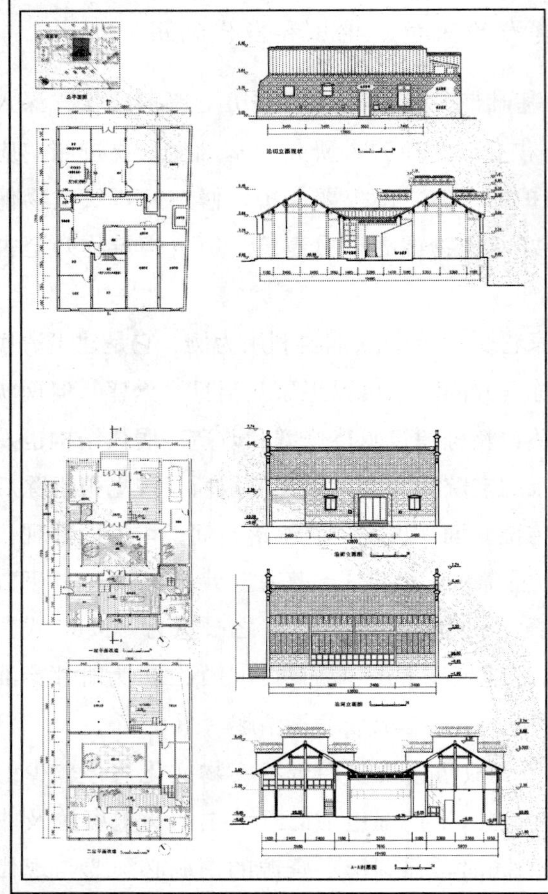
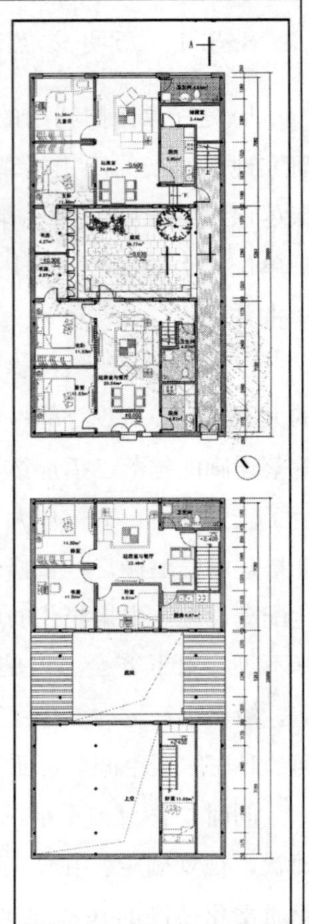

图 8-27　徐家房改善方案（右：住宅方案，左下：SOHO 方案）
资料来源：陈薇等，2007

8.5.2　沿线传统风貌的塑造和亲水性的增加

在历史文化资源挖掘、历史建筑当代利用的基础上，对在过去发展阶段形成的与历史环境和风貌不相容的建筑，需要进行立面改善和环境整治，拆除违章搭建，改造风貌不协调建筑，对与环境基本相融、可以保留的近现代建筑进行立面和内部改善。

在进行立面和环境整治时，要深入研究并综合利用传统的建筑符号和语言，以使新建和改善的部分与历史环境相吻合。同时，新建建

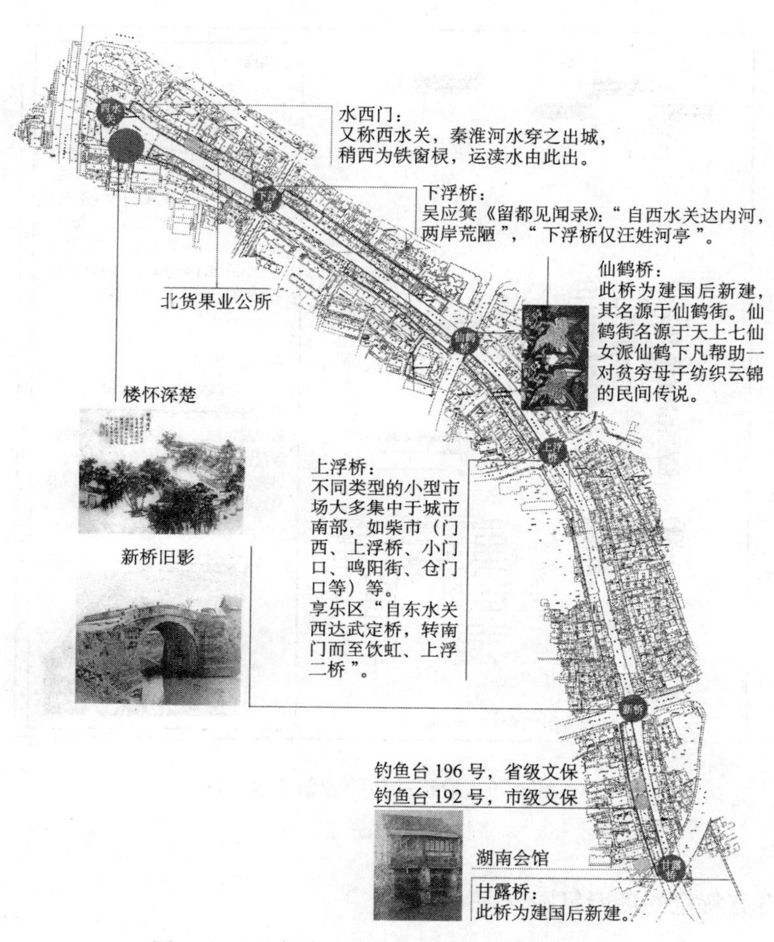

图 8-28　西水关—甘露桥段的历史资源分析

资料来源：陈薇等，2007

筑的尺度、造型、细部处理可以借鉴传统语汇，也可以大胆使用现代建筑材料，在整体协调的前提下体现传统与现代的对比（图 8-30）。

对于拆除违章搭建后留下的空间，首先应用做展示，再现历史文化，其次可适当增加小尺度的绿地广场和滨河绿地，适度增加内秦淮河的开敞性，要重新塑造当代环境下的人、建筑与河流的亲水关系。对于在不同年代建设的桥梁，如上浮桥、甘露桥等，也需要进行风格改善。此外，在沿线孙楚酒楼、石猫坊、钓鱼台、糖坊廊等重要空间节点，应设置旅游码头。营造水上岸边、桥上桥下、隔河两岸的相互观赏和共享，形成"绿色相间、水系相连、珍珠并串"（陈薇等，2007）

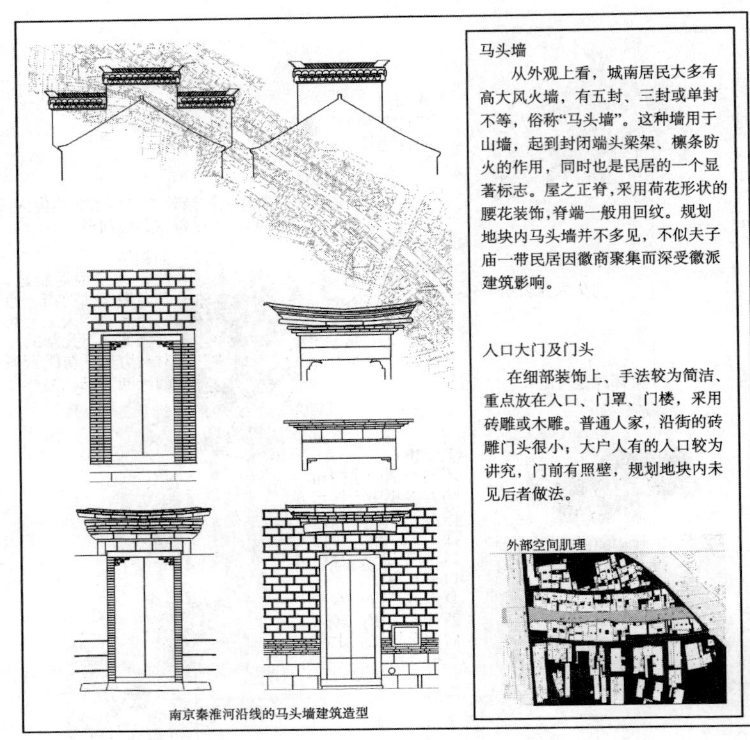

图 8-29　沿线的传统建筑符合分析

资料来源：陈薇等，2007

的富有特色的场所氛围（图 8-31）。

8.5.3　“十里秦淮”乐章的重奏和沿线资源的串联

由东而西的“十里秦淮河”沿线，历史上既是商市繁华、居民稠集的市井之地，也是店桥罗列、水景独特的空间场所。“十里秦淮”的重塑，自东向西要再现由浓到淡的市井氛围，河的两岸要体现由近及远的传统情怀，让“十里秦淮”成为穿越时空的历史记忆和文化场所（图 8-32）。

重塑后的内秦淮河，可以形成一首由序曲、三个乐章和终曲组成的“十里秦淮乐章”（图 8-33）（杨瑞松和刘正平，1985）。

（1）序曲——西水关公园。包括现有的西水关泵站、西水关船闸及内外秦淮河之间的河口地段，这里是秦淮风光旅游的起始点。

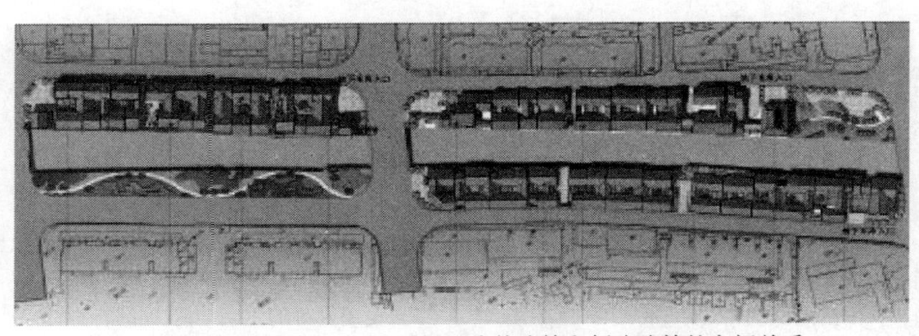

(a) 内秦淮河仙鹤桥——下浮桥段改善建筑和新建建筑的空间关系

(b) 内秦淮河仙鹤桥——下浮桥段东段南侧沿河立面示意

(c) 内秦淮河仙鹤桥——下浮桥段东段南侧沿街立面示意

图 8-30　内秦淮河仙鹤桥——下浮桥段建筑设计

(a) 鸟瞰图

(b) 透视图

图 8-31　下浮桥——西水关段效果图

资料来源：陈薇等，2007

(2) 第一乐章——西水关至南下桥。主要欣赏诗情画意的秦淮风光和浓郁的江南水上特色，这是游秦淮河的情感准备阶段，使人有渐入佳境之感。整个气氛是清淡、典雅、秀丽、富于生活情趣。

(3) 第二乐章——南下桥至武定桥。以古堡公园（中华门城堡）为中心，显示我国古代军事建筑的高度成就，整个气氛应是古朴、雄浑。

(4) 第三乐章——武定桥至东水关。这里以夫子庙为中心，人文景观和秦淮风貌相互辉映，乐曲进入高潮。整个气氛应是辉煌、热烈。

自东向西
由浓到淡的市井氛围(土地性质)

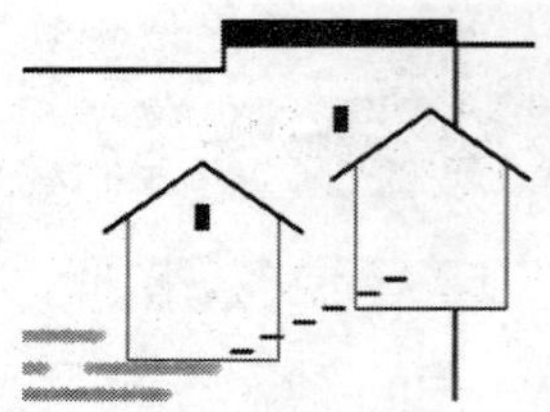

由河面而地面而楼面
由动到静的生活空间(人的行为)

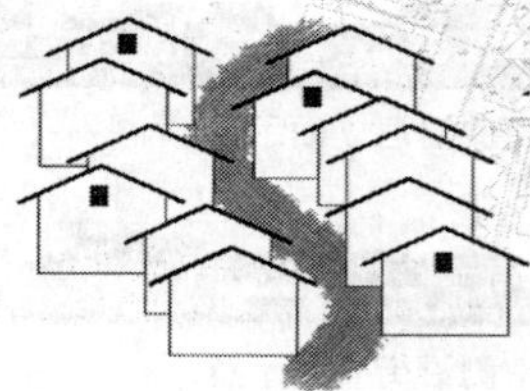

河之两畔
由近及远的传统情怀(城市肌理)

水街烟巷
穿越时空的秦淮回忆(历史场景)

图 8-32 “十里秦淮”的韵律

资料来源：陈薇等，2007

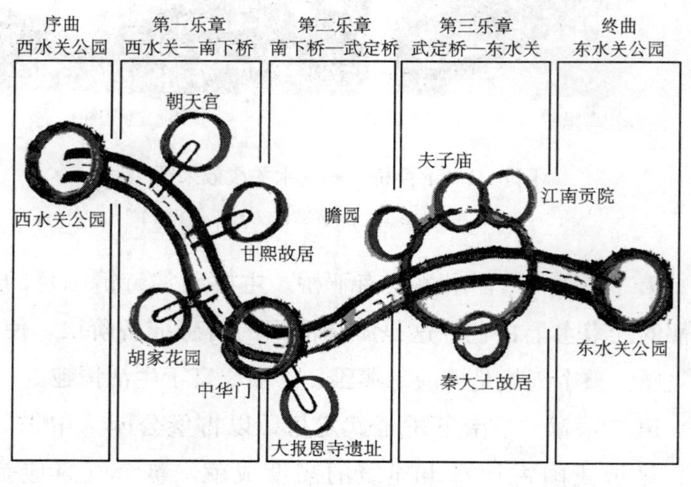

图 8-33 十里秦淮“乐章”空间示意

资料来源：根据杨瑞松，刘正平等《内秦淮河规划设计研究》(1985 年）构思重新绘制

（5）终曲——东水关公园。修缮后的东水关遗址公园，清理后的九孔闸，古朴的游船码头，作为十里秦淮游的终点。

如果上述的“十里秦淮”美景可以真正重现，当人们坐在秦淮河上特有的画舫里，如同朱自清先生所描绘的那样泛舟河上时，从西水关到东水关，就好像在欣赏一首优美的乐曲，汩汩的流水是它优美的旋律，两岸的景物是它跳动的音符。十里秦淮乐章将有望形成历史底蕴深厚、富于南京特色的交响乐章（图 8-34）。

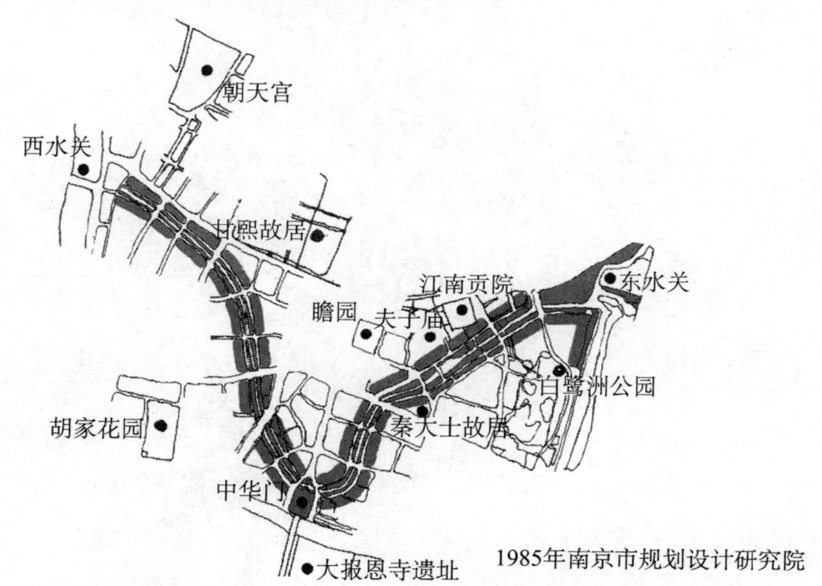

图 8-34　十里秦淮串联的主要历史资源点

资料来源：根据杨瑞松，刘正平等《内秦淮河规划设计研究》（1985 年）构思重新绘制

在打造“十里秦淮”的同时，要充分发挥秦淮河对两岸资源的串联整合作用，要特别重视秦淮河与其沿线纵深腹地的关联（图 8-35）。尽可能将秦淮河及老城南的历史资源、历史故事、诗词歌赋整合、串联起来，并在其沿线及腹地大量增加历史故事、历史地名等的说明和标志物；策划系列传统和民俗节庆活动，展演传统工艺，让物质的、非物质的文化遗产及活动叠加在老城南这块历史文化悠久的土地上（图 8-36），产生整体大于局部之和的效应，让秦淮河成为带动老城南复兴的历史文化走廊和当代空间骨架。

第9章 文脉承创论——以南京城市营建传统的继承发扬为例

文化传统是先人智慧的结晶，是千年累积的经验。虽然全球化时代的中国已经完全不同于故步自封的封建大一统帝国，但是中国文化传统中关于人与自然的关系、人和社会的关系以及“天人合一”、“和谐共存”的理念，仍然适用于当代社会的追求。

文化传统的继承，既要防止割裂传统、忘记祖先，也要防止冻结传统，在现代社会中简单复制传统。因为历史代表过去，城市需要走向未来，正如单霁翔先生指出的：“无论是‘保护’还是‘利用’，都不是目的，‘传承’才是真正的目的。传承是最有效的保护，发展是最深刻的弘扬。文化遗产保护的本质就是文化的传承与发展问题”（单霁翔，2008）。

9.1 对于历史南京城营建传统的认知

传统是个广义的概念，既有物质文化的传统，也有非物质文化的传统；既有优良的传统，也有糟粕的部分。无疑，我们需要继承的是

传统中的优良部分，对于糟粕的部分则需要扬弃。

除了物质历史文化遗存外，南京这座城市还有着一笔十分宝贵的无形文化遗产，那就是我们先辈营建城市的宝贵经验和传统。中国的古都大多数建在黄河流域，南京则是我国在长江流域建都的典型代表。它反映都城礼制的部分，与建于中原的都城有着很多共同的地方，但也有着自身非常突出的特点。它较为典型地反映了中国江南都城的传统格局与艺术成就，包括富有特色的山川形胜、顺应自然的布局形态、结构严谨的四重城郭、灵活有序的空间组织以及各综合要素有机融合协调的整体感，被形容为“山水聚势，城林守形，文化荟萃，居所怡然”（段进等，2007），体现了中国城市营建传统的精华。从城市与自然、历史与当代、城市空间设计的角度来看，南京城的优良营建传统包括人工建造与自然环境的互动、历史空间的继承和文化的包容发展以及注重整体城市设计、重要空间的场所塑造等。

9.1.1 人工建造与自然环境互动关系的建立

自然中蕴涵着丰富的创造力和多样的发展模式，只有结合每一地区具体的自然条件，因地制宜地规划建设，才能真正实现城市的可持续发展并形成自己的特色。尊重自然、善于利用自然是中国城市营建的优良传统。吴良镛指出，“中国古代城市观念是建设者在利用自然的同时，融入了对于自然山水的审美”（吴良镛，2009c），城市的建设不局限于城市中，而是以大地为背景，与自然揉为一体而形成与山水环境相契合的布局形态（吴良镛，2009f），进而形成了大异于其他地区的城市景观。“这在中国古代城市更是一种基本的法则，人们在规划城市、建筑群、园林时，都讲求“相地”重视整体布局，建筑的构图要与山水地形相结合，既有基于小气候考虑通风、向阳等科学的内容，也有与山川形胜相结合、进行建筑艺术构图、移步换景、形成城市特色等内容。”（吴良镛，1999）

南京曾被明彭泽描绘为“千年壮丽山为郭，十里人家水绕楼”，是我国以《管子》为代表的“天材地利”重要规划思想的典型代表（图 9-1）。《管子》中说：“凡立国都，非于大山之下，必于广川之上，高毋近旱而水用足，下毋近水而沟防省。因天材，就地利，故城郭不必中规矩，道

路不必中准绳。”认为，“天子中而处，此谓因天之固，归地之利”。重“天材地利”是一种更加注重自然、因地制宜的主张（龙彬，1998）。南京古城从选址到城市的形制格局，都生动体现着中国南方城市营建中强调“因地制宜”、重“天材地利”的传统。“城市布局中视地形因素，将山水、园林等融入诗情画意的城市景观营造中”（吴良镛，2009c），如明代南京城著名的金陵四十八景，绝大部分都在自然山水环境之中（王能伟，1983）。

图 9-1　清江宁府图

资料来源：武廷海等，2008

历史南京城的每一次空间演变都是利用和改造山水形势的结果。六朝时期，建康都城的营造即充分考虑到山水形势对居住和生活的影响，表现出城市与自然地形的巧妙结合。东吴定都南京，根据“龙盘虎踞”的山水自然地形，承袭远古聚居于近水台地的传统，依山傍水筑城，就是依托南京山环水抱，既有长江天险，又有群山拱卫的地形。“都城在淮水北五里，据覆舟山下，东环平岗以为安，西据石头以为重，后带玄武湖以为险，前拥秦淮以为阻。周围二十里十九步”①。宫城以北的皇家苑囿区更是利用了原有的自然山水，营造出一系列独特的景观（图 9-2 和图 9-3）。值得特别指出的是，东晋建康都城在建造过程中，利用“牛首山为天阙”，将城市轴线与此相对，利用大地山水为城郭宫廷增色（图 9-4 和图 9-5）。

① （明）陈沂，金陵古今图考·孙吴都建邺图考，南京文献·第四号，南京市通志馆，民国36年。

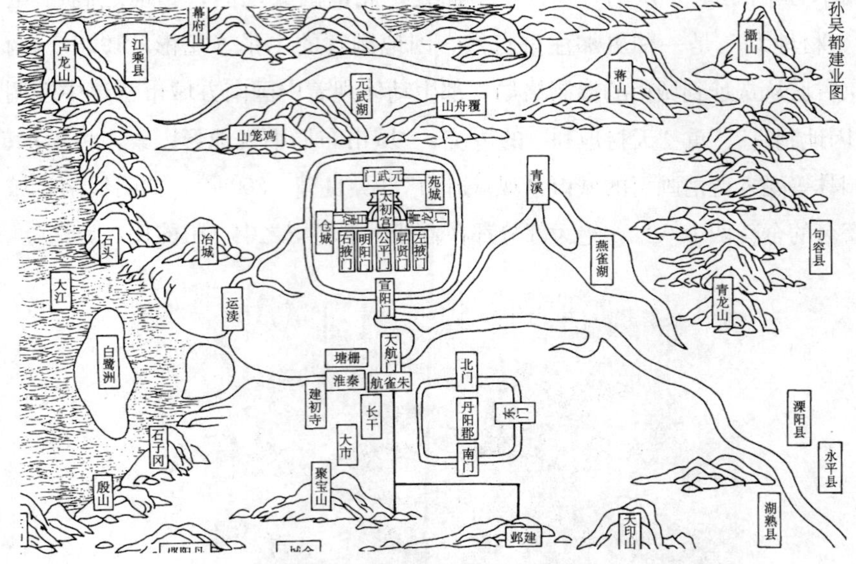

图 9-2　虎踞龙盘的东吴建业城

资料来源：陈沂（明），金陵古今图考

图 9-3　清金陵四十八景中的石头城

资料来源：宣统本《金陵四十八景》图册

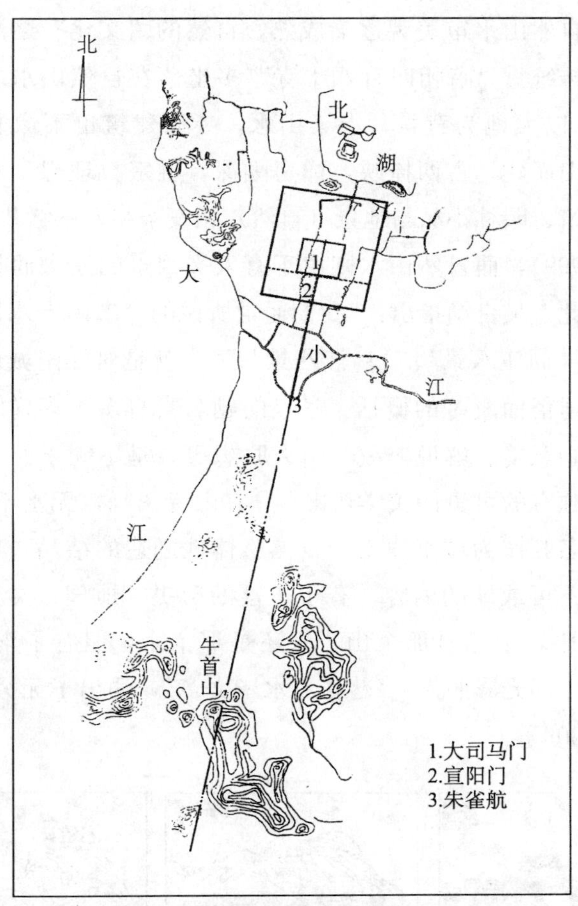

图 9-4　东晋建康城以牛首山为天阙

资料来源：苏则民，2008

(a) 牛首烟岚（明四十景）

(b) 牛首烟岚（清四十八景）

图 9-5　明清金陵胜景中的牛首山“天阙”双峰意象

南朝时期，自然山水审美观逐渐成熟，自然的“文化”逐渐成为城市发展的又一传统。“南朝四百八十寺”多坐落在自然山水之间（刘淑芬，1992），以大地为背景，点染山水，寺庙建筑也不像北方那样规整，而是依山而建，古西掩映，禅房幽深，融宗教理想于对自然的追求之中，建筑、园林小品与地景（自然）相安亲和，悠然共处（图9-6）（武廷海，1999），而自然山水则由于有人文因素的注入而显得更加充满灵气。对此，吴良镛指出：“我们通常所说的‘虞山十八景’、‘金陵四十八景’、‘周庄八景’、‘乌江八景’等，就是对江南城市（镇）风景名胜最为通俗而凝练的概括。景点的题名富有多种多样之功能，点拨话题、刻画意境、解说典故、引人联想等，是不同于西方而为中国风景设计所独有的可贵的美学蕴藏。‘有山皆图画，无水不文章’，所形成的更景名胜作为城市建筑与自然整体性创造的结晶，是构成江南城市特色的不可或缺的内容，有了丰富的历史、地理、文化知识，就好像顿生慧眼，山还是那个山，水还是那个水，但有了李、杜题韵，东坡游记，立即光彩照人，‘落花流水皆文章’，涌出了无穷的想象力”（吴良镛，2009）。

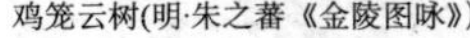

鸡笼云树(明·朱之蕃《金陵图咏》)

灵谷深松(明·朱之蕃《金陵图咏》)

栖霞胜概(明·朱之蕃《金陵图咏》)

图 9-6　明朱之蕃《金陵图咏》中的佛寺意象

杨吴、南唐时期，都城的新建既充分利用了南京城市的山水特点，同时又开挖护城河、改造城内河道。后明代填燕雀湖以成宫室，并纳众多小山入城以改变南京城攻守形势。明南京都城，非方非圆，把制

高点圈进城内，利用南唐城的南面和西面，加以拓宽和增高，沿北面的清凉山、马鞍山、四望山（今八字山）、卢龙山（今狮子山）、鸡笼山（今北极阁）、覆舟山（今小九华山）、龙光山（今富贵山），“皆据岗垄之脊”①。城墙或高或矮、或宽或窄，不拘一格。遇山则就山势筑城，高低起伏；遇水则以水面护城，将外秦淮河和玄武湖等水面，作为宽窄不一的护城河。护城河与城墙之间也或宽或窄，顺其自然，蜿蜒曲折，城市与自然环境的结合表现得更为突出。城墙与外郭城垣依山傍水，蜿蜒曲折于山水之间。明南京城的建造在继承我国历代平原城池的方正传统的基础上，吸取自然精华，做到了人文建造与自然环境的完美结合（图 9-7）。

事实上，重视人工建造与山水环境的互动，不仅体现在历史南京城的营建上，还体现在祖先陵墓的选址和布局上。明代南京的风水学甚为发展，风水观念深入人心。明孝陵“前朝后寝”和前后三进院落的陵寝形制为帝王陵寝的一代新制。更为重要的是，从规划设计的角度看，明孝陵的布局尊重自然、顺应山水形势，是“象天法地”与“天材地利”理念的杰作。朱元璋、刘基等人选定明孝陵这一“风水宝地”，独龙阜东、西两侧各有一小山，南为前湖，北为玩珠峰，这象征青龙、白虎、朱雀、玄武四象。正前方有梅花山作为“前案”，远处有天印山表示“远朝”（贺云翱等，2006）。陵东、南两面有溪流自东北向西南流淌。山清水秀的自然环境、天造地设的山川形胜与明孝陵建筑群协调和谐，浑然一体，使自然环境更富文化底蕴，使人文景观更具自然色彩，使明孝陵显得更加雄伟壮观、大气磅礴（苏则民，2008）。明孝陵的神道是曲折的，平面布局就像北斗七星，这在我国帝王陵寝中也是独一无二的，达到了人文建筑与自然环境高度和谐统一的“天人合一”境界（图 9-8）。

① 康熙江宁府志·卷 5·石头山．转引自季士家和韩品峥（1993）

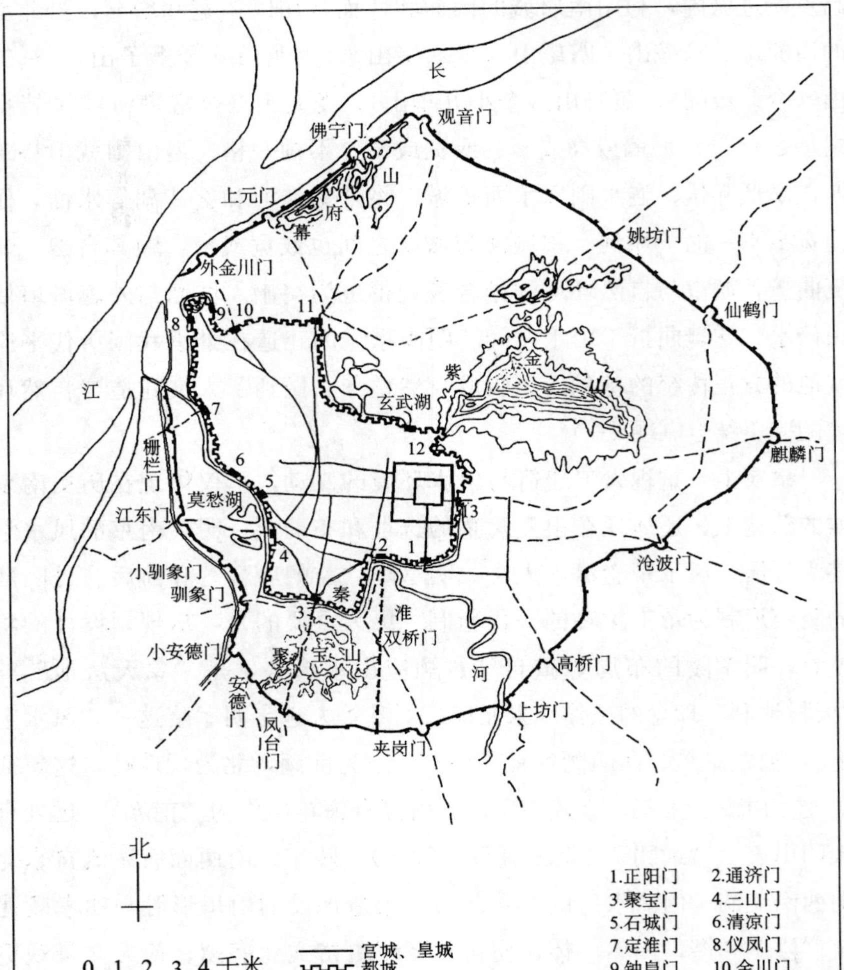

图 9-7　明南京城与山水环境

资料来源：苏则民，2008

9.1.2　历史空间的继承和文化的包容发展

历史南京城的另一可贵传统是城市文化和空间的包容之量，正如吴良镛指出的："江南建筑文化（乃至其他方面的文化）早已非原本江南的'本土文化'或'初民文化'，而是一直吸取、融合了不少中原文化，甚至海外文化，因此'开放性'和'善于吸收异质文化'可以作为江南建

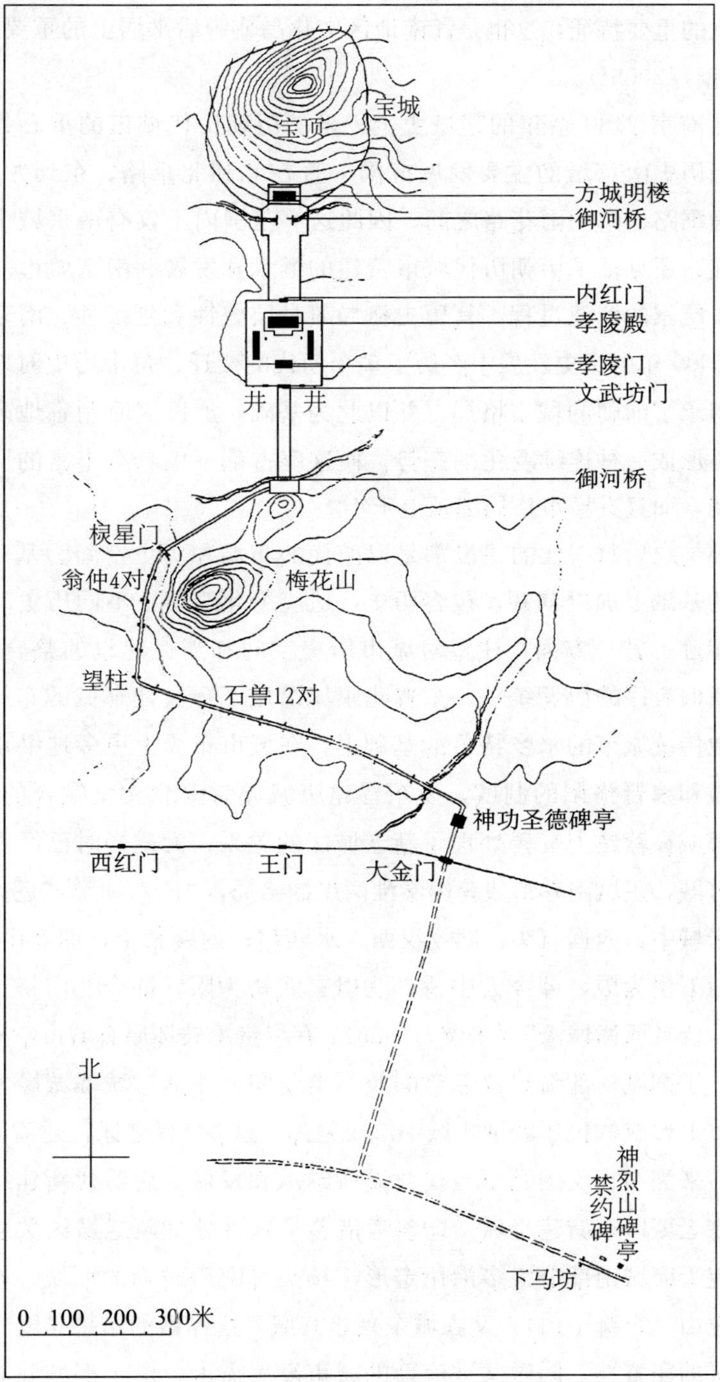

图 9-8　明孝陵与山水环境

资料来源：苏则民，2008

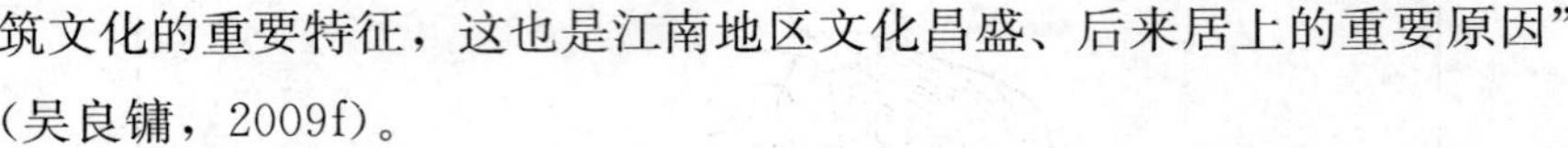

筑文化的重要特征，这也是江南地区文化昌盛、后来居上的重要原因”（吴良镛，2009f）。

在南京 2480 余年的建城史上，虽然历朝历代城市的重心各有不同，但历史南京城的主要发展范围一直在北到北京路、东到龙蟠路、西到虎踞路、南到雨花路之间，因此这一范围内不仅有南京城市的文化积淀，还见证了历朝历代城市营建的继承和发展。南京城市的形成是一个层累的营建过程，其历史格局兼具层叠性和延续性。南京城市在近 2500 年的历史发展中经历了多个朝代的变迁，每个历史时期的建设都继承了前朝的城市格局，并以此为基础，加以因时制宜地改建或扩建，形成一种连续变化的态势，使这座古都不仅具有丰富的历史文化内涵，而且其城市格局绵延上千年。

孙吴之后每一代的建设都是以前代的布局和历史空间为基础，在继承的基础上加以创新，包容历史，适应变化，留下不同历史时期的文明印迹；另一方面，注重对城市历史空间和当代建设的整合利用，形成新旧有序的协调统一。东晋建康城沿用了孙吴建邺城的布局，但在吴地传统城市的水乡特色的基础上，在城市布局上更多地继承了曹魏邺城和魏晋洛阳的制度，使东晋建康城成为南北文化融合的结果。南唐都城在营建上妥善处理了新老城区的关系，为避当时已经荒芜的六朝宫城，主城南移形成跨内秦淮两岸的格局，“比六朝都城近南，贯秦淮于城中，西据石头，即今汉西、水西门；南接长干，即今中华门；东以白下桥为限，即今大中桥；北以玄武桥为限，即今北门桥。桥所跨水，皆昔所凿城壕”（朱偰，1936）。在尽量不破坏原有城市空间的基础上，于都城中部新建政务空间及军事空间，并通过城墙城壕的修建将历史上形成的民居区纳入城中形成整体，这种“保老区，建新区”的思路后来为明、民国乃至当代建设所继承和发展。后明代新建应天府城，在老城以东新建皇城，即参考借鉴了这种处理新老城区关系的原则。应天府城南部分大多沿用定形于杨吴及南唐时期的旧城，城北扩至卢龙山（今狮子山），又在城东兴建宫城。这样做的结果是既保持了老城区的完整性，同时又适应新的城市发展需求。由于都城驻军量庞大，为了减少军营对居民区的干涉，新辟的城北一片主要作为军事驻所，这样有远见的谋划为南京未来的城市发展预留了足够的空间（图9-9）。

图 9-9　明南京总平面图

资料来源：苏则民，2008

9.1.3　重要空间的设计和场所的塑造

封建帝国时期城市最重要空间和建筑场所莫过于帝王的宫殿，今天人们盛赞明清北京城市和故宫之壮观，却很少知晓明清北京“凡庙社、郊祀、坛场、宫殿、门阙规制，悉如南京，而高敞壮丽过之”①。南京明故宫在朱棣迁都后逐渐凋零，就此清孔尚任还曾吟诗一首《过

① 明太宗实录·卷二百三十二·永乐十八年十二月癸

明太祖故宫》，从中可以想见明初南京明故宫的巍峨壮丽：

过明太祖故宫

忽忙又散一盘棋，骑马来看旧殿基。

夕照偏逢鸦点点，秋风只少黍离离。

门通大内红墙短，桥对中街玉柱欹。

最是居民无感慨，蜗庐僭用瓦琉璃。

南京明故宫始建于洪武八年（1375年），时朱元璋下令大规模修建南京宫殿，将午门从一般的城门改建为五凤楼阙门，还重建了奉先殿，改建了太庙、社稷坛等建筑。洪武二十五年（1392年），又改建大内金水桥，又建端门、承天门楼各五间及长安东西二门（据《明史——舆服志》载）。建文时（1399～1402），增建省躬殿，形成后三殿，至此明南京宫殿形制最终完成。

在宫殿形制上（图9-10和图9-11），朱元璋力图恢复汉民族文化传统，集中表现在遵循礼制，附会三朝五门，建立后妃六宫以次序列的形制，设门阙以符合“以高为贵”的规定，在宫城前两侧布置左祖右社。除建立乾清、坤宁二宫象征帝后如天地外，还设门制象征日月陪衬。更加值得指出的是，南京明故宫开创了明清宫殿自南而北中轴线

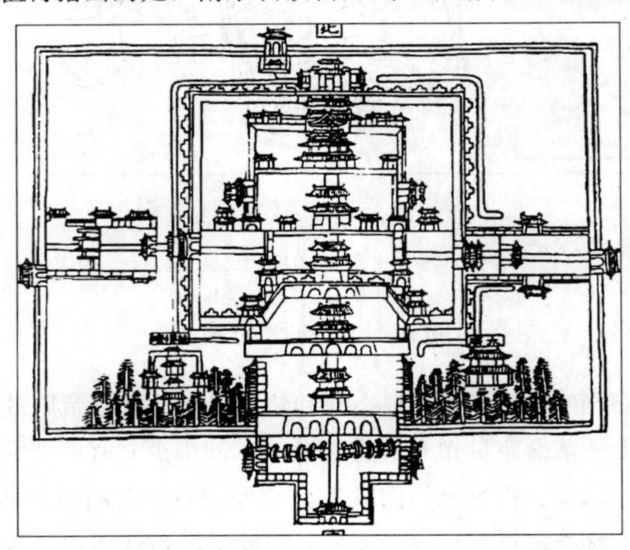

图9-10　《洪武京城图志》明皇城图

资料来源：明礼部纂修，转引自《南京稀见文献丛刊》，2006

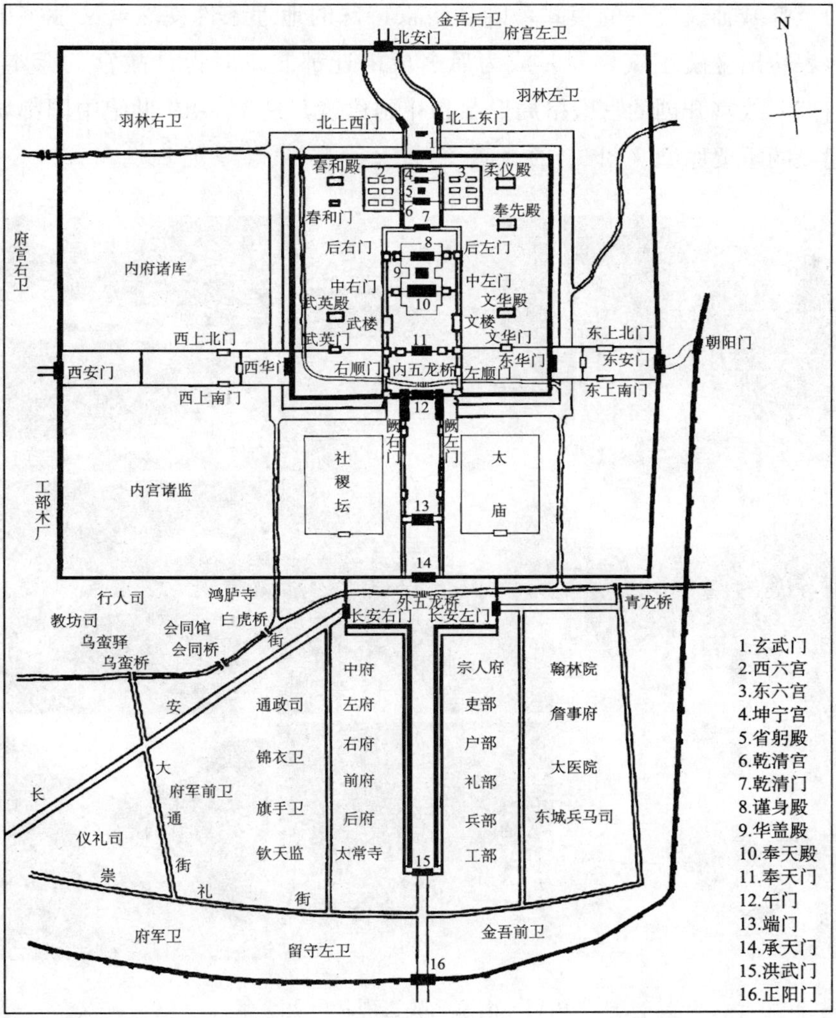

1.玄武门
2.西六宫
3.东六宫
4.坤宁宫
5.省躬殿
6.乾清宫
7.乾清门
8.谨身殿
9.华盖殿
10.奉天殿
11.奉天门
12.午门
13.端门
14.承天门
15.洪武门
16.正阳门

图 9-11 明南京皇城格局图

资料来源：苏则民，2008

与皇城轴线重合的模式。以南段外城的正阳门为起点，经洪武门至皇城的承天门，为一条宽广的御道，御道两边是千步廊，御道尽头是承天门及其与长安左、右门形成的东西横街——长安街和外五龙桥，向北引延，经端门、武门、内五龙桥至奉天门，进入宫城。经三大殿两大宫抵宫城北门玄武门，至皇城北门北安门出皇城。正对钟山“龙头”富贵山，而以都城的泰门为结束（潘谷西等，2003)。这种宫城、皇城

乃至都城轴线合一的模式，既是南京特殊的地理条件使然，又很突出地表达出金陵王气，同时成为后名成祖迁都北京时设计故宫的蓝本。南京明故宫开创的宫殿格局形制和礼制建筑，是 14～19 世纪中国都城建设的重要原型（图 9-12）。

图 9-12　南京明故宫现状历史遗存

资料来源：潘谷西等，2003

9.1.4　整体城市设计的营建传统

西方传统的城市都是以城市轴线、广场和公共建筑为空间核心自然生长的城市。相对而言，中国传统城市无论是城市选址还是城市布局，都是整体设计的产物。正如吴良镛指出的：在中国古代的城市建设中，城市的规划和设计是统一的，在进行城市规划和总体布局时，总是自觉不自觉地包含城市设计的内容，努力将城市规划与设计相结

合，将城市与自然相结合，将城市、园林、建筑与工艺美术相结合，以臻至城市整体和谐的境界。这一中国城市规划设计体系的特色，在江南地区的城市建设中得到了充分的反映，而且被发挥到极致，形成一套融于山水之间的规划设计体系，成为中国城市史上一个特有成就。（吴良镛，2009f）

南京在各个主要历史时期，尤其是六朝、南唐、明朝、民国时期的城市营建都体现了上述的传统。六朝时期是历史南京城的第一个辉煌时期，不仅确立了城市空间与自然山水之间的互动关系，也奠定了南京2000多年来一直延续的山水城林一体化的设计传统，为南京城市历史格局的形成奠定了基础。

东晋在都城建设上按魏晋洛阳的模式改造东吴留下的建康，通过置宫城于都城的中部，宫城正中南门——大司马门直对都城宣阳门，使宫城和都城的中轴线重合。在大司马门前新辟从建春门至西明门的东西向道路，与中轴线上的御街形成“T”形格局，在吴地传统城市基础上形成了都城的空间秩序。南唐都城金陵的营造，控江跨淮，摆脱曲折的秦淮河的约束，另开新护城壕，将六朝以来秦淮河一带繁华的商业区和富庶的市井居民区纳入城内，同时北置宫城，既分又合，形成有序整体。

明都应天没有简单遵循传统都城的方形规制，其宫城、皇城呈规整形式，都城、外廓则随地形而变，呈自然之态（图9-9）。东南方正的皇宫区遵循传统礼制，“前朝后寝”、“左祖右社”、中央衙署整齐排列在御道两旁，“左文右武”，是政治中心区（图9-11）；原来的南唐旧城是商业、手工业的集中区；后期增拓的军卫区，位于城西北，沿江布置。通过整体布局，宫、市、军三区在城内鼎立，又紧密相连形成一个有机的整体，具有严谨与宽松、规整与自由和谐共存的空间美感。

从构图美学上看，虽然明皇城、宫城偏于老城东部，但老城地理中心钟楼、鼓楼的修建又使得老城有了自己的构图中心。令人称道的还有明外郭城的修建，使得明宫城、皇城处在了“居中”的地位，符合中国都城建设“择中”的传统（图9-13），弥补了在形制上皇城、宫

城“居极东偏”的缺陷。最值得回味的是，由于明南京城布局合理，与山水关系有机镶合，其格局历明、清、民国近600年未能突破，一直延续到改革开放前，这充分说明了明南京城整体设计的科学合理，是中国古代都城营建的经典范例。

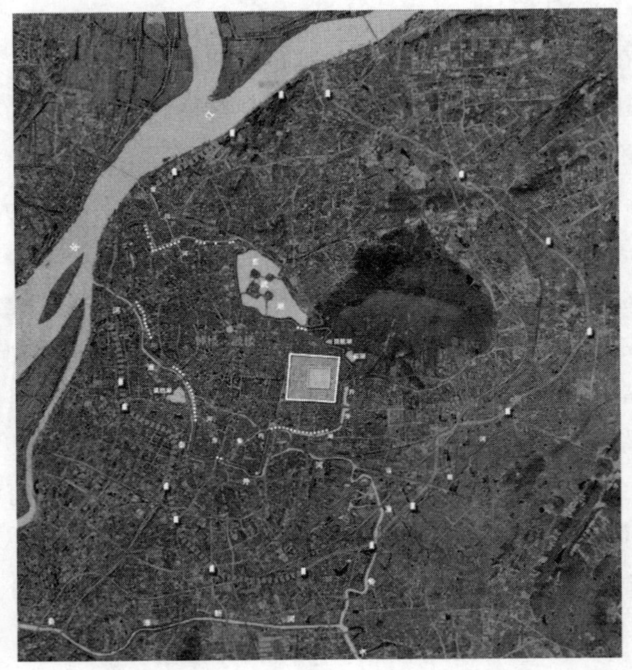

图 9-13　明南京城空间分析

资料来源：南京市规划局和东南大学建筑学院，2008c

9.2　对于在当代环境中继承传统的认识

上述历史南京城营建的传统是先人智慧的结晶，是千年累积的经验，其中反映出的规划设计思想的智慧，包括妥善处理人工与自然的关系，妥善处理历史空间与当代发展的关系，既沿袭又创新，既重视重要空间的设计和场所精神的精心营造又强调整体的秩序和规范……这些理念和原则仍然适用于当代社会，是应当继承的传统精华。

但是变化是时代的大趋势，同封建帝国时期的都城营建相比，当代城市建设发展的变化节奏、变化规模、变化内容、变化尺度都发生

了根本改变，工业时代的城市景观和特征完全不同于小农经济时代的城邑。因此，认清历史的发展和变化是重要的，因为它将决定我们采用怎样的态度和方式传承历史和传统。诺伯特舒尔茨在《场所精神——迈向建筑现象学》中将历史的变迁归纳为三类（诺伯特·舒尔茨，1986）：实用的变迁、社会的变迁和文化的变迁。从实用的功能来看，当代城市的功能远较传统城市复杂，金融中心、商务楼、综合体、会展中心、交通枢纽等各种类型的新建筑在城市中层出不穷；从社会的变迁来看，封建社会的君臣、父子、等级、秩序等社会关系在现代都市中发生了根本变化，城市的人口流动性、社会发展的民主意识都使得今天的城市越发多元化，更加强调多元人群之间的包容和平等；而从文化的变迁来看，今天的城市已经很难用一种秩序、一种道德规范、一种文化来约束，多元文化并置已经成为时代的潮流，而在全球化和市场经济文化的影响下，传统文化已不可能“以不变应万变”。

因此，传统在当代的运用必须结合变化的时代特征。对此，吴良镛曾经明确指出：“南京并非一个活在过去的城市，过去因为对今天和未来的价值而具有意义。我认为，以南京的山山水水，还要加强从历史文化遗产的保护到走向文化城市的创造，提高城市的文化竞争力。而在传承历史传统、创新当代文化时，既要深谙传统的精华，又要洞悉时代的变迁。”

关于“人工建造与自然环境互动关系的建立”的传统，我们必须看到，当代城市建设的规模和速度使得原来与自然环境相互融合及平衡的关系被打破，“在目前高速度、大规模的城市建设中，这种城市与自然环境之间的融合无意间似乎被遗忘了”（吴良镛，2009g），因此传统精神的再利用、再建及其与自然环境的互动关系，必须考虑到这一时代的变化。同时，随着社会的进步，人类对于自然的态度已不是曾经的豪迈改造自然，也不仅仅是传统的顺应自然，而是强调在自然环境基础上的生态修复、生态系统的构建。因此，南京需要从“山水城林有机相融的小南京城”，走向“山水城林有机相融的大南京都市区”，在更大的发展需求空间中构建城市与自然有机镶嵌的空间系

统，在南京都市发展区范围内构建“多中心、开敞式、网络化”的组团空间结构，并广泛运用现代科学技术，发展生态文明，建设生态城市。

关于“历史空间的继承和文化的包容发展”的传统，我们必须看到，当代建设的规模和速度不仅改变了城市与自然环境的关系，也改变着历史空间与当代建设的平衡关系。建造技术的改变、建筑工业化的发展、全球资金的流动、交通的便捷使得城市可以在极短时间内形成极大规模的建设量，甚至超过千年累计的总和。在历史空间和当代建设的数量关系已经倒置的背景下，历史文化遗存显得尤为珍贵。今天我们不是不具备“除旧迎新”能力，而是要对历史有更多的敬畏。

关于“重要空间的设计和场所的塑造”的传统，我们必须看到，当代城市重要空间的定义已经发生变化，城市不再是帝王将相的城市，而是市民的空间。如果说原来的场所强调等级的秩序，当代的城市空间则追求宜人的环境，空间的塑造更加强调场所的开放性、市民的可参与性。以南京秦淮河水系的规划建设发展为例，内秦淮河更多表达的是历史文化及其传承，外秦淮河更多表达的是历史文化与现代文明的有机结合，尚未开发、正在规划中的秦淮新河则突出“新秦淮、新意象、新体验”，形成同样具有文化意义和内涵的趣味公共空间，但更多地表达时代特征。

关于“整体城市设计的营建传统”，吴良镛曾经指出：“无论过去、现在抑或将来，江南建筑文化都应该保持区域、城市、建筑群、单体建筑以及建筑细部浑然一体，是规划、建筑、园林的整体创造，是经济、科技、文化、艺术、自然等的有机融合”（吴良镛，2009g）。但随着社会的进步，整体城市设计的内涵也大大拓展，不仅仅限于空间的秩序，而且也包含构建人与生态系统平衡的整体生态观等当代生态环保理念。

9.3 历史南京城营建传统继承发展的策略

9.3.1 城市与自然互动关系的再建——从山水城林有机相融的“小南京城”走向山水城林有机相融的“大南京都市区”

山水形态是历史南京城布局和发展的基础，并且在历史的进程中，

南京城形成了山水城林有机相融的格局和城市特色。在时代发展的今天，不仅应该保护山水城林有机相融的历史南京城，还应将这一城市特色和营建传统发扬光大，在更大的发展需求空间中构建城市与自然有机镶嵌的空间系统，在南京都市发展区范围内构建“多中心、开敞式、网络化”的组团空间结构，从山水城林有机相融的“小南京城”走向山水城林有机相融的“大南京都市区”（图 9-14 和图 9-15）。

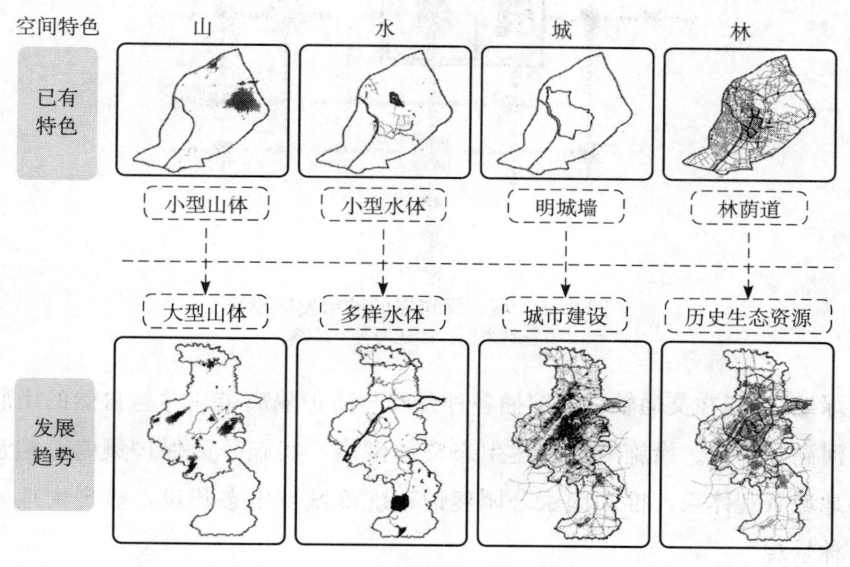

图 9-14　南京山水城林空间特色分析

资料来源：周岚等，2006

吴良镛在讨论北京城市布局时，曾经明确指出：“要从‘摊大饼’方式中走出来，要千方百计避免新城的建设走向‘摊更大的饼’，发展形态要因地制宜创造‘葡萄串＋交通轴＋生态绿地’，城市空间布局、土地使用、交通系统与生态环境的创造协调有序发展，创造多核心的城市结构”（吴良镛，2006）。所谓“葡萄串”，是指城市组团中居住区、相关的城市职能单位宜相对集约成片、有核心（公共中心）地发展。所谓“交通轴”，是指环境友好的交通方式，大力发展公共交通，引导小汽车合理使用。在多交通轴的节点，要加强交通枢纽的建设（包括轻轨站点周边土地投放的控制，服务中心、商店、餐馆、停车场等的安置），并且与不同的公共空间、居住区等发生联系。所谓“生态

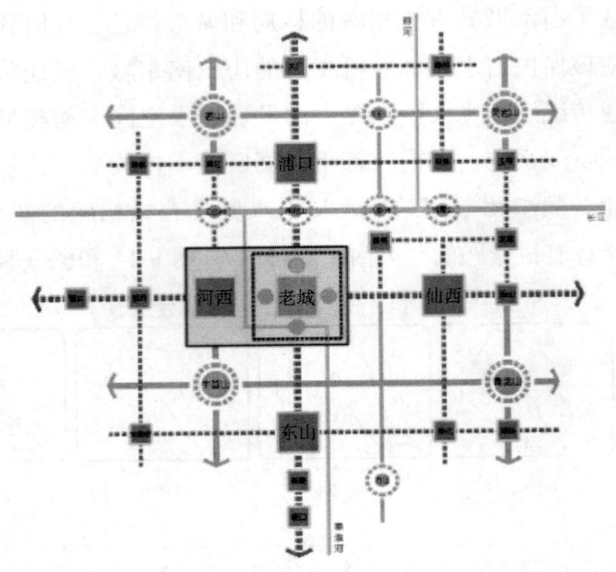

图 9-15　城、绿镶嵌的城市发展模式
资料来源：武廷海等，2008

绿地”，指在交通轴之间穿插各种公园与防护隔离带，并与自然的山脉河湖相结合。措施有：构建生态整体网络，实施分区保护策略；构建地域景观体系，推动国家公园建设；统筹城乡生态建设，显现大地园林景观。

笔者认为，南京新的城市建设也要用类似的思路进行规划（图 9-16），即在实现城市发展的同时，要保持传统的城市与自然和谐互动的良好关系。在宏观层面，要尊重自然地形和环境，并充分利用自然山水，使之既成为隔离不同城市功能空间的载体，又成为联系各种城市特色空间的纽带，形成绿中镶城、城中镶绿的空间格局和形态；在中观层面，要利用东部钟山、灵山山脉，南部牛首山、祖堂山山脉，北部栖霞山、燕子矶、幕府山山脉以及东南部秦淮河水系、西北部长江水系等作为重要的绿楔楔入城中，和城中公园绿地有机串联，使外部的自然绿色空间向城市建设用地渗透；在微观层面，要营造人与自然良好的互动关系，在近山、滨水乃至城市公园的设计中充分强调生态和自然，让市民身在都市也能一叶知秋，感受自然。同时在环境设计时，要尽可能发掘传统文化脉络，在绿色的自然空间中注入文化因素，使自然“文化化”，给自然注入文化灵魂，形成市民可享受自然、可感知城市文化品位的场所。

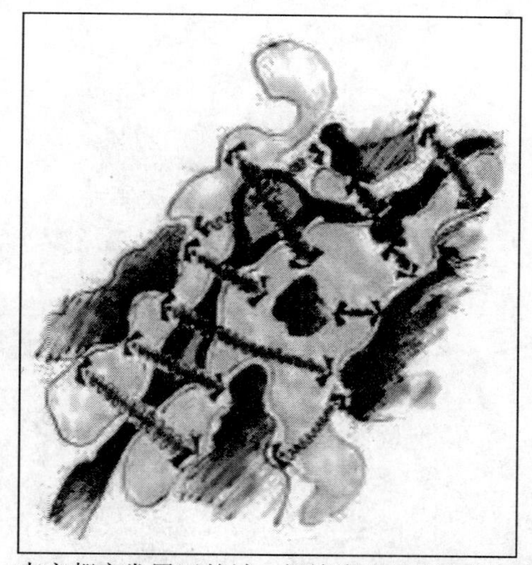

图 9-16　南京都市发展区的城、绿镶嵌的城市空间结构示意图

资料来源：周岚，童本勤，2006

按照上述思路，在南京都市发展区范围内，可形成主城以河西新区—历史老城新旧相辅的核心，南部以江宁东山新区为次中心，东部以仙林新市区为次中心，江北以浦口新市区为次中心的一主三辅格局。同时发展一批新城如龙潭、板桥、六合、大厂等，再辅以一批中心城镇，形成多核多中心的城镇体系（图 9-17）①，在更大的空间范围内疏解历史城区的压力，并满足当代南京城发展的需要。同时着力构建南京都市区的开放空间体系（图 9-18），主要由绿地斑块、绿楔、交通绿廊和河流蓝带组成。绿楔、郊野绿地、山林、环境风貌保护区等共同组成绿地型开放空间斑块，斑块的分布基本上与山水格局中的外围山水斑块、外围山水廊道相对应；同时，充分利用交通干线及沿线林带的绿色生态和隔离功能，结合南京都市圈的交通体系，形成环形加放射形的交通绿廊空间。环形廊道包括内环绕城公路和外环二环高速沿线绿色廊道。放射型交通绿色廊道主要是充分利用对外交通廊道，包括沪宁、沿江、联三、宁杭、宁高、宁芜、宁巢、宁合、宁蚌、宁淮、宁连、宁通高速公路以及 312 国道、沿江高等级公路，建设沿线生态

① 南京城市发展战略研究——清华大学方案，2007 年

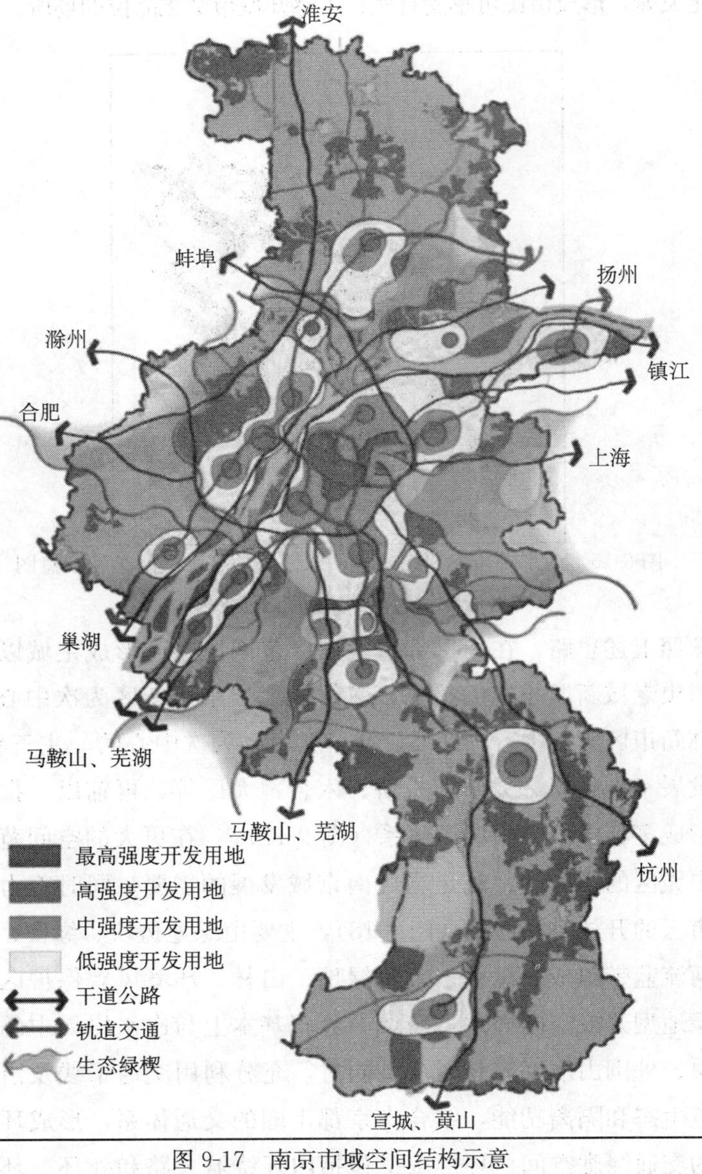

图 9-17　南京市域空间结构示意

资料来源：南京市规划院，2008

林带。另外，重要的铁路廊道也是放射型廊道的组成部分，如铁路沪宁线、宁芜线及其沿线防护绿地。蓝带廊道主要指水系和滨水开放空间，包括秦淮水系开放空间，滁河水系开放空间、长江开放空间和其他水体开放空间等。

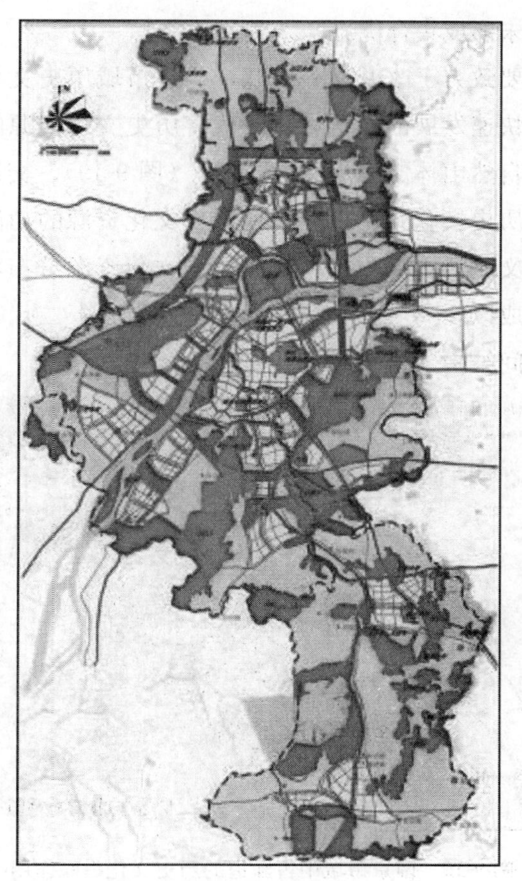

图 9-18　南京市域的绿色开放空间系统

资料来源：南京市规划局，2010

9.3.2　历史文化空间的继承发展——市域历史文化空间网络的构建

随着快速城镇化进程的推进以及南京城市的向外拓展，继承历史的空间、资源和传统的问题就不仅仅体现在既有建成区，而是反映在整个市域。但由于外围地区发展和保护的冲突没有都市发展区集中和激烈，因此目前南京市域内的历史文化资源保护利用尚未像主城一样引起高度关注。从市域历史文化资源的保护利用现状来看，存在以下问题：一是虽然建设性破坏不及中心城严重，但自然毁坏十分严重；二是许多资源未纳入保护体系，未得到有效保护和展示利用；三是现

状资源散布，未形成集合优势。

因此，需要致力于改变这一现状，构建市域历史文化遗产保护体系，抓住城市快速发展的机遇，不断改善历史文化资源的保护状况和空间环境，以自然山体、河流、古驿道[①]（图 9-19）、交通轴线等串联整合形成市域历史文化空间网络，使历史文化资源的功能在当代得以发挥，再现其文化活力。根据南京的历史文化资源分布状况，可以在市域内构建形成以“一心、一环、六区、六带、十二片”为骨架的历史文化网络空间结构（图 9-20）。

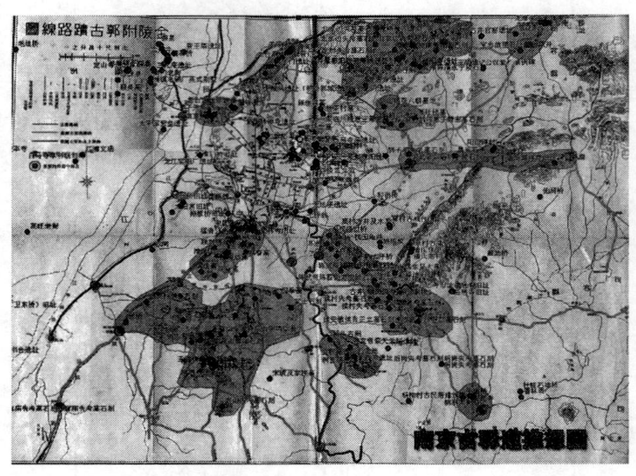

图 9-19　南京市域中古驿道的历史文化串联作用

资料来源：南京市规划局和东南大学建筑学院，2008d

所谓“一心”，是指以明城墙围合的老城为核心，它是南京历史文化名城保护的核心所在，也是当代文化科技产业发展的主要空间；所谓“一环”，是指沿明外郭环和秦淮新河沿线风光带构成的文化空间链；所谓“六区”，是指 6 个历史山水环境特色片区，分别为雄州—滁河片区、老山—浦口片区、牛首祖堂—花神庙片区、秦淮湿地—方山片区、青龙黄龙山片区和固城湖—淳溪片区；所谓“六带”，是指 6 条串联历史山水环境特色片区、历史文化片区和节点的河流水系和文化路

---

① 南京市域古驿道上一些重要的中转点经过历史的发展，形成了具有一定规模的小城镇；在外廓城门的周围，也就是驿道的所在地，如尧化门、麒麟门、聚宝门，也形成了许多重要的城镇。许多历史上重要的墓葬也对于驿道的形态具有一定影响，许多历史事件以及信息都在驿道上有所体现

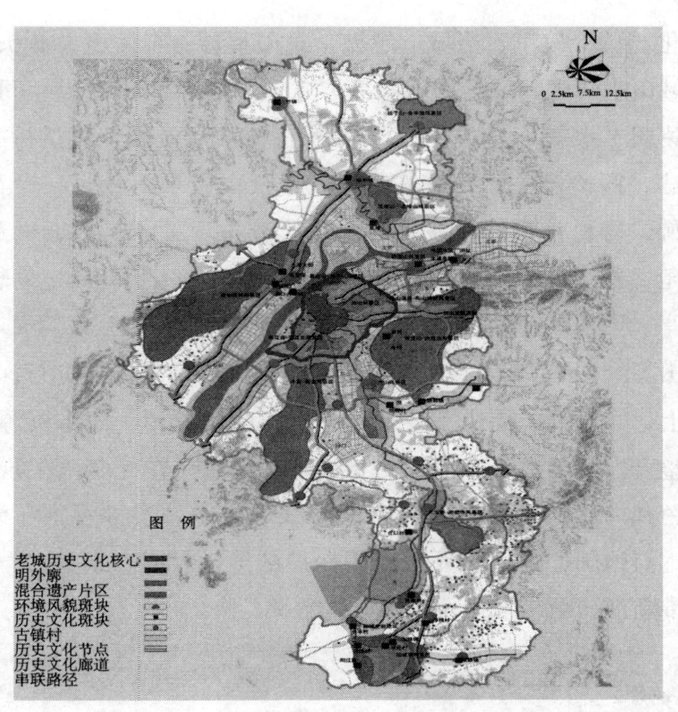

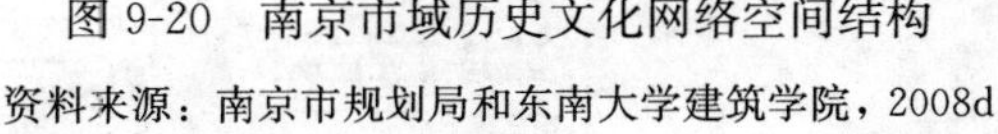
图 9-20 南京市域历史文化网络空间结构

资料来源：南京市规划局和东南大学建筑学院，2008d

径，包括滁河文化景观廊道、秦淮河文化景观带、江北大道廊道、沿江公路廊道、宁丹路廊道、宁溧路廊道；所谓“十二片”，是指 12 个历史文化资源集中的片区，主要依托历史上的古镇和山水景观别具特色的地区，可分为三类。第一类是历史古镇，目前仍然存在且保存较为完整；第二类是历史上是古镇，但是现在仅存格局或零星历史文化资源，需要进行当代复兴的地区；第三类是山水景观别具特色，并与周边的古村落形成整体的地区。依托现存古镇有雄州老城、浦子口城、湖熟老镇、淳溪老镇、竹镇老镇，依托历史上重要的外围城镇的有秣陵、汤泉、汤山、栖霞，依托山水景观别具特色的地区的有金牛山、诸家村、洪蓝等。

以秦淮湿地——方山片区为例。秦淮河流域自古以来就是南京地区的农业基础，从五六千年前的新石器时代开始，一直是人烟稠密的地区。秦淮河沿岸分布着南京地区最早的居民原始村落和城邑，包括

湖熟文化、长干故里、冶城、越城、丹阳郡城、金陵邑、石头城。秦淮河流域山水清幽，风景秀丽，两岸古迹众多。清代乾隆年间曾评选出“金陵四十八景”，其中有一半分布在秦淮河流域，包括祈泽池深、雨花说法、狮岭雄关、石城霁雪、龙江夜雨、东山秋月、赤石片矶、清凉问佛、杏村沽酒、桃渡临流、长干故里、鹭洲二水、来燕名堂、楼怀孙楚、报恩寺塔、秦淮渔唱、天印樵歌、台想昭月、莫愁烟雨、甘露佳亭、谢宫古墩、长桥联妓、神乐仙都、冶城西峙、木末风高、凤凰三山等（图 9-21）。在对秦淮河沿线地区的现状条件进行深入分析的基础上，可对沿岸周边重要地物、历史文化资源、山水资源等进行合理的整合，归纳出各个地区的景观资源特色。在此基础上规划建设各具特色和内涵的主题段落，串联沿线的方山、秦淮湿地、天生桥、无想寺、石臼湖、东庐山环境风貌保护区等，形成内秦淮河—外秦淮河—秦淮新河—新淮河系列秦淮河风光带。

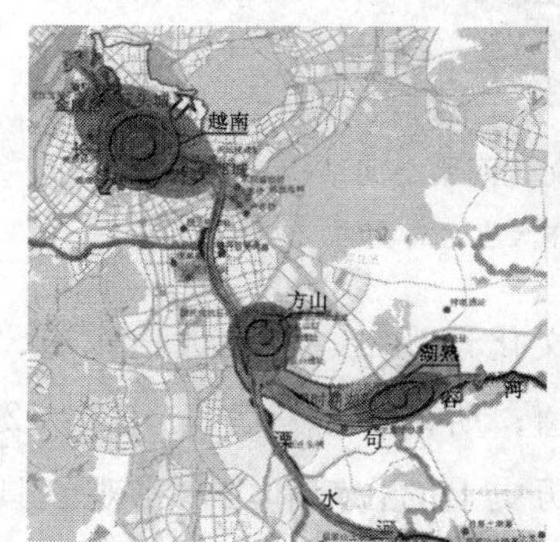

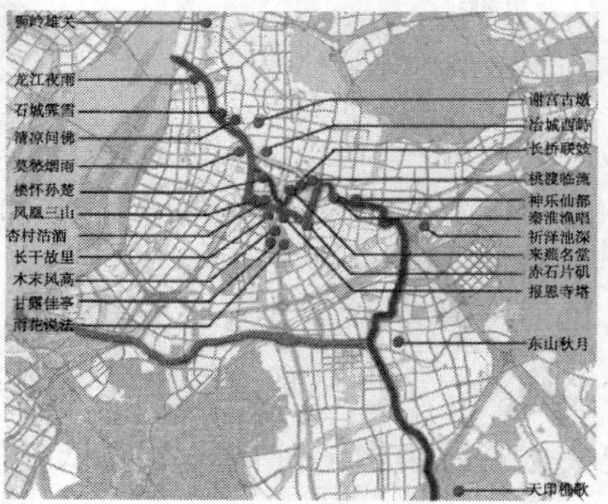

图 9-21 秦淮河——方山沿线历史文化资源分析

资料来源：南京市规划局和东南大学建筑学院，2008

9.3.3 重要空间的设计和塑造——以秦淮新河为例

秦淮河是南京的母亲河，秦淮河水系沿线串联了南京丰富的历史文化遗存，在南京历史文化名城“积极保护，整体创造”的框架中占有重要地位。秦淮新河作为秦淮河水系的重要组成，开凿于 20 世纪 70 年代，承担着排洪、航道、农田灌溉以及城市补水水源的功能。随着南京的不断发展以及南京都市发展区“多中心、开敞式、组团布局”结构框架的拉开，秦淮新河作为主城与南部东山、板桥新城间的绿色生态廊道，它的生态、景观、游憩功能将得到彰显，它将由郊外河流变成都市发展区内部河流，因此需要重塑秦淮新河的功能和空间意象（图 9-22）。

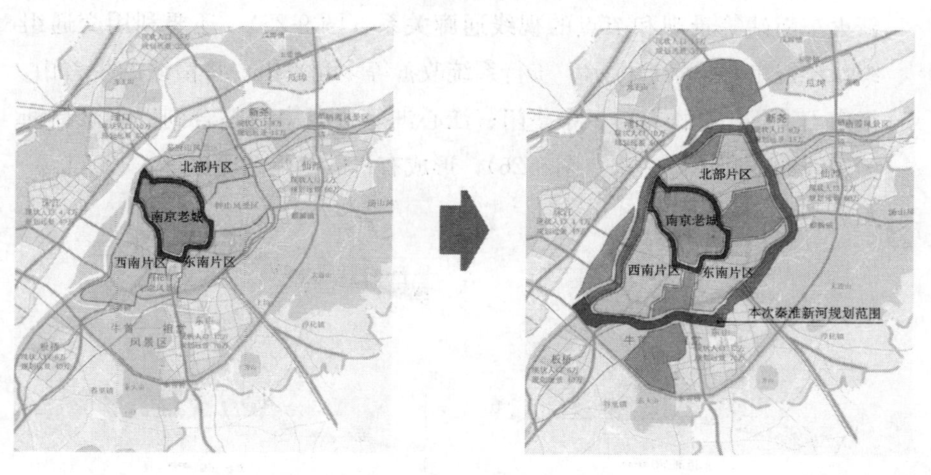

图 9-22　秦淮新河的新功能定位

资料来源：段进等，2007

要充分认识到秦淮新河在未来城市扩展过程中的结构性空间意义，充分发扬南京城市营建重视重要空间设计塑造的传统，根据时代需求赋予时代内涵，可以“新秦淮、新意象、新体验”为主题，以当代人体验为出发点，以新体育、新休闲、新商务、新人文、新技术为构思。根据秦淮新河沿线的现状和规划土地利用情况，未来秦淮新河可以形成三大功能区段（图 9-23），分别是新体育（生态健康运动区）、新休闲（现代休闲体验区）、新商务（铁路南站枢纽的商务服务区），同时可以轴线、节点、标志物的形式将“新人文、新技术”的内容穿插其中。

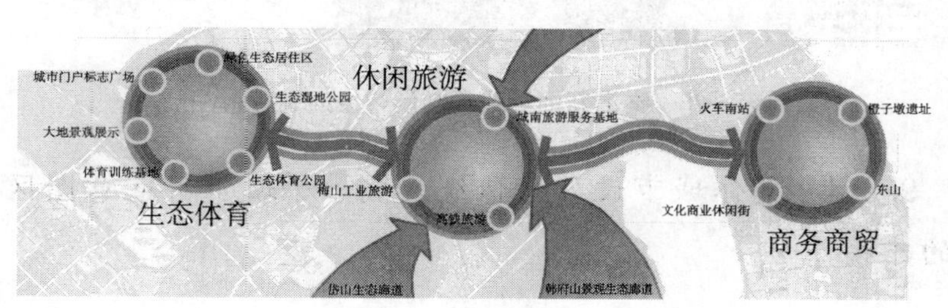

图 9-23　秦淮新河的功能段落结构

在超前规划、精心设计、处理好滨水空间岸线的基础上（图 9-24），规划要充分发挥秦淮新河作为未来南京都市发展区内重要的公共文化空间的结构性串联作用，不仅要妥善处理好其与沿线韩府山、岱山、土山、新火车南站等景观和节点的视线通廊关系（图 9-25），还要利用交通组织、游线串联、景点标示、步行系统改善等多元举措，将沿线的牛首山、祖唐山、岱山、雨花台、中华门、江心洲等资源串联整合到以秦淮新河为轴线的空间体系中来（图 9-26），形成有机的整体（段进等，2007）。

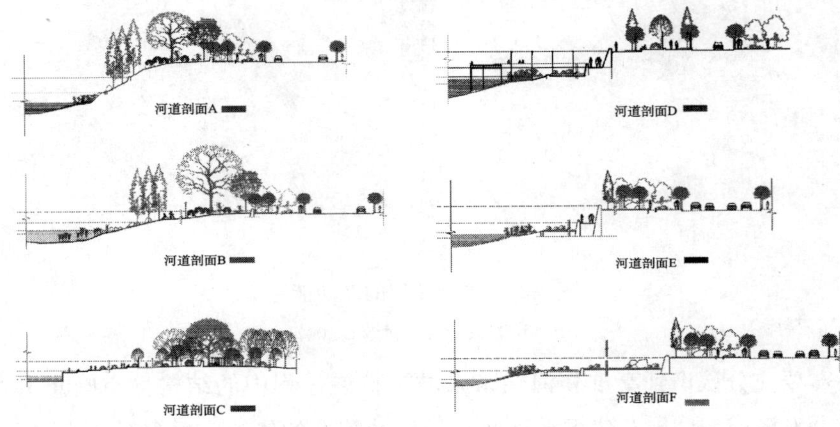

图 9-24　秦淮新河沿线驳岸的处理示意

资料来源：段进等，2007

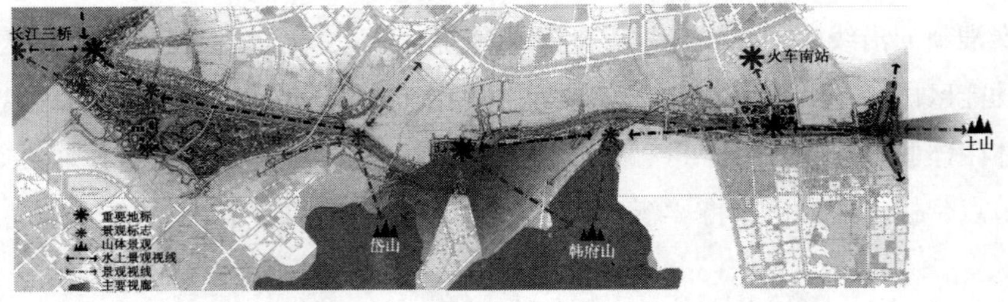

图 9-25　秦淮新河沿线景观的视线通廊分析图

9.3.4　整体城市设计的传统发扬——城市特色意图区体系的建构

笔者从长期的城市规划实践中认识到，在快速城镇化的背景下，城市的好山好水地段、历史文化地区等品质空间、特色空间极易受到

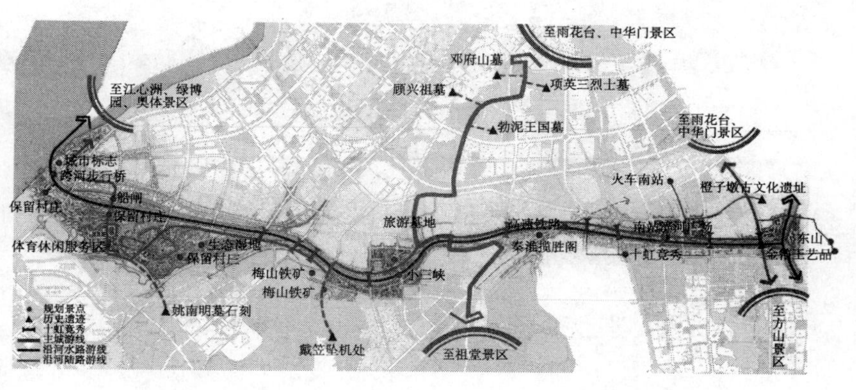

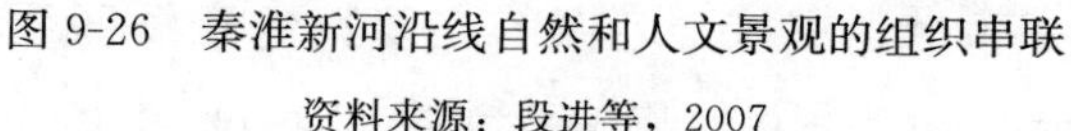
图 9-26　秦淮新河沿线自然和人文景观的组织串联

资料来源：段进等，2007

侵蚀，因此萌生了要对城市的品质空间、特色空间进行系统组织、规划设计，并将其整合到城市规划体系中的想法。后来这一思想演变成为南京城市空间景观特色意图区规划以及与之相应的规划管理制度。

“特色意图区”，是指因城市景观塑造、历史风貌保护以及生态环境保育等特别管理意图，需要提出特殊规划控制和设计要求的区域。在空间分区构成上包括两类：一类是“城市特色展现区”，指能够反映南京“山水城林”空间特色的地区，具体包括“自然山水展现区”、“历史文化展现区”和“现代风貌展现区”；另一类是“城市景观敏感区”，指需妥善处理空间关系、避免对特色展现区产生不良景观影响的地区（图 9-27 和图 9-28）。

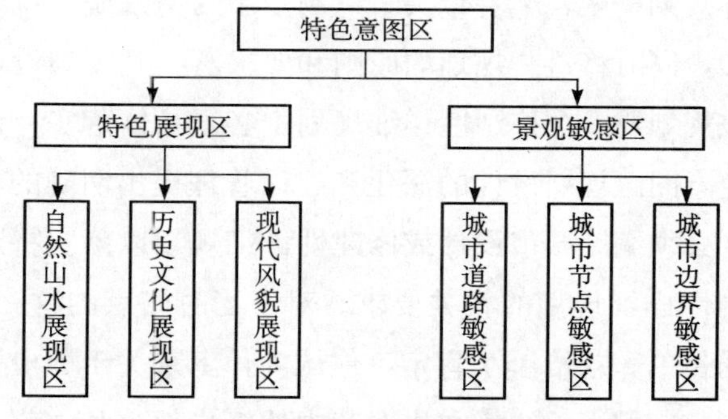

图 9-27　南京城市空间景观特色意图区分类研究

为反映当代社会规划的开放性，南京城市特色空间进行了市民意见调查（图 9-29）。在此基础上，研究、梳理、分析城市空间特色的认

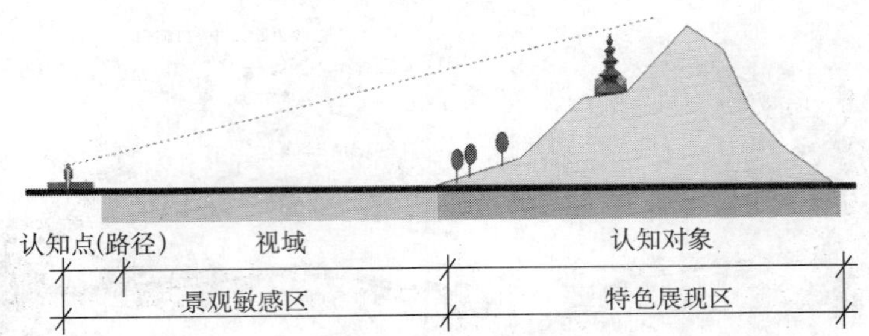

图 9-28　城市空间景观特色意图区空间构成分析

资料来源：周岚，童本勤，2006

知结构，形成了市域、主城、老城的空间特色意图区系列控制体系。根据特色意图区的重要程度、影响范围的差异可以将其分为三级。

一级特色意图区是城市空间景观特色的结构性代表地区，是城市最重要的“特色展现区”及“景观敏感区”，是城市空间形象的名片，在空间格局上具有决定性的控制作用。南京的一级特色意图区是最能够代表和展现南京城市空间特色的钟山风景名胜区、明城墙风光带、滨江风光带（图 9-30）。

二级特色意图区是除一级特色意图区之外的反映城市级独特个性的地区以及系统性展现城市空间景观特色的地区。南京市二级特色意图区共 115 项。

三级特色意图区是仅具有地域标识意义的特色区域，主要反映某一地区的空间特色。可结合控制性详细规划具体划定并提出详细控制引导意见。

按照上述规划框架，笔者牵头组织制定了《南京城市特定意图区规划》(图 9-31)，同时将这一规划的原则和要求落实到规划设计体系和管理体系中。该规划要求在控制性详细规划中必须具体落实特色意图区的边界，对特色意图区规划设计的深化和建设管理提出明确的要求，还规定特色意图区必须编制城市设计或修建性详细规划以落实特定意图区专项规划及控制性详细规划的相关要求。对于当时南京的这一规划创新，国家文物局局长单霁翔给予了肯定，他认为，南京关于历史资源型的特色意图区的划定，相当于“将文化遗产中的精华部分和文化遗产分布集中的区域设立为主体功能区，并划为禁止开发区域或限制开发区域”，这一举措对于系统保护、利用历史文化资源有着十分积极的意义。

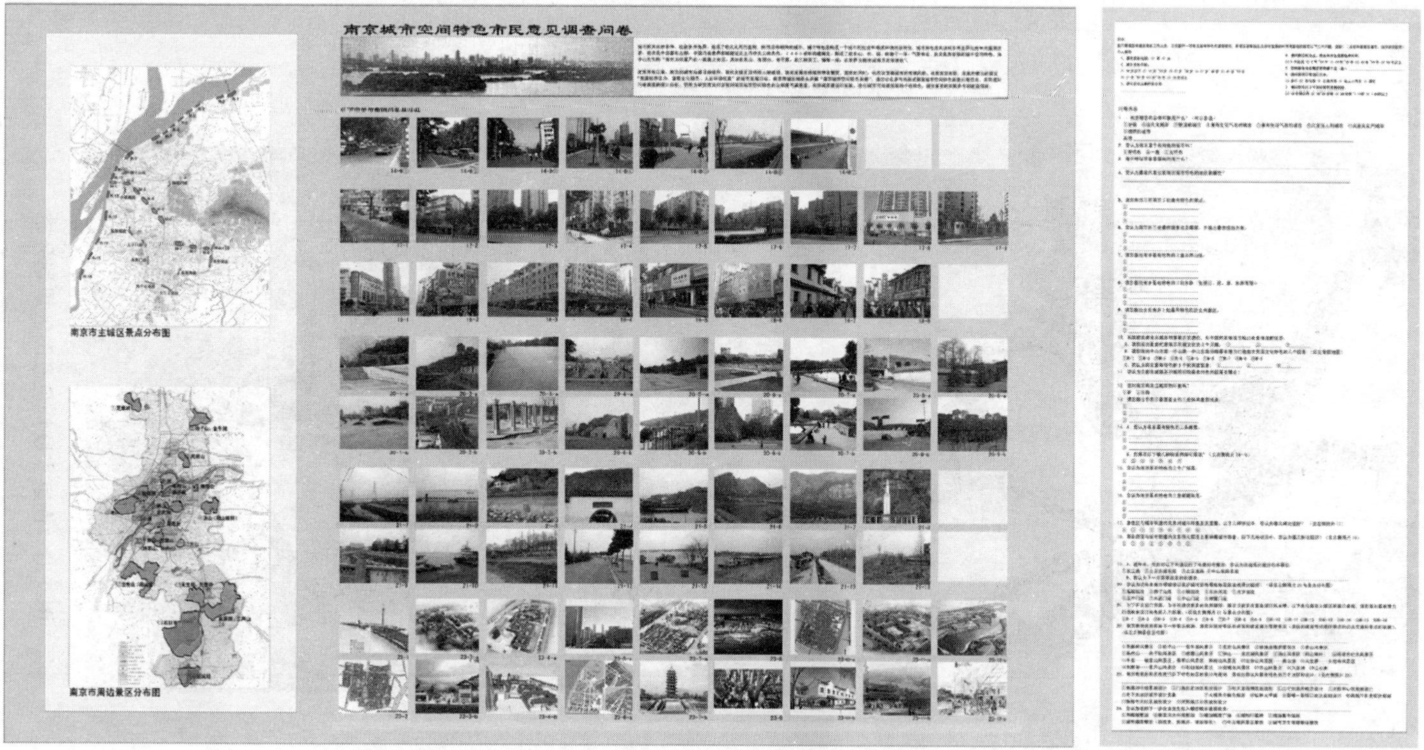

图9-29　南京城市空间特色市民意见调查

查料来源：南京市城市社会经济调查局，南京城市空间特色调查报告，2005年1月

图 9-30 南京城市一级特色意图区规划示意

资料来源：周岚等，2006

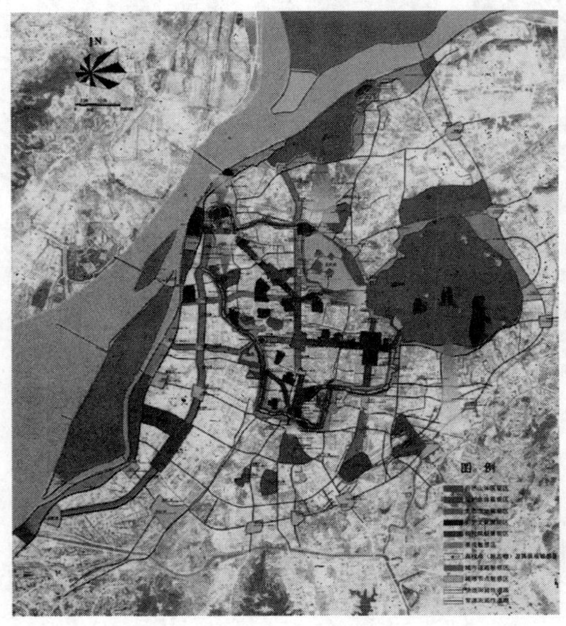

图 9-31 南京主城特色意图区规划分布

第10章 战略协同论——以南京城市综合发展战略为例

历史文化名城“积极保护，整体创造”论的真正实践，要求历史文化的保护和利用必须能够成为城市发展的战略选项，而以文化为导向的发展战略也必须成为历史文化名城的内在需求和发展动力。因为历史文化名城保护绝不仅是规划师和文物专家关注的专项规划和技术工作，它需要城市功能定位、城市产业结构以及空间战略的支持。在国家倡导更加全面、协调、和谐、可持续的科学发展观的时代背景下，必须一改过去“唯经济增长为导向”为更加科学、协调、平衡的发展追求，力争实现历史文化名城保护的三个“协同”，即城市功能定位的协同、城市产业结构的协同以及城市空间战略的协同。

10.1 城市功能定位的协同

10.1.1 经济中心或文化中心

1949年前的南京是一个典型的消费型城市。当时，南京是全国的

政治中心，全国的经济中心则在相邻的上海。新中国成立以后，南京致力于从一个“消费型城市”转变为一个“生产型城市”，南京的城市功能定位发生了重大变化，南京城市的发展动力也从单一的行政因素逐渐转向行政与生产性双重因素。1968年南京长江大桥的建成，使南京水陆交通枢纽地位进一步加强，南京成为华东地区重要的交通枢纽，同时也因优越的区位和交通优势吸引了一批大型企业，成为我国重要的电子、石化、汽车制造业基地（程茂吉等，2007)。1978年南京的三次产业结构比例为12.5∶67.5∶20（江苏省统计局，2004)，工业占绝对比例。至今南京的产业结构中，工业仍然占据近半壁江山，而重工业又占到南京工业总产值的80％以上，据统计，2008年南京市规模以上工业总产值6472.23亿元，轻、重工业总产值比例为16.2∶83.8，相差67.6个百分点（沈爱民等，2009)。

过重的经济结构和产业结构以及相应的环境影响，不仅影响人们对于历史文化名城的认知意象，也不利于人居环境的改善和生活品质的提高。统计表明，南京石化、冶金、电力、建材四大支柱产业的总产值占工业总产值约40％，但其排放的二氧化硫量占全市排放总量的85％，排放的工业废水量占全市排放总量的86％。在人才对于发展越来越重要的知识经济年代，在人居环境对于吸引人才、吸引投资的重要性日益增加的新形势下，过重的经济结构和产业结构对于南京城市长远竞争力的提升以及在全球化网络中寻求特色发展定位也是不利的。因此，南京需要寻求新的发展思路和增长点。

在经济全球化的时代，后工业化时代“新经济”的文献著作将人才和文化提到了空前的高度，认为以人才为资本、以创新为生产力的文化产业或创意产业将成为未来经济的支柱之一。“文化”已经成为一种新的重要资源要素，其与经济、社会、环境的紧密联系正在获得越来越多的关注，并成为城市可持续发展和城市竞争力的重要指标。伦敦2003年公布的《伦敦文化战略纲要》将其文化发展战略定位为卓越的国际创意和文化中心。纽约市政府明确把文化战略定位于最大限度地创造文化环境及为城市经济服务。东京也提出了“打造充满创造性的文化都市”的目标。

事实上，南京具有发展文化产业、成为文化中心的良好基础。历史上南京有“天下文枢”、“东南第一学”的美誉，曾三度成为世人瞩目的文化中心。六朝时期，南京作为南北文化的交流中心，创造了灿烂辉煌的“六朝文化”。明清、民国时期，南京则成为内陆文化与海外文化、东方文化与西方文化的交汇之地。从历史文化的积淀来看，在中国四大古都中，南京是唯一位于中国南方的都城。如果说位于北方的都城更多地表现了源自中原的儒家礼制文化，而南京作为南方都城的代表，则同时体现了两种中华传统文化思想，既遵循儒家《周礼》的礼制以体现皇城、宫城的辉煌，都城营建又体现了道家《管子》“因天材，就地利”、“城郭不必中规矩”的规划思想。在中国城市建设史上，南京占据着不可替代的重要地位（图 10-1）。

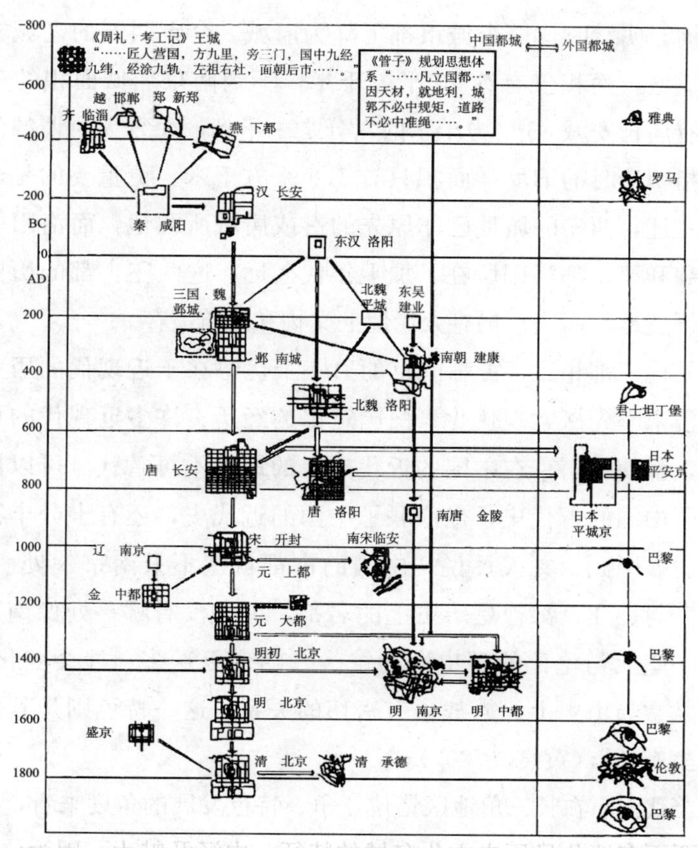

图 10-1 中国历代都城发展演变图

资料来源：吴良镛，1994

同北京相比，北京老城被认为是世界城市史上“无与伦比的杰作”，北京故宫也成为世界文化遗产中中国文化的代表之一。但遗憾的是，今天北京老城的关键界定要素明清城墙却已不复存在。也许是历史的巧合，北京相对完好地保留了都城的核心——北京故宫，而当年，北京故宫的摹本——南京明故宫已经毁于战火，但今天的南京却相对完好地保留了明代都城的边界——南京明城墙。也许只有把它们组合起来研究，才能够更加完整地了解中国大一统时期的帝都面貌。从现代化建设与历史资源的关系来看，今天的北京更多地呈现了现代化大都市的一面，历史的感知几乎只能更多地在皇城范围之内。而南京历史文化的感受和份额要比北京强。

同西安、洛阳相比，西安的繁盛年代是隋唐，洛阳的繁华年代在宋代之前，明清时这两个城市都下降为府城。今天西安的老城实为明清时的府城，面积仅有约 13 平方千米，不到南京老城面积的三分之一，只有唐长安城 83 平方千米的六分之一不到；而今天所谓的洛阳老城也是指明清时的旧城，面积只有 1.8 平方千米。更重要的是，由于历史的变迁，西安的城址已非原先的秦或唐城所在地，而洛阳的城址也非北魏和唐东都洛阳所在。加上年代久远，这两座古都的历史遗存多为地下遗址。而南京仍有大量地上文物和建筑遗存。

同其他三都相比，古都南京的另一个优势在于近现代的历史文化遗存，清末率先探索现代化、民国定都的经历、许多近现代的重大历史事件，都使得南京在中国的近代史上的地位不可替代。可以说南京既连接了中国的古代史，也串联了中国的近代史，还有十分丰富的当代发展史。因此，文人评说“中国的古都自然不只南京一处，长安、洛阳、开封、北京都曾是历史上的名都，可是没有哪一处像南京，这简直是一座无与伦比的历史博物馆……朝代更迭多，社会变化剧烈，特别是常常与历史上民族战争有密切的关系，这一特色则是其他一些古都所少有的”（黄裳，2002）。

从当代南京在长三角地区错位竞争、特色发展的角度来看，南京自身也需要更多地凸显历史文化名城的特征、内涵及魅力。因为位于东部的上海是长三角的龙头城市，它更多地表现出商业之都的繁华；位于南部

的杭州是长三角的南翼中心城市，更多地体现了休闲之都的魅力；而位于西北部的南京则是长三角的北翼中心城市，更多地表达出文化之都的厚重。

综上所述，南京需要加快调整过重的经济结构和产业结构，这既是保护历史文化名城、改善人居环境的需要，也是经济可持续发展的需要，还是南京在全球化城市网络中确定特色定位、在长三角地区与其他区域中心城市错位竞争的需要。因此，南京必须花更大的力气致力于发展现代服务业，提升城市服务业的比例。在服务业发展中，要突出南京历史文化积淀深厚、当代科教文化发展创新及人才集中的优势，借鉴国际上培育文化创意城市以及文化创意产业的成功经验，以历史文化资源的利用为基础，大力发展文化创意、软件技术、信息服务等，培育、做大南京的文化及创意产业，使其成为文化都市、创意中心。

10.1.2 制造业中心或服务业中心

2008年南京市三次产业GDP比例为2.5∶47.5∶50（表10-1），服务业产值比例第一次超过了工业产值，呈现出“三、二、一”的结构形态，表现出可喜的势头。但是同发达国家的大城市相比，南京市的服务业比例还有很大差距。1999年纽约市的就业人口中，制造业的比例仅占8.2%；2001年芝加哥的就业结构中，工业的比例也仅占9.2%；1999年大伦敦地区，剔除制造业和建筑业外的广义服务业人口，占总就业人口的90%以上。曼彻斯特是英国传统的制造业基地，但2002年曼彻斯特的制造业和建筑业就业比例也仅占18%（张庭伟，2004）。国际城市发展的经验表明，城市竞争力来自综合的竞争力，而不在于制造业的单一竞争力。实际上，在今天几乎所有的全球城市和国际城市中，没有一个是以制造业为主的城市（程茂吉等，2007）。

表10-1 近年来南京三次产业生产总值及其所占GDP比例

年份	增加值/亿元				占GDP比例/%		
	第一产业	第二产业	第三产业	合计	第一产业	第二产业	第三产业
2004	75.27	1003.99	987.92	2067.18	3.6	48.6	47.8
2005	77.22	1200.28	1133.61	2411.11	3.2	49.8	47.0
2006	82.02	1359.94	1331.82	2773.78	3.0	49.0	48.0
2007	86.44	1607.22	1590.07	3283.73	2.6	48.9	48.4
2008	93.00	1795.00	1887.00	3775.00	2.5	47.5	50.0

资料来源：沈爱民等，2009

实际上，南京具有成为区域性现代服务业中心的良好条件。从地理区位上讲，南京正好处于中国沿江和沿海这一横一纵两条国土发展轴的交接点上，即枢纽位置。长三角地区被誉为“中国乃至世界经济增长的发动机”和“全球六个超大城市群之一”，是中国经济发展速度最快、经济总量规模最大的区域。长三角地区是中国参与全球经济的重要平台，国家在有关长三角地区的发展战略中，已经明确提出要发挥长三角地区的辐射带动作用，这也正是南京能在国家战略格局中获得重要地位的原因所在。南京能得以在东部、中西部地区之间推进区域协作的一个重要前提，就是南京对中西部城市有强大的吸引力。因此，南京要在国家引导东中西部协调发展、推进长江流域国土开发的战略中扮演“引领中西部、竞合长三角”的重要角色，成为承接长三角国际发展要素、辐射中西部地区的重要的现代区域服务中心。

10.1.3 对南京城市功能定位的思考

综合思考南京的资源条件和发展环境，南京的城市功能定位可以概括为：中华文化枢纽、滨江生态宜居城市、国家重要创新基地、现代区域性服务业中心、国家综合交通枢纽（张京祥等，2008）。

1. 中华文化枢纽

南京是中国四大著名古都之一，也是国家首批公布的历史文化名城之一。它拥有作为江南地区都城杰出代表的四重城郭和“山水城林”的空间格局，这使得南京城市既有南方都城的秀美，又拥有北方都城的恢宏气势。历史上，南京曾三度成为世人瞩目的文化中心，有“天下文枢”、“东南第一学”的美誉。如今，南京作为全国四大科研教育中心城市之一，拥有众多的科研教育机构和雄厚的人才储备，万人拥有的研究人员数和大学生数都名列全国前列。悠久的城市历史和丰富的科教文化资源造就了南京“中华文化枢纽”的历史地位。

2. 滨江生态宜居城市

南京是生态优良的绿色城市，“山水城林”融于一体，构成了南京城市重要的空间特色。境内宁镇山脉丘陵起伏，长江穿城而去。秦淮河蜿蜒其间，玄武湖、莫愁湖镶嵌东西，钟山龙蟠，石城虎踞，素有“江南佳丽地、金陵帝王洲”之说。依托丘陵山水地貌，构筑了23%的高森林覆盖率和46%的高绿化覆盖率。南京人文环境优越，文化的包容性强，适宜居住生活。南京是尺度适中的宜居城市，公交通勤便捷，第三产业主要集中在主城，第二产业基本分布在外围城镇，既保持了主城的活力，又保护了主城的环境。南京不以“大”取胜，而以适宜的规模和尺度、以“特”取胜，避免了“大城市蔓延式”的发展模式导致的大城市病。定位为滨江生态宜居城市，有利于充分发挥南京优良的自然条件和良好的社会环境优势，体现以人为本和环境可持续发展的要求，构筑绿色宜居的休闲都市。

3. **国家重要创新基地**

创新是一个民族进步的灵魂，也是国家兴旺发达的不竭动力。创新型城市是创新型国家的重要支柱，是区域创新体系的中心环节。南京具有丰富的科教文化资源（图10-2），是全国四大科研教育中心城市之一，是全国重要的高教、科研基地，拥有一批国内一流的高校和科研机构以及雄厚的人才储备，万人拥有的研究人员数和大学生数都名列全国前列。2008年末，南京市共有国家、省级工程技术研究中心65家，国家、省级科技创业服务中心18家，国家、省级重点实验室45个，公共技术服务平台66家。南京具有建设国家创新型城市的基础和条件，将其定位于国家重要创新城市，也有利于释放南京巨大的科技

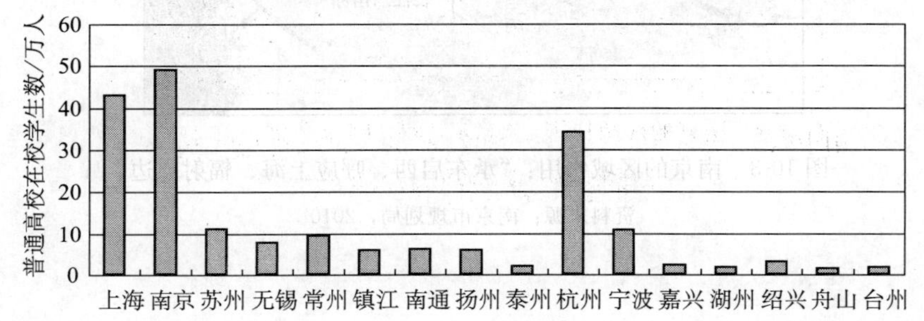

图10-2　南京科教资源优势

资料来源：南京市规划局，2010

资源潜力，有利于推动南京进一步解放思想，突破保守意识和传统体制的束缚，在新一轮发展机遇中提升南京的竞争力，促进产业结构的优化升级，巩固南京区域中心城市的地位。

4. 区域性现代服务业中心

南京区位之优越历来为世人所称道，历史上南京“北跨中原，瓜连数省，五方辐揍，万国灌输”[①]。如今南京处于沿江和沿海这一横一纵两条国土发展轴的交接点上，是承接长三角、辐射中西部的重要枢纽。将其定位为区域性现代服务业中心，充分考虑了南京城独特的区位和强大的服务产业基础，有利于巩固南京区域中心城市的地位，有利于充分发挥南京的资源优势，“承东启西、呼应上海、辐射周边”（图10-3），加快生产性服务业的发展，加快产业结构的转型升级，增强南京区域服务功能（图 10-4）。

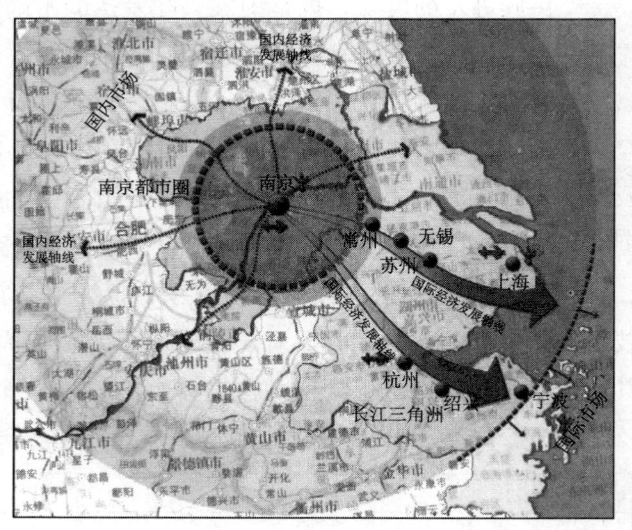

图 10-3　南京的区域作用：“承东启西、呼应上海、辐射周边”

资料来源：南京市规划局，2010

① 张翰：《松窗梦语》卷 4

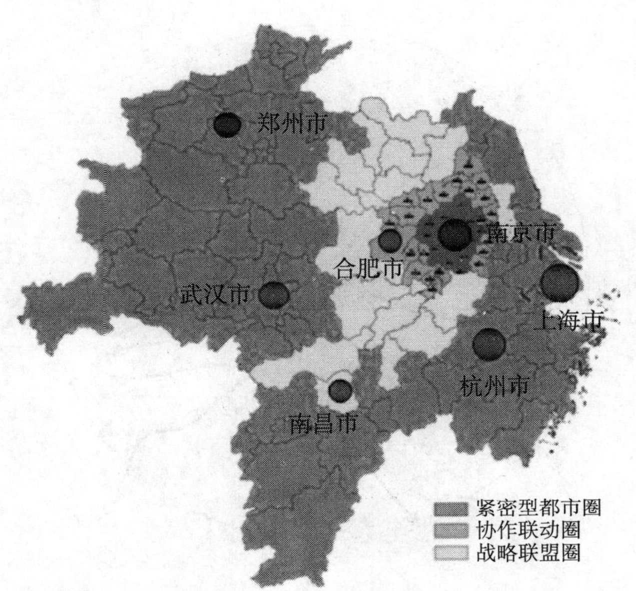

图 10-4　南京面向中西部的区域协作策略：紧密型都市圈、协作联动圈、战略联盟圈

资料来源：南京市规划局，2010

5. 国家综合交通枢纽

南京在国家大交通格局中占据“沟通东西、衔接南北”的重要地理区位。南京是国家重要铁路客货运输的枢纽之一，也是国家通信八大节点之一。南京具有空、铁、水、公、管五种运输方式，空港、陆港、河港、信息港四港合一的综合交通枢纽条件（图 10-5）。随着南京长江二桥、长江三桥、禄口国际机场、南京火车站、火车南站等区域战略性交通设施的相继建成，南京市对外交通枢纽的地位进一步提升，突出了南京在区域发展中的战略地位，改善了城市形象和投资环境，提升了南京在南京都市圈内及长三角地区的辐射力，为城市招商引资、产业发展提供了有力支撑。将南京从“长江国际航运物流中心”提升为“国家综合交通枢纽”，有利于将大量区域人流、物流、资金流、信息流的集聚优势，转化为商贸流通、旅游发展、高新技术产业等的产业发展优势，有利于增强南京的区域吸引力和辐射力，从而强化南京中心城市的地位。

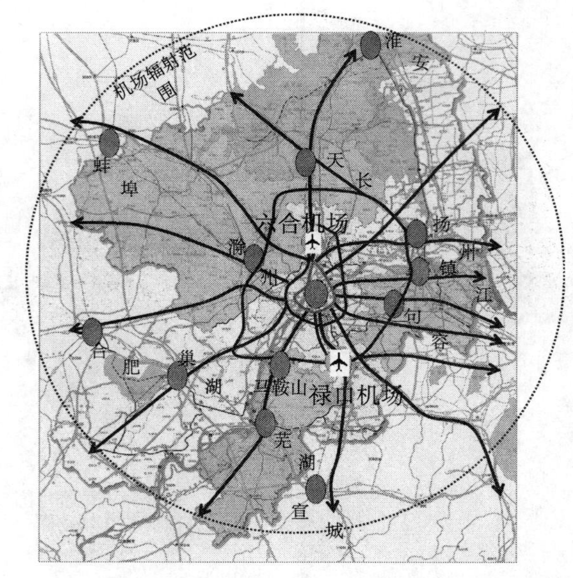

图 10-5　南京对外交通干线图

资料来源：南京市规划局，2010

10.2　城市产业结构的协同

10.2.1　改变城市对重工业的依赖现状

南京利用本地丰富的水资源和便捷的港口、铁路、公路等交通条件，利用国家和江苏众多的项目投资，形成了以重化工为主要特征的产业结构，成为全国石化工业、汽车、制造、电子的重要基地。其中，石化作为南京的支柱产业，多年来一直雄居南京工业榜首（图 10-6），在全国的地位仅次于上海。目前，南京地区拥有扬子石化、金陵石化（图 10-7）等较大规模以上的石化企业 200 余家，生产的石化和化工产品超过 600 多个品种，一些产品产量多年来一直位居全国前列。

鉴于目前中国处于快速工业化、城市化、城市现代化阶段，中国经济发展对于石油及其衍生产品等的依赖度在不断增加。正因如此，石化产业发展列入《2009 年度国家十大振兴规划》。2009 年 5 月，国家石化产业振兴规划出台，文件明确指出，石化产业是国民经济的支柱产业，资源、资金、技术密集，产业关联度高，经济总量大，产

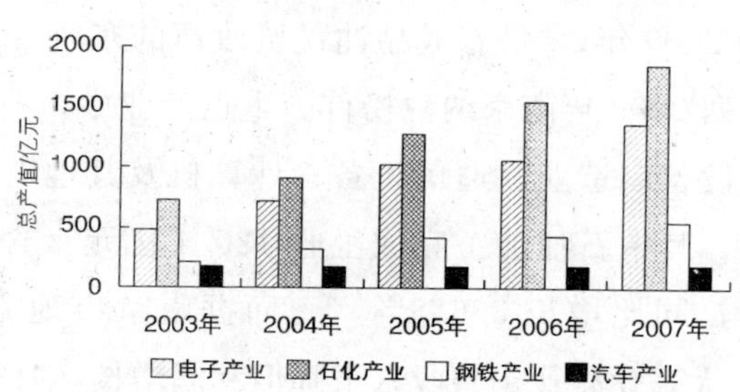

图 10-6　2003～2007 年南京四大支柱产业总产值

资料来源：沈爱民等，2009

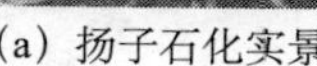

(a) 扬子石化实景

(b) 金陵石化实景

图 10-7　南京石化产业景观

品广泛应用于国民经济、人民生活、国防科技等各个领域，对促进相关产业升级和拉动经济增长具有举足轻重的作用。而根据国家的石化产业布局规划，将“逐步形成宁波、上海、南京等规模超过年 3000 万吨以及茂名、广州、惠州、泉州、天津、曹妃甸等规模超过年 2000 万吨的大型炼油基地”，可见南京仍然是国家石化布局的重中之重。

虽然石化产业为南京的经济发展作出了贡献，为政府的财政收入提供了重要的来源，但是随着中国融入全球化进程的加深，石化产业的发展越来越易受到国际石油市场波动的影响。2008 年受国际金融危机和国际石油市场波动的影响，“江苏省南京市扬子石化、金陵石化、南化公司等 6 家大型石化企业上半年上缴地方税收 23 915 万元，与去年同期相比减少 3869 万元，下降 13.92%”。因为“南京石化企业各种原料价格均有上涨，溶剂油、环氧乙烷、脂肪酸等 21 个品种平均价格上涨了 43.2%，同时石化产品价格提升却有限，导致石化企业利润大

幅下滑”①。而2009年，“借着成品油税费改革的东风，金陵石化以77亿元的纳税额列2009年南京纳税榜首。重点产业中，石油加工业、汽车等交通运输设备制造业、通信设备、计算机及其他电子设备制造业税收增长迅速，其中石油加工完成税收120.4亿元（含新增成品油消费税78亿元），同比增长336.8%。”② 而据南京市地方税务局信息，2009年南京两大石化企业销售收入下降但利润增长，“扬子石化、金陵石化共实现销售收入925亿元，同比下降16.64%；利润53.99亿元，而去年同期为亏损72.85亿元；实现税收143.97亿元，增收近125亿元，同比增长近6倍，其中地方税收12.18亿元，同比增长425%。一方面，由于国际原油价格相比2008年总体维持较低水平，直接导致企业主要生产成本大幅下降；另一方面，汽柴油价格联动机制建立，也保证了石化行业的利润。但进入9月以来，受市场因素的影响，国际原油价格出现高位盘整走势，企业成本趋高，两大石化企业效益均有所下降，直接导致企业全年利润水平萎缩。”③

上述数据说明石化产业容易受到国际经济和石油市场波动的影响，发展容易产生大起大落的现象。这一状况，从经济发展、财税收入的稳定性角度来讲是不利的。因此，一个城市、尤其是特大城市不能过分依赖某个市场波动性大的产业，南京需要致力于调整过重的产业结构，有序推进经济结构和产业结构的“调轻、调高、调优”。

上述是从经济自身增长的稳定性角度的考量，如果综合考量城市发展的综合战略和宏观定位，南京更需要调整过重的经济结构和产业结构。作为以重化工业结构为主的工业型城市，南京石油化工、钢铁和建材等行业生产对原油和煤炭等能源的消费需求较大，2008年南京市综合能源消耗量达2878.31万吨标准煤，列全省第二位。南京石化、钢铁、建材、电力四个主要耗能行业实际综合耗能占全市综合耗能量的70%以上（沈爱民等，2009）（图10-8）。较重的产业结构导致南京

① 中国化工报社南京石化企业税收骤减，中国化工报，2008-08-05

② 扬子晚报社南京2009减税170亿国税收入总量破500亿，扬子晚报，2008-01-01

③ “09年度南京两大石化企业销售收入下降利润增长”，信息来源：南京地方税务局，转引自〈中国南京网站〉

对能源、原材料的巨大消耗和高度依赖，受国际、国内环境和国家宏观调控政策的影响较大。

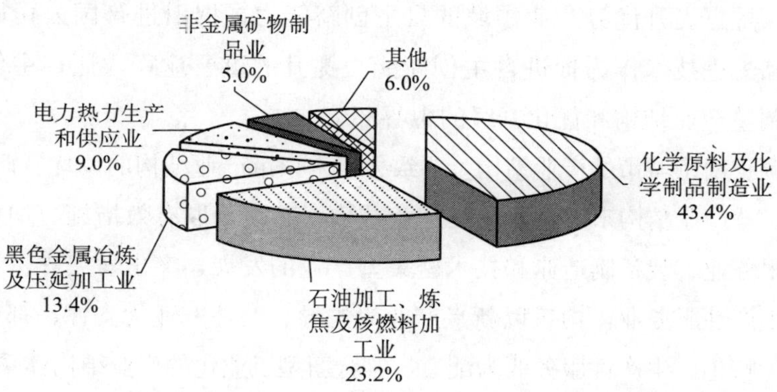

图 10-8　2009 年一季度南京工业重点耗能行业的耗能状况

资料来源：沈爱民等，2009

10.2.2　调优、调高、调轻产业结构

调整南京城市的产业结构是一个渐进的过程，需要长期的努力和持之以恒。在产业结构调整过程中，合理引导重化工业的健康发展尤为重要。对于重化工业的发展，要提高资源利用效率标准和环境保护标准，提高市场进入门槛，加强对现有企业、特别是国有大中型企业的技术改造，加快企业技术进步的步伐，促进重化工业采用先进适用的技术和制造工艺，加速淘汰高能耗、高物耗、高污染的落后生产能力，引导重化工业健康发展。

调整南京城市的产业结构，需要培育和扶持新兴产业，大力提升产业核心竞争力。要利用原有产业优势，在原有产业发展的基础上，通过技术进步及产业改造，从深度和广度上对原有产业进行上下游的延伸，扩展原有产业链，增加产品的加工深度，提高资源的附加值，进而实现城市经济的可持续发展。随着产业链的不断延伸和发展壮大，产业竞争能力的自我发展能力将逐步增强。在巩固和发展原有产业基础的同时，积极培育和扶持新兴产业的发展，形成多元化的产业发展模式。

调整南京城市的产业结构，要着力提高自主创新能力。要充分利用南京的科教资源，促使经济发展由主要依靠资金和物质要素投入带

动向主要依靠科技进步和人力资本带动转变，注重投入向技术创新和产业优化方向发展。要精心培育一批战略性产业，支持重点企业技术改造，重点提升优势产业领域的自主创新能力，把引进跨国公司研发机构和先进技术作为促进自主创新能力提升的重要途径，让自主创新成为调整产业结构和优化升级的中心环节。

调整南京城市的产业结构，要致力于南京市产业结构的调优、调高、调轻。就产业结构来看，要优化产业结构，必须采取有效措施，加快现代化服务业、装备制造业和技术密集型产业的发展，突出发展先进制造业和生产性服务业，构筑以新兴产业为先导、支柱产业为支撑、都市型工业为特色、生产性服务业为配套、符合新型工业化的产业结构体系。

10.3 城市空间战略的协同

10.3.1 南京城市产业发展的空间战略

在城市功能定位协同、产业结构协同发展的基础上，还需要谨慎选择城市产业发展的空间战略，合理引导产业的空间布局和现代化建设的空间布局。

根据南京历史文化资源的分布特征，结合南京都市发展区的“多中心、开敞式、组团”布局结构，南京的工业和服务业空间布局可在市域范围内形成“圈层式”格局（图 10-9），即在以新街口为核心、约 10 千米半径范围的主城内，主要发展文化创意产业、软件信息服务、科技教育培训等与文化发展和保护相关的产业；在绕城公路和绕越高速公路之间的都市发展区，则以发展高新技术产业和先进制造业为主；在城镇间的生态隔离廊道和城乡的郊野空间内，则主要发展现代都市农业和休闲旅游业为主。

现代服务业应重点布局在南京主城范围内，主城要严格控制新增工业用地，现状工业要通过用地、产业的功能置换，进行“腾龙换凤”、“退二进三”。依托主城现代服务业四大重点产业集聚区和 15 个功能区，大力发展以文化创意、金融保险、软件外包、商务信息等为主导的现代服务业，形成以南京新街口为核心的，与南京历史文化名

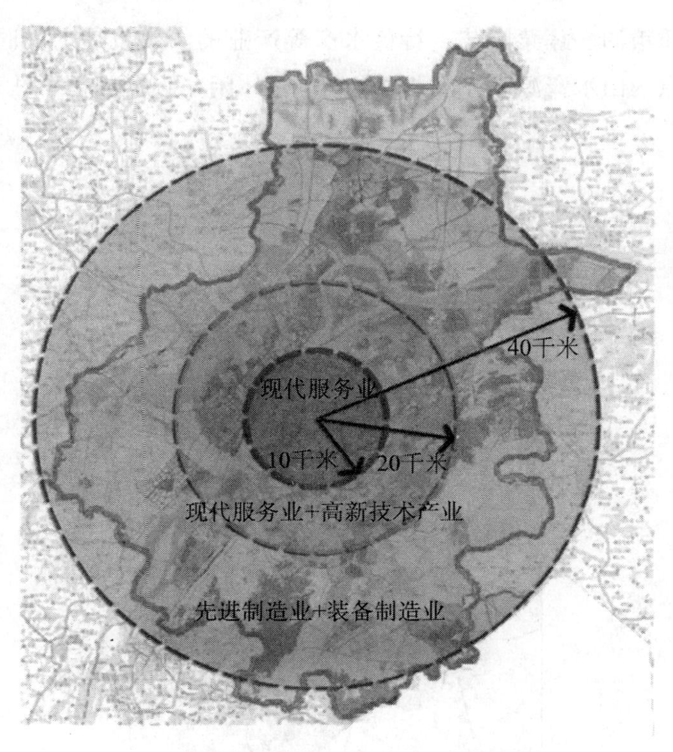

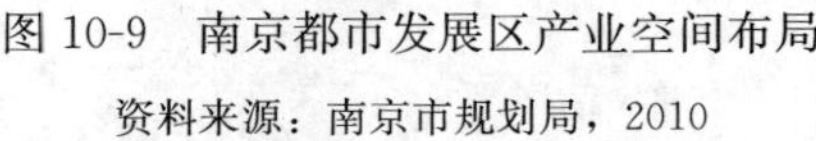
图 10-9　南京都市发展区产业空间布局

资料来源：南京市规划局，2010

城、区域现代服务中心相匹配的现代服务业产业圈。

高新技术产业布局主要依托现有的高新技术产业空间，包括南京高新区、南京经济技术开发区、仙林大学城、江宁大学城、浦口大学城等一批国家级开发园区。依托、利用高校科研院所的科技研发力量和“高级智库”作用，促进“产学研”相结合，实现高端人才及生产力的就地转移和转化，推动高新技术产业发展，形成高新技术产业集聚区。同时，要依托龙潭新城的深水港资源和禄口新城的空港资源优势，大力发展临港、临空经济和港口物流产业。

现代农业主要在广域的乡野空间和城镇隔离绿地内发展。在严格保护基本农田的前提下，大力发展生态、高效的现代农业，结合国土部门推动的土地利用“万顷良田整理”行动，在有条件的地区，大力推广农业生产规模化经营。按照空间连片发展的原则，优化农业布局，

实现优质粮油、蔬菜园艺、特色水产等产业的高效发展。同时，充分利用南京的山水资源优势，大力发展现代休闲度假旅游业（图 10-10）。

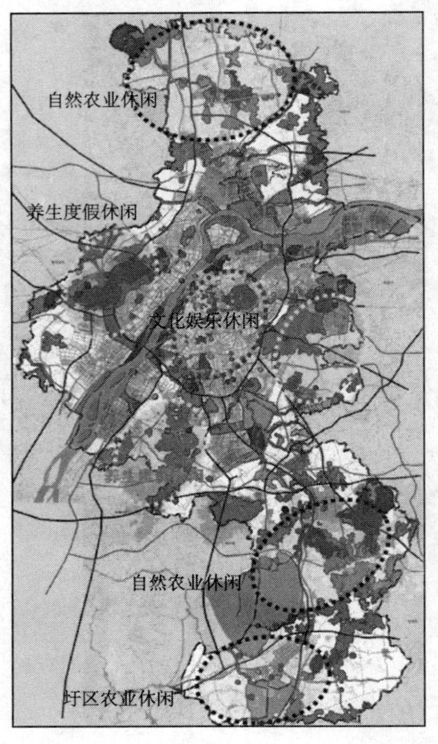

图 10-10 南京休闲度假产业空间布局

资料来源：南京市规划局，2010

10.3.2 南京历史保护和城市发展的空间战略

历史文化名城保护的核心是对城市的历史文化资源和空间风貌格局等进行保护和综合利用。在确立了南京以文化导向的城市功能为定位以及谨慎选择的产业结构协同战略前提下，需要进一步明确遗产保护和城市发展的空间战略协同，使得历史文化遗产的保护与当代新城市建设发展有机协调。

囿于城市经济实力和时代的局限性，在南京近 2500 年的发展史中，南京城市建设发展一直局限在老城的近 50 平方千米内。城市的生产和基本生活功能与古都的历史文化空间的交错发展，不仅阻碍了城

市功能的提升，也给古都整体空间格局的保护带来了较大的负面影响。

经过对半个多世纪来南京发展的回顾与反思，基于对南京著名古都风貌、国家级历史文化名城的文化资源保护和综合利用，2001 年南京城市总体规划调整提出了“老城做减法、新区做加法”的空间战略，得到了各方认同。随后，南京市委市政府提出了“一疏散、三集中”、“一城三区”的城市发展战略，即疏散老城人口，建设向新区集中、工业向工业园区集中、大学（扩建）向大学园区集中；集中建设河西新城区和东山、江北、仙林三个新市区。按照城市建设重心应转向新区、逐步疏散老城人口和功能的思路，通过“老城做减法、新区做加法”的一疏一导，加强老城历史文化资源的保护，以实现“古都金陵看老城、现代化新区看河西”的城市发展目标。

南京城市总体规划提出的“建新城、保老城”思想，是在经历并深刻反思多次历史文化遗产保护与现代化建设冲突事件之后提出的空间战略，其意义在于将建设新城区和保护老城区放在同等重要的战略地位，并上升至综合决策的层面。在“老城做减法、新区做加法”的思想指导下，利用迎接第十届全运会的契机，南京启动了河西新城区的建设，一方面有效地拉开了城市框架，为南京提升长远城市综合竞争力提供了重要的空间载体及物质财富；另一方面，老城的人口和城市功能得到了一定的疏散，缓解了老城进一步积聚的压力，有助于从根本上保护老城的历史文化名城空间格局。

在“建新城、保老城”战略的指引下，经过 2002 年以来 8 年左右的建设，这一空间战略已经取得了积极的成效。城市建设的重心第一次真正跳出了明城墙内的老城范围，城市结构从过去单中心简单外溢蔓延逐步转为多中心组团式有序发展，为南京作为特大城市的长远可持续发展奠定了良好的空间架构。“建新城、保老城”战略也体现了“积极保护、整体创造”论在城市空间发展战略上强调历史文化遗产保护与城市科学发展相协调的原则。通过这一城市空间发展战略的实施，河西新城建设发展和老城文化资源保护实现了“双赢”的局面。

与此同时，在“建新城、保老城”城市空间战略的支撑下，南京的经济社会持续稳定发展，城市竞争力得到显著提升。研究显示，2001 年

后，南京的经济社会发展改变了“20 世纪八九十年代中心城市地位衰退的尴尬局面，实现了‘十五’期间的快速发展，城市排名上升速度明显”(图 10-11)。一方面，城市经济高速增长。2005 年南京全市地区生产总值达到 2411 亿元，年均增长速度达到 14.2%，分别高于全国、全省同期平均水平 4.7 个百分点和 1.4 个百分点，高于南京改革开放以来 12%的平均增速和“九五”期间 12.2%的平均增速。从 2004 年开始，人均地区生产总值突破 4000 美元。2005 人均地区生产总值达到 40 887 元，合 5110 美元，经济达到中等发达水平。另一方面，城市经济总量排名明显前移。通过比较南京与其他 14 个副省级城市以及苏锡常地区等共 17 个城市主要年份的地区生产总值可以发现：“十五”期间，在全国城市经济普遍快速发展的大背景下，南京的经济发展势头尤其迅猛。18 个城市中地区生产总值排名从 2000 年的第 12 位，跃升至 2005 年的第 7 位，上升速度非常之快（王德等，2008）。这说明“建新城、保老城”的空间战略可以在保护好城市历史文化资源的同时，获得良好的经济综合效应，实现遗产保护和经济发展的综合双赢。

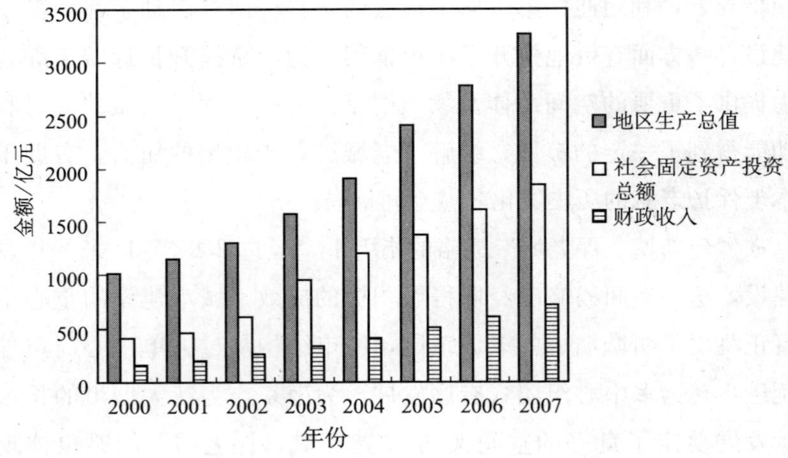

图 10-11　南京市经济增长趋势（2001～2007 年）

资料来源：南京市规划局，2010

老城的保护与更新，利在当前，惠及长远。认真回顾南京城市总体规划提出的“建新城、保老城”策略的实施成效，总体上是十分正

面、成功的。但相对于新区的快速发展而言，老城的建设控制和人口、功能疏解较为薄弱，也正因如此，绪论所述的老城南历史保护事件才会发生。笔者认为，由于南京古都面临的问题较为综合，尤其是老城交织存在着已经改造地区的城市特色消退、未改造地区物质性老化以及经济活力保持和社会秩序创造等问题。另一方面，必须同时看到的是，经过历史的演变更替和多年的现代化建设，南京的历史文化遗产保护和发展环境已经十分脆弱，如果未来南京不能严格控制好老城的新增建设，不能妥善处理好遗产保护与现代化建设间的平衡关系，未来的南京也将会和一些让人扼腕叹息的历史文化名城一样，少量的历史遗存将成为陷于现代化建筑海洋中的孤岛，那时朱自清笔下的南京城及其历史韵味将踪影难觅：

“南京是值得流连的地方”，“逛南京像逛古董铺子，到处都有些时代侵蚀的遗痕。你可以摩挲，可以凭吊，可以悠悠遐想；想到六朝的兴废，王谢的风流，秦淮的艳迹。这些也许只是老调子，不过经过自家一番体贴，便不同了。所以我劝你上鸡鸣寺去，最好选一个微雨天或月夜．在朦胧里，才酝酿着那一缕幽幽的古味。你坐在一排明窗的豁蒙楼上，吃一碗茶，看面前苍然蜿蜒着的台城。台城外明净荒寒的玄武湖就像大涤子的画。豁蒙楼一排窗子安排得最有心思，让你看的一点不多，一点不少。”

因此，未来需要将南京老城作为重点，就老城的积极保护提出更有针对性的实施策略，更加严格地控制老城新增建筑和功能。包括以下几个方面：

（1）进一步明确南京老城以文化为导向的发展战略，形成老城控制保护的全社会共识。现代城市的竞争，归根到底是城市文化的竞争。在南京市第十二届党代会上，南京市委市政府提出把“南京建设成为经济发展更具活力、文化特色更加鲜明、人居环境更加优良、社会更加和谐安定的现代化国际性人文绿都”的城市发展目标，这样的目标对于南京、尤其是老城确立以文化为导向的发展战略有着十分积极的作用。而近几年围绕南京老城南历史文化遗产保护的事件和风波，可以从另一个角度推动全社会的历史文化遗产保护意识的提升，

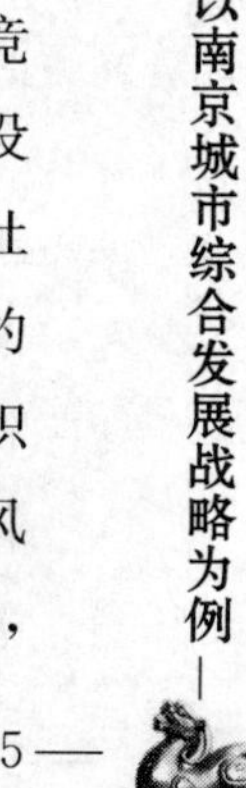

如反思改进有效，可以正面推动南京的历史文化遗产保护工作的改善。

（2）确立老城保护政府主导、市场运作的思路和制度。对于老城历史文化资源的保护，必须要加大政府的力度和投入，健全实施保障制度，如历史文化地段保护与更新项目的财务平衡，不能简单考虑经济效益，不能采取简单的就地平衡。应该设立老城历史文化特色保护专项基金，建立老城保护和更新的年度行动计划，加大对老城文化特色保护和彰显行动的财政和政策支持等。

（3）不断完善老城建设控制的机制和制度。鉴于南京历史上就是军事重镇的特殊地位，老城内驻扎了大量的部队机关，对于部队经济适用房建设等新建项目，要探索通过省市军地双拥领导机构加强高层协调沟通，从源头上把紧立项关。南京科教文化事业发达，也形成了老城内高校密集的特点，对于高校扩容和土地置换项目的申请，可以通过省市高校建设领导小组等机构建立沟通制度，加强对建设立项的引导。

（4）严格控制老城高层建筑建设，严格控制老城住宅用地投放。根据历史文化名城保护要求，对老城明确提出实施“双控双提升”策略，要求继续严格控制高层建筑的建设、严格控制住宅。要严格按照历史文化名城的整体空间格局规划高层禁建区、高层适度发展区和高层控制区。高层禁建区是为保护老城历史格局和风貌划定的地区，原则上规划为低层区；高层适度发展区是从整合城市空间轮廓线的需要出发，引导未来高层建筑的建设相对集中布置的地区；高层控制区则是老城内其他用地，也是老城用地的主体，建筑高度原则上控制为多层。

（5）在此基础上，要通过老城环境整治行动的不断实施，将散布于南京老城的历史文化资源在“找出来—保下来”的前提下，逐步“亮出来—用起来—串起来”。所谓“亮出来”，是指将老城添绿和历史资源修缮、展示相结合，擦去历史建筑的尘埃，辅以现代化的历史文化标识系统，设置标志牌、指引牌、命名牌（碑）、说明牌（碑），使老城历史文化资源重新呈现出来；所谓“用起来”，是指要将老城历史

文化空间作为城市现代功能承载空间使用，将众多历史文化资源组织到现代生活之中，在保护的前提下，使历史文化资源成为城市公共空间的精致节点。同时在其周边培育带动休闲娱乐产业和特色商业的发展；所谓“串起来”，是指要利用秦淮河、明城墙风光带等文化廊道将历史资源串联起来。

第11章 社会支撑论——对历史文化遗产保护支撑制度的反思

历史文化名城保护表面上看起来是技术问题、专业问题，但实际上历史文化遗产保护之所以困难，是因为这是一个涉及立场、价值观和利益的社会问题，涉及众多的社会利益群体。因此说历史文化名城保护归根到底不是技术问题、专业问题，而是社会问题，同时也是复杂问题、困难问题。

以南京老城南保护及更新的社会大讨论和实践过程看，由于当时未深刻认知历史文化名城保护的社会属性，当围绕老城南保护与更新的价值观、方法论和实施制度都存在重大的观念分歧时，就匆忙进行地区改造，其结局必然是社会质疑和社会批评；当未深刻认知历史文化名城保护的复杂性，企图用一蹴而就的方式简单实现老城南的改造时，必然面临法规不健全、政策不配套、工作不够细、财政难以支撑等一系列矛盾的集合；未深刻认知历史文化名城保护的实施困难性和渐进改善性，企图将多年历史问题的累积在当代一次性解决，超越了政府和财政的可支撑能力，也超越了社会发展的阶段性。

因此，社会支撑论强调社会问题应该靠社会来解决，需要全社会的参与和支撑，需要多元社会角色的协同（图 11-1）。复杂问题必须要有一揽子的综合策略支撑来解决，而实施问题则必须综合考虑当代可能、代际平衡及代际的可持续问题。

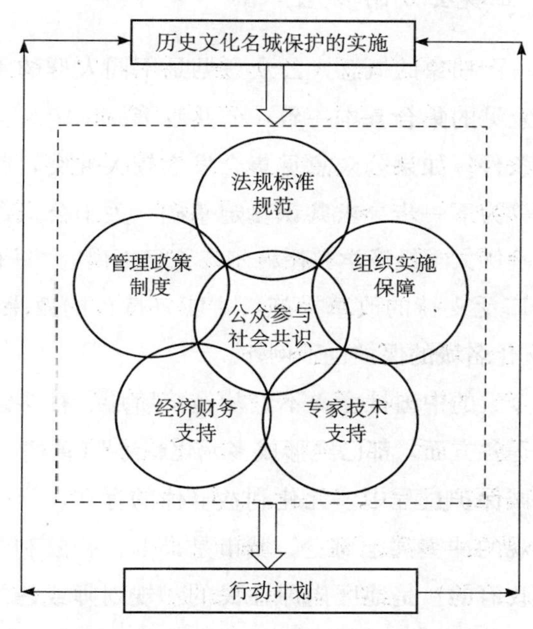

图 11-1　历史文化名城保护社会支撑体系的构建

11.1　社会问题需要社会协同解决

按照城市社会学的观点，一个城市的发展与市民的生活与行为息息相关。城市社会文化的异质性变化往往是城市内各类开发的累积与合成效应的结果，其分布的状态与程度主要与社会结构层面因素的重构，包括不同年龄、性别、阶级、种族，甚至价值观和意识形态的人群之间的交互作用有关（Simmie，1974；Bounds，2003）。

由此可见，社会的群体构成是十分复杂的，不同社会群体具有不同的利益诉求，存在广泛的价值冲突，即使是在同一类群体内部也存在不同的意见。不同社会群体的不同声音也必然反映在历史文化名城保护中，各方价值的冲突不可避免。而历史文化名城保护的有效实施

有赖于所涉及的社会群体或集团的合力支撑，因此，社会支撑论强调要在多元社会中探索从价值冲突到共识形成的过程和机制，通过“相互尊重、深入探讨”的公众参与，实现“求大同、存小异”，实现整体公共利益最大化以及大多数人的共赢（win-win situation）。

11.1.1 正视公众的多元声音

公众不是一个抽象的概念，公众意见是不同人群的不同意见的集合。如果公众意见的集合基本一致，公共政策的制定就会有良好的群众基础和实施条件；如果公众意见集合发生较大冲突，就需要通过讨论、深化工作等为下一步寻求共识奠定基础。关于公众参与对于政策实施的作用，哈佛大学经济学教授科尔奈曾经指出，“只有实现经过深入辩论并取得广泛支持的改革措施，才能有持久的效果”（科尔奈，2010）。历史文化名城的保护也不例外。

由于“在今天的中国社会，不论从经济阶层、社会形态、利益团体、政治诉求等各方面，都已经形成多元化趋势”（黄靖，2010），而由于历史文化名城保护过程中多元化利益群体的存在，不可避免地会产生彼此间价值观的冲突甚至对立。城市是谁的？公共利益是谁的？是全市人民的？政府的？是地区内原住民的？规划师或建筑师的？文保专家的？还是投资商的？不同社会角色对这些问题的回答是不尽相同的，相应地也折射到历史文化名城保护中来。

从南京老城南保护和更新涉及的多元角色来看，三类最重要的角色——居民、政府、专家的声音是各不相同的，地区内的居民和地区外的居民观点也是不同的。地区内的居民更关注自身居住环境的改善与否，而地区外的居民则更多地从城市形象和景观特色的角度看待老城南，或认为是破败、或认为是历史味十足。即便是地区内的居民，当年“真正的原住民”和1949年后陆续入住的经租户观点分歧也很大。虽然大家都共同企盼居住环境的改善，希望能够入住有现代化厨卫及配套设施的住宅，但是“真正的原住民”希望的是在原地改善居住条件，希望能够借助政府的改造让后进入的经租户离开，让自家的老宅回归到历史的一家人居住的状态；而经租户希望的是尽快离开业已衰败的地区，尽快入住其他地区的成套新房。

不同的政府角色的想法实际上也是有所差异的。城市政府认为，城市中其他地区的老百姓的居住环境已经得到改善，这个地区的老百姓需求应该得到特别的关怀，同时在老城内还有这样的破败地段也影响了城市的形象。基层政府则压力巨大，因为破败的历史地段对他们而言，意味着每年大量的人大代表政协委员提案建议，意味着消防遗患，意味着社会治安事件，意味着市容问题，也意味着自身施政的不力。

专家学者的声音同样是多元的。一部分专家更加强调保护历史，一部分专家比较强调历史地区在现代环境中的发展，还有一部分专家更加强调在当代社会中保护和发展的平衡关系的建立……

面对如此多元观点的分歧，首先需要正视的是不同声音的存在。一个多元包容的社会不应是不同的声音被压抑，而恰恰是多元声音的充分表达。只有仔细聆听不同的声音，研究清楚背后的价值导向、利益动因和内在需求，才能在摸清问题症结的基础上努力找出整体公共利益最大化、让大多数人群共赢的解决之道来。

11.1.2 关注百姓的基本需求

目前，历史遗产的选择过程更多体现精英阶层或专家的文化品位，因此，公共利益的确定应该谨防社会中上阶层利益的干预，而应真正体现全体人民的利益。保护工作过于专业化和群众基础的缺乏必然会影响到保护的效果，这可能造成历史文化遗产保护的目标同居民切身利益的冲突。目前既有的保护方法多局限于物质空间的保存，而较少关注空间背后的社会经济生活和综合的活力。但实际上，如果抛开老百姓的需要，只简单保护物质空间，而物质空间与现代化的生活内容、设施、交通条件相冲突的话，保护的目标最终也难以实现。未来历史文化名城的保护工作应该更加突出其公共政策属性，将历史文化名城保护与城市整体发展、社会共同进步及百姓利益所关联。

对居住在业已衰败的老城区的居民而言，生存权和发展权是最基本的需求。当其他地区的居民都在享受社会发展的丰硕成果、生活居

住条件得到大幅提高、分享改革的红利的时候，为什么他们却还只能“蜗居”在业已十分破败的地区和几无现代化设施的住宅里呢？对于他们而言，只有在生存权和发展权得到有效满足的前提下，才能谈到精神的享受和文化的追求。

笔者认为，保护工作必须正视居民的合理需求，城市不是博物馆藏的古董文物，任何人没有权力将居民恶化的生活状态当作架上文物来展示给游客看。而应该重视其生活环境的改善，重视将历史文化的内涵融入现代文化生活之中，以保持和激发其持续更新的能力与活力。正如瓦卡洛夫·哈费尔所说，“在当代多元文化的世界中，通向和平共处和创造性合作的可靠途径不是从政治观念、信念、敌对情绪或同情出发，而是始于所有文化的共同基点，是从人类灵魂深处出发，从超越自我开始”（Wang and Huang，1998）。对此，单霁翔局长也曾有针对性指出：文化遗产应融入社会生活，应关注文化遗产对于提升民众生活质量、创造城市文化环境所具有的不可替代的作用。

11.1.3　确立公共价值优先的原则

虽然近些年来，中国社会整体的历史文化遗产保护意识增强很多，但是总体而言，同西方社会相比，历史文化遗产保护的意识还是存在较大距离。当事人还是多从个体利益出发，较少关注公共利益、公共价值，其他的社会角色则多数是“事不关己、高高挂起”。

但是历史文化遗产保护却恰恰是站在城市整体公共利益的立场，历史文化名城保护甚至事关中华文化的可持续发展。历史文化遗产保护的效益是社会的、整体的、长远的，如果仅仅站在经济的、个体的、短期的立场，就难以对历史文化遗产保护作出科学理性的评价。因此，需要确立并大力倡导历史文化名城保护公共价值优先的原则。

公共利益价值的缺失、城市公民身份的淡化是造成错综复杂的社会问题以及激发社会矛盾的根源。个人自我价值的实现不能以牺牲公共利益为代价，以冲淡自身义务约束为代价。倡导公共利益优先，提高城市公民身份意识的认同度，是公正而持久的民主制度得以构建的基石。因此，多元价值间的协商和对话必须紧密围绕公共利益的保障而展开，把人们的核心价值观重塑为公共利益优先导向下的自由生活方式的选择，而非把个人利益置于民众利益之上。

因此，只有根据时代的发展来界定历史文化名城保护与发展的内涵，综合处理好整体与局部、长远与短期、历史与未来、历史文化与现代文明、城市建设与历史文化遗产保护等各个层次的关系，构建历史文化名城保护的核心公共价值观，才能真正实现公众利益，实现历史文化名城的可持续发展。

11.1.4 开展市民历史文化教育

从西方发达国家的实践经验看，遗产保护受到公众的支持及其在法律建设方面的发展，主要是得益于公众对保护原因的理解。但目前中国民众对于历史文化遗产保护的认识有待进一步提高，同时中国公众参与历史文化遗产保护的程度相对西方而言滞后。中国大多数的保护措施是自上而下单向确定的，政府、专家与民众、业主的交流不够。然而要实现真正的保护，最重要的根基是应该让公众和市民意识到要保存城市的历史资源、弘扬自身优良的文化传统。只有社会有了基本共识，才能形成保护历史文化的社会导向和价值观，才能在此基础上形成保护法规、完善保护制度，在具体工作中也能更好地发挥公众对历史文化遗产保护的社会监督作用。

而公众参与的意识和公民精神的培育需要长期的引导、宣传、教育和发动，正如孔子所说："民可，使由之；不可，使知之。"[①] 从历史文化名城保护规划的制度完善角度来看，可以通过公众参与机制的建立和完善逐步培育公民精神和公众参与的意识。例如，可以从与自身直接利益关联的地区保护规划入手，举行公众意见专场咨询会，由项目的规划师、建筑师及文物保护专家现场接受公众置询，面向公众征询意见、聆听建议，并回答疑问；对于具有较大社会影响面的敏感性项目，可采取多部门联合听证的方式；还可以采用更加广泛的媒体公示和宣传的方式，介绍历史文化名城保护的相关内容，展开相关利益

① 孔子．论语·泰伯第八

的深度讨论。

更加重要的教育是培养市民对城市历史文化的自豪感以及对自身家园历史和现状的热爱。这一方面有赖于社会整体文明程度的提高；另一方面，历史文化名城可以充分发挥大量历史文化资源的熏陶教育意义，通过多元手法展示、介绍城市悠久的历史积淀，如在历史资源周边开辟小广场，设立说明牌（图 11-2），介绍历史沿革、文化艺术价值和相关历史背景、历史人物、历史事件等，以润物细无声的方法增强市民的历史文化知识和对城市的自豪感。

图 11-2　国外历史文化资源展示介绍实例

11.1.5　推动市民公众参与保护

文化与政治多元化的存在必须以群体间的宽容和妥协为前提(Miller and Zane，1992)。涉及经济、文化和经济各层面的价值观的冲突，只有通过对话才能达成妥协，清除各社会利益群体间的反感情绪，实现自我超越和整体发展。因此，必须要通过相关角色的共同参与，使政府、专家、业主和公众达成基本共识。

但到目前为止，中国历史文化遗产保护还主要是在国家的保护体系下由少量专家来推动，中国普通公众参与并监督历史文化遗产保护工作的深度和广度远远不够。历史文化遗产保护在最初阶段需要前瞻性专家的引导推动，但长久的发展、真正的全面实施不能仅仅依赖文化精英，还要依靠社会和公众的集体力量。

在西方社会，公众和纳税人将对历史文化遗产的保护和监督作为自己的权利和义务，成为历史文化遗产保护中重要的平衡力量，起到了十分重要的作用。因此，要使中国的历史文化名城保护工作走向稳定和成熟，保护规划及其行动计划的社会化与专业化的结合是必需的，也是必要的。未来，在历史文化名城保护中，要鼓励公众参与，重视对民众的宣传教育，重视社会共识的培育过程。要建立一个包容、开放的决策过程，建立多方平等参与的平台与机制，变“自上而下”的改造为“自下而上”的多元参与性复兴，鼓励各收入阶层的居民，按照各自的方式积极参与到保护工作中来，从而达成社会共识，获得保护规划实施的广泛社会基础。

南京市已经明确：凡是涉及历史文化遗产保护的项目，需通过专家咨询、社会公示、媒体讨论以及与专家深入沟通等多种方式，广泛听取公众意见；力争做到“宣传形式的生动化、沟通内容的深入化、专家论证的全面化”。在开展的南京市城市总体规划公示过程中，采取新闻通气会、专题说明和答疑会、规划展览馆公示、规划局网站公示、社区现场公示等多种形式，实现了广泛的公众参与，社会各界也给予了高度关注，收到有关书面意见3000多份，涉及名城保护的有300多份。可见，虽然公众参与程度和广度还不够，但是同早期的漠不关心相比，已经有了长足的进步。

未来，还要坚持推进历史文化名城保护规划等的公众参与，通过公众参与过程的情况了解、观点辩论、社会讨论，让“真理越辩越明”，通过公众参与寻求历史文化名城保护价值的基本共识。

11.2 复杂问题需要综合策略解决

过去历史文化遗产保护对规划实施的政策、法规、管理和制度支撑的研究不够。当历史文化遗产保护缺乏政策、法规、管理和制度支撑时，历史文化名城保护的有效性和实效性就容易成为一个“偶然”

的行为和结果，取决于一城一地的专家力量、民众意识和领导水平，取决于一时一任的发展思维和导向，无法实现历史文化遗产保护的可持续性。

历史文化遗产保护的实施牵涉多种社会利益的重新分配，不可避免地触及各利益主体的利益的增损，因而是一个长期的博弈过程。其核心就在于如何在各利益主体之间建立合理的利益-责任机制，寻求共同利益，建立多方参与的利益协调与分配机制（Forester，2006），这样历史文化遗产保护的实施才能有效、高效。因此，历史文化遗产保护的关键点不是划定各种各样的保护范围和提出保护规定，而是要解决在保护范围和规定背后，如何通过政策手段和体制机制将历史文化遗产保护纳入一种较为理性的变化过程当中，引导可能的变化，使新的发展可以延续过去历史的和场所的精神，促进城市地方性的形成和发展的问题。例如，世界遗产委员会就要求对世界文化遗产保护有全面的保障措施，包括明确权利和义务、设立基金对保护进行支持、设置专门的管理机构、展开教育普及等，即立法、财政、行政措施、管理程序和教育计划等。本节将集中讨论其中较为关键的法律法规建设、标准规范定制、行政管理联动以及政策制度协同。

11.2.1 法律法规建设

虽然在中国建立历史文化名城制度以来的20多年间，与历史文化名城相关的保护法规不断建立，但是相对于西方社会而言，中国历史文化名城的法律法规建设还是相对滞后的。从内容上看，“文物保护”系列的法规相对健全，而名城保护的法规体系建构则相对薄弱，反映出国内对历史文化名城保护的相关认识仍然聚焦在文物（单体）上，历史文化名城整体保护的社会意识以及通过立法加强保护的意识尚有待加强。另一方面，关于历史文化遗产保护的具体规定和法律责任也不够具体明确，尤其是市场经济环境下，历史文化遗产保护的利益相关人的责任、权利和义务很不明确。

而从地方法规构建的角度看，由于每个历史文化名城都有其独特的历史，在历史进程中形成了极具个性的名城特色和历史资源，这些

都更加需要有因地制宜、更有针对性的保护举措的地方法规加以保护，但遗憾的是，这一工作显得尤为滞后。以南京为例，有《南京市文物保护条例》，却没有《南京历史文化名城保护条例》，目前南京的名城保护尚主要依靠规划、文物等部门的行政推动，相应地，保护力度就不如业已纳入立法保护体系的各级文物保护单位以及重要近现代建筑和近现代建筑风貌区①。

未来南京需要有针对性地有序推进历史文化名城保护的法规建设，结合新一轮的历史文化名城保护规划制定工作，制定《南京历史文化名城保护条例》；针对老城南历史保护事件中暴露出来的薄弱环节，制定、出台《南京老城南历史城区保护和更新实施细则》或《南京历史文化街区保护和更新实施细则》；通过法律法规建设，加大对地下历史文化遗存的保护力度；针对老城高层建筑控制和空间形态整合的需要，研究制定、出台《南京老城高度控制管理规定》；针对南京地下文物埋藏丰富的特点，需要结合近年来六朝考古等新发现，调整《南京地下文物保护管理规定》中的地下文物重点保护区边界，并尽快完善关于开发建设程序中地下文物考古勘探环节的具体规定，同时要建立有效的地下文物勘探快速应变机制，健全相应的文物通报和部门共享制度。

11.2.2 标准规范定制

历史文化名城、历史地段和历史建筑是在历史进程中演变形成的，这决定了对它们进行保护更新的规划设计不能套用一般的通则。例如，历史街巷形成空间尺度和连续感，决定了建筑地块的建造控制不是西方区划、当代控详中的关于退让四界以及退让道路的要求，而是控制街巷的界面位置、连续感、高宽比等指标要求；历史形成的居住空间，更加强调院落空间和私密性，而非当代人十分关注的阳光权，因此也不能套用现行的《城市居住区规划设计规范》和《住宅设计规范》；狭窄的历史街巷无法按照常规的《城市道路设计规范》设置机动车道、非机动车道和人行道，街巷的地下空间也难以满足按照《城市工程管

① 《南京市重要近现代建筑和近现代建筑风貌区保护条例》于2006年9月27日经江苏省第十届人民代表大会常务委员会第二十五次会议批准，自2006年12月1日起施行

线综合规划规范》规定的管线间距进行管网布线和管线综合的要求；传统街区的布局形式、院落特征以及木构建筑的性能使得传统民居型的历史地段很难达到《建筑设计防火规范》等标准规范确定的消防要求；而在历史街区配备必要的现代化设施时，如停车场、广场绿地、文化活动设施等，也不能简单化地集中布置，而必须考虑传统建筑的小尺度特征，采用分散布局的形式，以减少对历史环境的冲击……

总之，鉴于历史文化遗产保护的特殊性，需要制定针对历史地段的特定技术规范和标准条款。如果由于历史资源的多样性和差异性（图 11-3），难以一一制定特别条款的话，可以在法规标准中明确历史资源保护的特别审定条款，即不要求历史资源保护简单套用通用规则，而可采取个案专审等制度，来替代“一刀切”的规定。

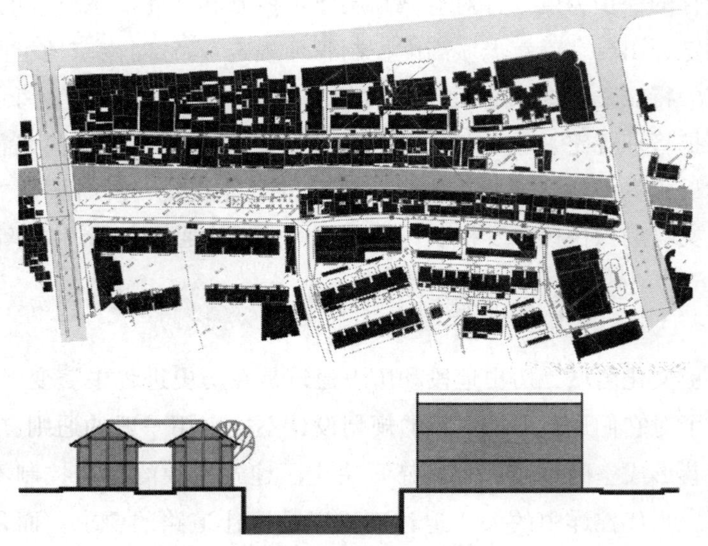

图 11-3　历史空间和当代空间的肌理和尺度比较（南京内秦淮河的一段分析）

注：内秦淮河北岸部分基本保持了传统格局，南岸是已改造的多层区，空间差别明显

资料来源：陈薇等，2007

11.2.3　行政管理联动

中国历史文化名城保护法规和标准的相对欠缺和不足，使得行政管理的意义更加重要。而高质有效的行政管理，需要目标一致、部门

协同、工作联动、职责分明的行政管理制度作为支撑。但是现实往往与理想有较大的差距，目前中国的历史文化名城保护工作，从条线上就涉及规划部门、文物部门、宗教部门、旅游部门、园林部门、城建部门等多个机构，而且条块之间尚存在交叉。

仅从南京明城墙风光带沿线历史资源的管理主体看，就有市文物局、市宗教局、市旅游局、市园林局、市建设局，还有秦淮区、玄武区、下关区、鼓楼区、白下区等多个行政区的若干管理机构，部分资源还控制在部队手中。如果部门、条块之间的责任能够清晰、价值导向和诉求能够基本一致，多部门的分工协作也无可厚非。但实际上，现状是部门机构间难以协调，往往各管一段、各有规则，相互间的管理办法、标准、水平各不相同，有的甚至还存在管理交叉、职能扯皮。这使得虽然明城墙风光带的环境风貌整治和物质空间整合工作大部分已经完成，但是沿线景点的管理联动和协同机制尚未建立，不同管理主体的资源整合推进成效并不显著，沿线的资源基本是分割管理的单个景区、景点。明城墙风光带要真正形成可“环城游、内外赏、上下城”的翡翠项链，尚有许多物质的隔栏、心理的隔栏和管理制度的隔栏需要打破。

社会支撑论强调整体性保护体系下的行政管理联动和整合。以明城墙风光带行政管理架构整合为例，针对沿线管理主体过多的状况，笔者认为，需要推动管理主体的整合以及行政管理的联动：

(1) 根据现实可能，将过多的管理主体数量减至最少；

(2) 在整合后的管理主体之上，建立起各方参与并有管理规则约束的、统一的管理标准；

(3) 在明城墙风光带管理委员会下设有内在利益关联的明城墙风光带推进和管理公司，具体负责不断推进沿线资源的建设和整合以及向社会统一推介明城墙风光带。

总之，要通过推动多部门管理的协同、联动，实现政府行政管理的创新，尝试建立有效的管理和运营机制，实现政府治理结构向“管治”的转变（Irvin and Stansbury ，2004）。

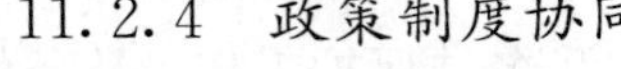

11.2.4 政策制度协同

同历史文化名城、历史地段和历史建筑的保护更新需要定制的标准规范一样，它们还需要精心设计的政策制度与之协同，包括土地制度的改进完善、房屋产权的逐步清晰、人口疏散的引导政策、非营利实施机构的组建、政府支持下的自我更新以及资金的支持和保障。

1. 土地制度的改进完善

按照国家现行的土地出让制度，除廉租房、经济适用房外，所有居住用地都必须采用招牌挂的方式出让，而出让的土地原则上应为拆迁完成的“净地”。这一制度对于民居型的历史地段保护十分不利，也给具体的历史文化遗产保护工作带来极大的困难。当地方政府寄希望于通过拍卖土地来获得建设资金时，历史文化遗产保护工作面临“与虎谋皮”的窘境，土地开发的“净地”政策以及地方政府“经济就地平衡”的要求，使得民居型的历史文化街区和历史地段的保护更新工作存在制度性的、难以跨越的经济门槛。

由于历史文化遗产保护的效益是社会的、整体的、长远的，而非经济的、短期的，因此笔者认为，历史文化遗产的保护必须坚持政府主导，不能以盈利为基本目的，有必要为历史地段的保护设立专门的土地制度。历史文化遗产保护属于公共利益，即便是居住功能的历史地段，也应该可以参照经济适用房的划拨供地方式。此外，不能要求历史文化遗产保护项目的经济就地平衡，可尝试建立历史文化街区土地运作模式的创新，将传统单一项目运作的方式转变为更大范围内综合社会、经济和长远效益的多个项目整体平衡的运作模式。

同时，历史地段保护更新项目实施时，不同于普通地段拆迁的“人走房拆”。修缮更新前，需要先进行腾迁，对于一些在历史变迁过程中已经被搭建改造得“面目全非”的传统建筑，要坚持“先腾迁并拆违、过程中同步甄别、广泛论证、最后明确措施”的精细操作流程。

2. 房屋产权的逐步清晰

笔者认为，在历史文化遗产保护政策制度中，最重要的但在当前

也最艰难的是明晰各利益主体的责、权、利关系。而要明晰各方责权利管理，最重要的莫过于产权的明晰化。实际上，南京老城南的传统民居在新中国成立以后缺乏自我维护和维修，是与产权制度的变迁密切相关的，是房屋产权结构的变化和经租房的大量出现，改变了传统的业主对房屋进行自我维护的更新方式。要想解决历史文化名城保护的基础性问题，需要深层次、有序地推进产权明晰化工作。

由于历史沿革的影响，产权清晰化的工作推进需要长期细致的努力。但是可以首先从产权关系相对清晰、简单的历史建筑探索起，通过与产权关联的责任和义务条款落实历史文化遗产保护的责任；同时也通过产权制度，保证产权人投入的历史建筑改善资金增值可以为自己所得。因此，产权的清晰化有利于理顺各方关系，明确历史文化遗产保护责任主体。

相应地，首先，要建立产权转移的有效机制，针对那些具有清晰的私有产权的历史建筑，在符合保护要求、“捆绑保护责任”的前提下，经政府许可，可允许上市交易。这样的制度有利于使历史建筑产权转移到热爱历史建筑、珍惜历史建筑并且能有效保护和维修历史建筑的所有者手中；其次，要建立起对应于产权的历史文化遗产保护责任的奖惩制度，如果所有者不对历史建筑进行有效维护，政府有权直接干预，对于认真履行保护的所有者，经评定考核，可给予税费减免或低息贷款补贴等相应的激励措施。

3. 人口疏解的引导政策

衰败历史城区矛盾集中的另一个主要原因是居住人口密度和强度已经远远超过历史建筑容量以及人口社会结构的“边缘化”现象，因此，需要设法逐步有序疏散、调整历史城区的人口密度和人口结构。而如何“有序疏散过分密集的居住人口，同时又不影响居民的权益”是一个复杂难解的问题。笔者认为，可以从更大范围的保障性住房提供和制度设计做起。

随着历史城区的日益衰落，如今居住在历史城区的人口大多为低保人群和低收入人群，而这些人群正是政府保障性住房应该支持的对

象。目前南京市规定的可以享受政策性保障房的准入标准是：①住房困难标准——居住面积占当地人均建筑面积的60%以下或人均15平方米以下；②低收入标准——家庭人均可支配收入约占当地城镇居民人均可支配收入的50%，低收入家庭收入线标准的具体划定，要覆盖城市20%以上的家庭。从这两个条件来看，南京老城南地区的大部分人口符合享受政府政策性保障住房的条件。

针对南京老城南地区的特定情况，可在普通的经济适用房保障制度下，专门设计定制更加有利于疏散历史城区过密人口的住房保障政策和制度。可以允许将经济适用住房的保障对象从低收入住房困难家庭扩大到中低收入住房困难家庭；还可以通过对经济适用房共有产权制度的探索，让一部分难以一次性付清经济适用房房款的低收入家庭，通过共有产权制度获得经济适用房的居住权和部分产权。通过降低保障性住房的准入门槛、支付门槛，让老城南地区更多的居民符合享受经济适用房的条件，再通过优先选择、优先保障的原则鼓励老城南地区中低收入居民的自愿搬迁。

4. 非盈利实施机构的组建

由于历史文化的保护需要坚持政府主导，不能以营利为基本目的和前提，因此需要组建非盈利的历史文化遗产保护实施机构。由非营利的历史文化遗产保护机构来逐步实施历史地段内基础设施、公共设施的改善、非营利的文化项目的启动、居民自我维护房屋的项目支持、愿意转移产权的住户的房屋收购、传统建筑的拆违修缮、历史文化资源的运作包装、历史文化遗产保护项目的具体实施乃至专家团队和施工队伍的组织等。

以南京的老城南保护运作为例，有必要成立“南京老城南历史文化遗产保护与复兴公司”，由政府牵头组建国资性质的保护与复兴工作平台。该平台成立后，可将相关历史遗产保护地块以环境整治、历史遗产保护项目立项，以划拨形式整体注入该公司，作为公司固定资产进行融资；再加上政府的年度专项经费支持，形成基本保护和更新的运营条件。

“历史文化遗产保护与复兴公司”成立后，应先进行地段市政设施及配套基础设施的改善，逐步拆除违法搭建，改善社区绿化环境，同步按确定的保护方案小规模收购、修缮、出租或出售运营，也可给愿意自我更新的住户提供资金、贷款、按揭的支持，以渐进改善的方式逐步实现老城南地区的保护与复兴。

5. *政府支持下的自我更新*

通过经济政策和社会政策的联动实施以及一段时间的持续努力，一方面使老城南过密的人口降下来，为居住环境的改善创造条件；另一方面通过产权明晰化工作的推进和相应奖惩政策的实施，让更多的产权所有人通过自我维护的方式实现历史建筑的改善更新。同时，政府还可以为居民的自我维护提供帮助和支持。例如，南京市近期已经明确，将在老城南选取实验片区，探索政府引导居民自我修缮房屋的历史地段保护更新方式，初步确定五个前提条件：①祖屋；②房屋有一定历史、文化价值（专家论证、公示）；③有单独房屋及土地产权，且非多承租户群居；④住户具有代表一定历史文化的传统技艺；⑤书面承诺履行政府制定的规划方案，并承担保护与修缮义务。

接下来，政府还可以进一步加强对居民自我更新改善的鼓励和支持力度，同时政府可以提供对地区基础设施、公共设施改善的支持，通过具活力带动作用的文化项目的实施增加地区活力和影响力等。通过上述系列政策组合的联动实施，通过政府和市民的合力，逐步实现历史城区的人居环境改善和历史文化复兴。

6. *资金的支持和保障*

近年来，国家政府投入历史文化遗产保护的资金数目快速增长，但即便如此，中国历史文化名城保护的资金保障还是远远不够。这与一个国家或者城市的综合实力和经济发展水平有很大的关系，也与发展的导向和保护的理念密切相关。

相比于中国，西方在历史文化遗产保护资金方面的保障更加充裕、制度更加健全、渠道更加稳定，凡是归属国有的历史建筑，政府每年都

有专项资金进行维护并免费对公众开放。以日本为例，其历史遗产保护的资金以补助金、贷款和公用事业费为主。其中，补助金是最重要的资金来源，是由国家和地方政府提供的专门的财政拨款，各地的补助金有50%来自国家，为历史文化遗产保护提供了有力的资金保障。并且其筹集经费的方式也十分丰富，可以发行“文物保护券”等，可以将各地区居民自己经营的便民设施收入也纳入保护经费（顾蓓蓓，2007）。

笔者认为，随着国家经济实力的不断增强，需要尽快建立、完善历史文化名城保护的资金保障制度框架。国家级历史文化名城对于国家的文化保护和复兴具有重要意义，因此有必要从国家支持的角度形成资金保障框架。在目前的中央地方分税体系架构中，应该设立国家级历史文化名城保护的专项基金，或者建立起国家历史文化名城保护的财政转移支付制度，使得国家级历史文化名城保护有必要的资金保障和合理的资金支出结构。

地方政府也应采用多元的方法努力加大对历史文化名城保护的财务支持。除了传统上对历史文化遗产保护项目给予立项、政策支持、规费减免等办法外，还可尝试建立和创新财政扶持机制：设立南京历史文化名城保护专项基金，每年从地方财政中拿出一定比例的资金作为资本金注入该基金，重点资助历史文化名城保护的项目，若时机适合，还可尝试实行市场化、证券化募集资金的方式，实现多元化融资；同时，要改革区县政府的以经济为导向的考核制度，基于其资源禀赋、主体功能，建立差别化考核制度（performance assessment），其中对历史文化遗产保护的重点区县相应调整或降低GDP考核指标，而通过建立财政转移支付制度（fiscal transfers）给予更多的财政扶持，实现区域发展均衡化目标。

11.3 历史问题需要循序渐进解决

11.3.1 解决历史问题的可持续发展观

历史文化名城保护既要考虑当代人的保护行动，也要考虑对当代人行为和活动的控制，以为未来更好的保护提供机会和可能。因为一些历史资源的保护需要巨大的经济投入支持，需要强大的技术团队支撑，需要深入的现状调查和分析，需要翔实的历史研究基础，也需要更好的社会支持环境等，而这些条件如果当代一时难以具备，就应该以量力而行的科学态度进行建设实施控制，防止因操之过急影响历史资源的价值展现。

实际上，南京老城南的改造就存在操之过急的问题。由于老城南和南京其他地区居住水平的差距悬殊，使得“加快老城南改造”的社会呼声日增，区人大代表和政协委员多次呼吁：“城南地区目前仍有2.4万户居民约6.5万人生活在‘超期服役’的危房中，此类地区亟待加快改造更新，改善居住条件，实现复兴”①。正是在这样的社会压力下，在老城南保护和更新的外部条件并不具备时，就匆忙启动了老城南的改造，因为基层政府急于打造一个“新秦淮”。

渐进更新论反对以往的大规模推倒重建和改造，倡导渐进改善、有机更新，其中的思考不仅在于技术的思考，还在于对社会发展的阶段性特征的认识。美国城市规划学家沙里宁曾经说过：“城市是一本打开的书，从中可以看到它的抱负。让我看看你的城市，我就能说出这个城市居民在文化上追求什么。”应该承认的是，城市的发展阶段不同，城市居民的追求是不同的。以南京为例，20世纪90年代初，南京市政府提交市人大审议的政府工作报告中提出了“建设100幢高层建筑”的目标，它体现出的并不仅仅是政府方面的“贪大求洋”，实际上也是当时社会普遍认识、愿望和追求的折射，当时中国社会普遍认同，高层建筑、立交桥是现代化大都市的标志和趋势。

而根据我们直接进行的市民意见调查，关于历史文化遗产保护，近年来社会意识的进步很大。20世纪90年代中期我们编制主城分区规划时，曾经召开市民座谈会，当时一半以上的市民代表认为高层建筑、立交桥是城市现代化的标志；而到2003年，我们编制老城保护和更新规划时，专门进行了市民意见调查，当时31%的市民认为，“南京应强调历史文化古都建设”，62%的市民认为，“南京应强调历史与现代结合”，仅有7%的人认为，“南京应强调现代化大都市建设”。由此可见，短短不到10

① 引自2006年秦淮区人大代表提案

年时间，市民的历史文化遗产保护意识有了多大的长足进步。

从中我们也可以发现，人们的认识、社会的意识是具有历史局限性的。在不同的社会发展阶段，城市发展面临不同的主要矛盾和问题，城市所追求的目标也有所不同。城市的发展必然是抓住当时的主要矛盾来展开。“仓廪实而知礼节”[①]，古今中外，莫不如是。经济基础决定上层建筑，物质文明发展程度决定了精神文明的发育程度。

社会将不断进步，随着中国社会的不断发展，未来全民的历史文化遗产保护意识将会不断提升，历史遗产保护所需的经济支持、技术能力和研究基础，未来无疑会变得更好。所以，为了实现更加科学的保护、更加理性的保护，我们需要控制当代的行为。

11.3.2 持之以恒的历史文化遗产保护年度行动计划

为了有序推进历史文化名城保护的实施，保证近期实施行动符合历史文化名城保护规划的要求，统筹安排相关保护项目的资金，应建立历史文化名城的历史文化遗产保护年度行动计划制度。年度计划的制定既要考虑历史文化名城保护的长远目标，也要考虑城市公共财政以及社会资金的可承受能力，还要考虑候选实施项目的历史研究储备、保护修缮利用方案等情况，更要考虑人民群众的迫切需要。历史文化遗产保护年度行动计划的制定与实施，有利于形成历史文化遗产保护项目“成熟一批，推出一批，实施一批”的梯次滚动机制，还有利于通过年度计划的制定、草案公示和讨论，了解社会的需求和认知，推动全社会历史文化遗产保护意识的提高。

笔者于2006年在南京市牵头制定了《2006～2008年民国建筑保护和利用三年行动计划》（图11-4和图11-5）。此后，南京市先后公布了6批“重要近现代建筑和近现代建筑风貌区保护名录”，设立了民国建筑保护基金，成立了专家委员会，2007～2010年连续制定民国建筑保护年度行动计划，每年都有一批民国建筑得到修缮维护和环境改善，推动了民国建筑保护工作的制度性有效展开。

---

① 史记·管晏列传

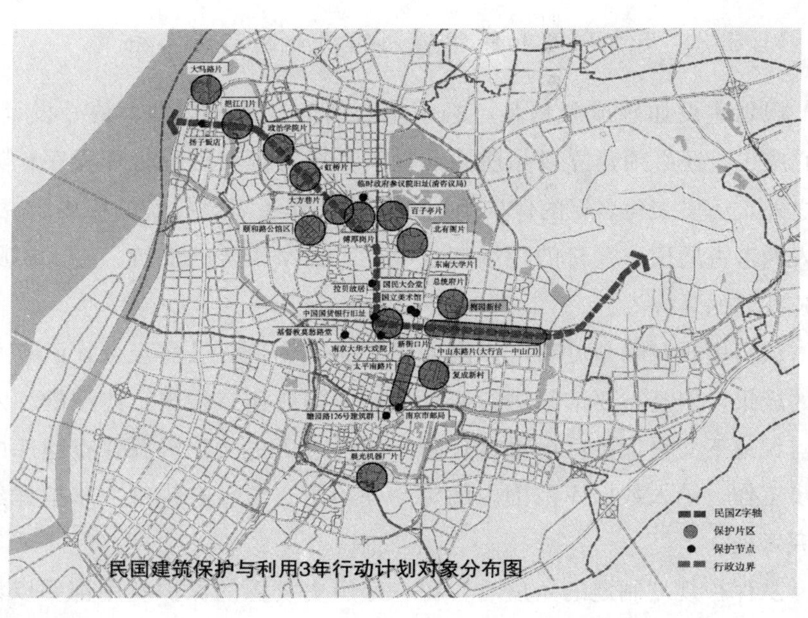

图 11-4　南京市民国建筑保护与利用三年行动计划对象分布图

	原名	现名	地点	保护等级
建筑概况	马歇尔公馆旧址		宁海路5号	省级
	薛岳旧居		江苏路21号、23号	重要近现代建
	黄仁霖旧居		宁海路15号	重要近现代建
	陈布雷旧居(二)		江苏路15号	重要近现代建
	熊斌旧居		江苏路27路、29号	重要近现代建

周边资源：山西路—湖南路商业中心、南京师范大学等

保护整治要求：
1. 拆除片区综合整治范围内，建筑周边影响历史风貌的插、搭建和破旧建筑
2. 公布名录、统一挂牌
3. 整体保护空间格局
4. 提升品质，引入文化休闲和城市旅游功能，营造高品质城市文化街区

图例：国家级文保单位；省级文保单位；市级文保单位；区级文保单位；重要近现代建筑；建筑保护范围；片区综合整治范围

图 11-5　南京市民国建筑保护与利用三年行动计划

资料来源：周岚，叶斌，2006b

11.3.3 历史研究和保护规划的精心制定及实施

规划建设如想成就精品，必须精心研究、精心规划、精心设计、精心施工，还必须建立以品质为前提的工期安排和工程管理程序。除此之外，历史文化名城的保护规划和实施工作还需要扎实的历史研究、深入的考古勘探、大量的现场调查考证、专家团队的支持、施工团队传统技艺的掌握等。

从历史研究的角度看，以南京历史研究为例，虽然至今，已有大量的成果，但是需要继续进行研究的历史问题还有很多，典型的如六朝宫城地下文物保护区的准确位置。而经过历史文化资源普查建库的初步工作，纳入数据库范围内的每一处历史资源也有待进一步地详细研究考证。

从保护规划制定的角度看，每一处历史资源的保护利用都要以详细深入的保护规划为依据，而保护规划的制定需要不断创新。每一个历史文化遗产保护规划都是独特的，不可以简单套用常规的标准和规范。同时，保护规划的制定还必须基于对地段历史变迁的了解、对于传统空间精华的理解以及技艺高超的城市设计水平和建筑创作能力。

从保护方案制定的角度看，历史文化的保护呼吁多学科的合作，除了规划专家、建筑专家、历史学者外，还必须包括市政专家、考古学家。因为传统地区的街巷系统要求特别定制的交通组织、管线安排，而在历史地段的复兴中，基础设施条件的改善占有重要地位。许多历史地段的地下文物层积情况，需要详细考古勘探作为详细方案制定的依据（如胡家花园历史水面的边界确定等）。

在项目实施的环节上，需要大量的现场调查和仔细的工作。许多传统建筑在历史变迁过程中已经被改变得面目全非，只有在项目实施过程中，才得以显现其历史原貌。此外，对于值得保护的历史构件、小品等，也需要采用记录、存档、编号等方法妥善保存以备后用。还有历史地区、历史建筑的修缮维护需要专业的、有传统营建工艺的施工团队支持，因此要加强对实施过程的管理，事先制定详细的实施组织工作预案，选择有保护项目实施经验的施工单位。同时还需对保留及落架翻修的建筑进行事先测绘和建档，对可移动的保护构件订立建档、存储管理制度。

为保证历史文化遗产保护更新项目的专业水准，还需要建立全过程的专家咨询论证制度，聘请具有丰富经验的专家，对从历史文化遗产保护与更新项目的历史研究、规划总图开始，到单体设计、施工图设计、现场技术指导等各个环节提供专家咨询论证意见，为方案及实施把关，确保历史遗产保护更新项目成为当代文化精品。

结　语

历史文化名城是祖先留给我们的宝贵遗产，需要我们精心保护，并传给后人，但是中国的历史文化名城保护在快速的城镇化进程中面临着建设性破坏的严峻考验。类似南京老城南的“历史文化遗产保护事件”在许多历史文化名城上演，揭示出当前历史文化名城保护在处理发展与保护的关系、具体的保护方法以及保护制度支撑方面都存在矛盾，急需寻求新的路径和方法。

本书提出吴良镛的“积极保护、整体创造”论是对原有保护理论和方法的创新，是中国历史文化名城保护的出路所在。吴良镛关于历史文化名城保护的“积极保护，整体创造”论包含思维价值观、方法体系和实施制度支撑等内涵，回答了“如何处理发展和保护的关系”、“如何保护”、“如何利用”以及“需要什么支撑”等核心问题，是理论创新、实践总结和哲学思考的有机结合，对于解决既有历史文化名城保护的现实矛盾、走出既有保护方法的困境有着重要的理论价值和实践意义。

国际历史文化遗产保护的趋势也揭示出：历史文化遗产保护理论和实践的发展是一个不断完善的过程，是一个更广泛地汲取世界各地保护实践和经验总结的过程。吴良镛提出的“积极保护、整体创造”思想，同国际历史文化遗产保护的演变趋势相一致，突出保护与发展的双向融合和有机结合，重视保护内涵的拓展和方法的多元，强调战略的综合联动和政策的保障支持。同时，吴良镛的“积极保护、整体创造”论的思想根植于中华文化，体现了融会贯通的中华智慧。对此吴良镛曾经指出：“从哲学上说，它不是机械的还原论，复旧论，而是一种生成的整体论，有机的整体论。”

在历史文化名城“积极保护、整体创造”论的基础上，笔者结合在南京城市规划一线近20年的实践思考，进一步发展形成关于历史文

化名城保护的“八论”，即“城市发展论”——从静态的历史遗址到动态发展的城市，“历史资源论”——从历史保护的负担到文化发展的资源，“科学保护论”——从价值观的争论到科学务实的保护行动，“整体设计论”——从孤立的历史保护到整体的文化创造，“渐进更新论”——从一蹴而就的改造到试点渐进的有机更新，“文脉承创论”——从历史传统的割断到文脉的继承发展，“战略协同论”——从“就保护论保护”到综合战略的协同，“社会支撑论”——从专业技术的历史保护到社会支持的公共政策。“八论”为综合思考和有效解决历史文化名城的保护与发展问题提供了具体的理论框架和研究线索。

更加重要的是，历史文化名城的“积极保护、整体创造”论不是空洞的理论概念，其哲学思维需要因地制宜地结合各历史文化名城的特点在实践中予以综合利用和不断丰富发展。而从理论联系实际的研究角度，历史文化名城南京是极好的研究案例。

因此，本书在“积极保护、整体创造”论的指导下，针对快速城镇化进程中的历史文化名城保护现实，以南京为例探讨了历史文化名城保护体系的科学构建、老城南保护和复兴、主城历史文化空间网络的整体构建、“大南京都市区”山水和人文交织特色的当代弘扬以及南京城市发展战略如何协同、如何建立完善历史文化名城保护支撑制度等关键问题，对解决历史文化名城保护的现实问题具有较强的指导意义。

参考文献

阿诺德·汤因比.2000.历史研究.刘北成，郭小凌译.上海：上海人民出版社.

埃德蒙·N培根.2003.城市设计.黄富厢，朱琪译.北京：中国建筑工业出版社.

白全贵.2003.中国传统文化概论.郑州：郑州大学出版社.

包亚明.2006.消费文化与城市空间的生产.学术研究，(2)：11～16.

保江.2008-03-04.中国经济5年成功艰辛：我们付出了巨大的发展代价.瞭望·新闻周刊.(9).

保罗·肯尼迪.1989.大国的兴衰.蒋葆英等译.北京：中国经济出版社.

鲍尔 W.1981.城市的发展过程.倪文彦译.北京：中国建筑工业出版社.

鲍世行，顾孟潮.1994.城市学与山水城市.北京：中国建筑工业出版社.

北京城市规划设计研究院.2009.北京、首尔、东京历史文化遗产保护.北京：中国建筑业出版社.

贝纳沃罗 L.2000.世界城市史.北京：科学出版社.

比尔·里斯贝罗.1999.现代建筑与设计——简明现代建筑发展史.羌苑等译.北京：中建筑工业出版社.

彼得·霍尔.2004.城市的未来.陈闽齐译.国外城市规划，(4)：17～22.

彼得·霍尔.2004.规划：新千年的回顾与展望.王红扬译.国外城市规划，(4)：27～38.

彼得·李伯庚.2004.欧洲文化史（上、下）.赵复三译.上海：上海社会科学院出版社.

布昂德.2007.传统与现代——意大利在建筑和城市修复中的经验.南京博物院译.南京：东南大学出版社.

曹大贵，冯昌中.2009.科学发展观与历史文化名城建设.南京：东南大学出版社.

曹洪涛，刘金生.1998.中国近现代城市的发展.北京：中国城市出版社.

曹其智.2009.中国历史文化遗产的保护历程.中国名城，(6)：4～9.

查群.2000 建筑遗产可利用性评估.建筑学报，(11)：48～51.

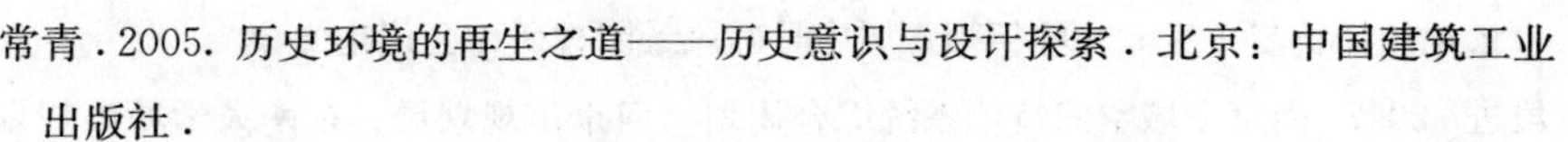

常青．2005. 历史环境的再生之道——历史意识与设计探索．北京：中国建筑工业出版社．

陈爱民，陈美华，扈平．2009. 南京产业结构演进的分析与思考・南京统计局统计分析的报告．

陈宝良．2004. 明代社会生活史．北京：中国社会科学出版社．

陈冰．2007. 中国的“新文化互动”．国际展望，(16)：9.

陈飞，阮仪三．2008. 上海历史文化风貌区的分类比较与保护规划的应对．城市规划学刊，(21)：104～110.

陈桥驿．1983. 中国六大古都．北京：中国青年出版社．

陈桥驿．1988. 南京・六朝时代南中国的首都——建业与建康．北京：中国青年出版社．

陈桥驿．1991. 中国七大古都．北京：中国青年出版社．

陈薇．2007. 南京内秦淮河研究及规划设计．东南大学建筑学院研究报告．

陈薇．2008. 门西胡家花园保护与更新规划方案．东南大学建筑学院研究报告．

陈旭麓．1993. 近代中国的新陈代谢．上海：上海人民出版社．

陈沂．2006. 南京稀见文献丛刊《金陵古今图考》．南京：南京出版社．

陈泳．2000. 苏州古城结构形态演化研究．东南大学博士学位论文．

陈志华．2004. 外国建筑史．北京：中国建筑工业出版社．

成林．2005. 南朝文化（上）．南京：南京出版社．

程帆．2002. 我听黄仁宇讲中国历史．北京：中国致公出版社．

程茂吉，周岚，苏则民．2007. 探求充满经济活力的特色南京发展之路．南京：东南大学出版社．

程章灿，成林．2009. 从《金陵五题》到“金陵四十八景”——兼论古代文学对南京历史文化地标的形塑作用．南京社会科学，(10)：64～70.

大卫・路德林，尼古拉斯・福克．2005. 营造21世纪的家园——可持续的城市邻里社区．王健，单燕华译．北京：中国建筑工业出版社．

丁沃沃．2005. 南京城市特色研究．南京市规划局，南京大学建筑研究所研究报告．

董光器．2006. 古都北京——五十年演变录．南京：东南大学出版社．

董鉴泓．1989. 中国城市建设史．北京：中国建筑工业出版社．

董鉴泓．1999. 城市规划历史和理论研究．上海：同济大学出版社．

董文虎．2008. 京杭大运河的历史与未来．北京：社会科学文献出版社．

杜顺宝．2003. 发掘历史文化资源．重塑城市滨江形象——南京滨江风光带猴子山

景观的保护与再生．2003 年第六届中日韩风景园林研讨会议论文集．

段进．2007. 南京主城空间特色系统综合规划．南京市规划局，东南大学城市规划设计研究院研究报告．

范文兵．2004. 上海里弄得保护与更新．上海：上海科学技术出版社．

范霄鹏．2004. 文化品质——民族性与地区性环境意向研究．清华大学博士学位论文．

方可．2000. 当代北京旧城更新：调查、研究、探索．北京：中国建筑工业出版社．

菲利普·巴格比．2002. 文化：历史的投影——比较文明的研究．夏克等译. 北京：新华出版社．

费尔顿．1986. 欧洲关于文物建筑保护的概念．世界建筑，(3)：8.

费移山．2006. 中世纪早期西欧的城市复兴．建筑师，(8)：44～50.

费正清．观察中国．2002a. 北京：世界知识出版社．

费正清．2002b. 中国：传统与变迁．张沛译．北京：世界知识出版社．

冯骥才，李仁臣．2000. 保护历史文化空间——冯骥才、李仁臣对话录．大地，(13)．

弗雷德里克·斯坦纳．2004. 生命的景观：景观规划的生态学途径．周年兴等译. 北京：中国建筑工业出版社．

傅熹年．2001. 中国古代城市规划、建筑群布局及建筑设计方法研究．北京：中国筑工业出版社．

傅熹年．2004. 中国古代建筑十论．上海：复旦大学出版社．

傅岩．石佳．2002. 历史园林："活"的古迹——《佛罗论萨宪章》解读．中国园林，(3)：74～78.

戈春源，叶文宪．2001. 吴国史．北京：人民出版社．

葛剑雄．1992. 中国历史的启示、统一与分裂．北京：三联书店．

巩珍．2000 西洋番国志郑和航海图两种海道针经．北京：中华书局．

顾蓓蓓．2007. 中日历史保护制度的比较．北京规划建设，(1)：65～68.

顾颉刚．1983. 中国古代的城市．历史教学问题，(3)，(5)．

顾军，苑丽．2005. 文化遗产报告．北京：社会科学文献出版社．

广东建设报社．2007－01－26. 地域性，文化性，时代性，乃中国建筑之魂．广东建设报．

(民国) 国都设计技术专员办事处．2006. 首都计划．南京：南京出版社．

郭湖生．1997. 中华古都——中国古代城市史论文集．台北：空间出版社．

郭黎安．2002. 六朝建康．香港：天马出版公司．

郭少棠．2003. 情感空间与城市规划：文化与地理信息的反思．第六届海峡两岸城

市地理信息系统学术论坛，深圳．

郭湘闽．2006. 走向多余平衡：制度视角下我国旧城更新传统规划机制的变革．北京：中国建筑工业出版社．

国家文物局．2001. 中国古城墙保护研究．北京：文物出版社．

国家文物局．2008. 中国文物事业改革开放 30 年．北京：文物出版社．

哈德尔拉·米勒．2002. 文明的共存——对塞缪尔—亨廷顿“文明冲突论”的批判．郦红，那滨译．北京：新华出版社．

韩品峥，韩文宁．2004. 秦淮河史话．南京：南京出版社．

何流，崔功豪．2000 南京城市空间扩展的特征与机制．城市规划汇刊，(6)：57～60.

何树青．2006-09-22. 聚焦历史文化名城：旧城建造强势，文化保护弱势．新周刊．

贺业钜．2002. 中国古代城市规划史．北京：中国建筑工业出版社．

贺业钜．1996. 中国古代城市规划史．北京：中国建筑工业出版社．

贺云翱．2004. 六朝瓦当与六朝都城．北京：文物出版社：53～59.

贺云翱，王前华，廖锦汉．2006. 世界遗产明孝陵二论．见：南京大学文化与自然遗产研究所．

黑川纪章．2005. 黑川纪章城市设计的思想与手法．覃力等译．北京：中国建筑工业出版社．

洪亮平．2002. 城市设计历程．北京：中国建筑工业出版社．

侯仁之．1979. 城市历史地理的研究和城市规划．地理学报，(4)：315～328.

侯幼彬．2009. 中国建筑美学．北京：中国建筑工业出版社．

侯正华．2003. 城市特色危机与城市建筑风貌的自组织机制——一个基于市场化建机制的研究．清华大学博士学位论文．

胡焕庸，张善余．1984. 中国人口地理．上海：华东师范大学出版社．

华林甫．2001. 二十世纪的中国历史地理学．社会科学管理与评论，(3)：45～51.

黄建军．2005. 中国古都选址于规划布局的本土思想研究．福建：厦门大学出版社．

黄靖．2010 政治改革的挑战与选择．南风窗，(6)：25～27.

黄仁宇．1995. 中国大历史．上海：三联书店．

黄仁宇．2001. 放宽历史的视野．上海：三联书店．

黄裳．2002. 城市批评——南京卷．北京：文化艺术出版社．

黄钟．2004-06-01. 经济增长还是硬道理吗．光明观察．

霍华德 E. 2000. 明日的田园城市．金经元译．北京：商务印书馆．

吉伯德 F. 1983. 市镇设计．程里尧译．北京：中国建筑工业出版社．

吉村怜．天人诞生图研究．卞立强．赵琼译．北京：中国文联出版社，2002：175.

季士家，韩品峥．1993. 金陵胜迹大全·文物古迹编·明代南京城．南京：南京出版社．

建设部城乡规划督察组．2006. 关于南京城南老街地区旧城改造情况的调查报告．

坚石．2006-08-29. 三种倾向蔓延，城市规划能否跨越藩篱？中华建筑报．

蒋赞初．1980. 南京史话．南京：江苏人民出版社．

焦怡雪．2002. 英国历史文化遗产保护中的民间团体．规划师，(5)：81～85.

卡莫纳．2005. 城市设计的维度——公共场所城市空间．冯江，袁粤，万谦等等译. 南京：江苏科学技术出版社．

凯文·林奇．2001a. 城市形态．林庆怡，陈朝晖，邓华译．北京：华夏出版社．

凯文·林奇．2001b. 城市意象．方益萍，何晓军译．北京：华夏出版社．

阚维民．2000. 历史地理学的观念．浙江：浙江大学出版社．

科尔奈．2010. 中国改革再建言．财经，(3)：260.

克莱夫·庞廷．2002. 绿色世界史—环境与伟大文明的衰落．王毅，张学广译．上海：上海人民出版社．

蓝勇．2002. 中国历史地理学．北京：高等教育出版社．

(明) 礼部．2006.《洪武京城图志（明)》．南京：南京出版社．

李百浩，刘先觉．1999. 中国城市规划近代及其百年演变．建筑师，(10) 98～103.

李伯重．2003. 多视角看江南经济史．上海：三联书店．

李翅．2004. 巴塞罗那的城市文化与城市空间发展策略初探．国外城市规划，(4)：67～71.

李其荣．城市规划与历史文化遗产保护．南京：东南大学出版社．

李天石，来琳玲．2005. 南朝文化（下)．南京：南京出版社．

李伟，俞孔坚．2005. 世界文化遗产保护的新动向——文化线路．城市问题，(4)：9～14.

李小山，2002 南京：越来越不像自己．城市批评——南京卷．北京：文化艺术出版社．

李燮平．2006. 明代北京都城营建丛考．北京：紫禁城出版社．

李燕，司徒尚纪．2001. 近年来我国历史文化名城保护研究的进展．人文地理，(5)．

李芸．2002. 都市计划与都市发展——中外都市计划比较．南京：东南大学出版社．

利玛窦，金尼阁．1983. 利玛窦中国札记．何高济，王尊仲，李申译．北京：中华

书局 .

联合国人居署 . 2005. 应对世界城市化带来的挑战 . 联合国人居署网站 www. un-habitat. org.

联合国环境规划署 . 2007. 全球环境展望年鉴 . 联合国环境规划署网站：www. un-ep. org.

联合国环境规划署 . 2008a. 2008 年鉴：变化中的环境综述 . 联合国环境规划署网站：www. unep. org.

联合国人居署 . 2008b. 和谐城市：世界城市状况报告 . 吴志强等译 . 北京：中国建筑工业出版 .

梁白泉 . 1998. 南京的六朝石刻 . 南京：南京出版社 . 87～191.

梁漱溟 . 1987. 中国文化要义 . 上海：学林出版社 .

梁思成 . 1998. 中国建筑史 . 天津：百花文艺出版社 .

梁思成 . 2001. 梁思成全集 . 北京：中国建筑工业出版社 .

刘昶 . 1987. 人心中的历史——当代西方历史理论述评 . 成都：四川人民出版社 .

刘敦桢 . 1984. 中国古代建筑史 . 北京：中国建筑工业出版社 .

刘临安 . 1995. 近百年意大利历史建筑保护的理论与流派 . 建筑师，(6)：28.

刘淑芬 . 1992. 六朝的城市与社会 . 台湾：学生书局 .

刘宛 . 2005. 城市设计理论思潮初探（之三）：城市设计——城市文化的传承 . 国外城市规划，(1)：43～48.

刘先觉 . 2002. 南京近代非文物优秀建筑评估和对策研究 . 南京市规划局，东南大学建筑学院研究报告 .

刘先觉 . 1992. 中国近代建筑总览南京篇 . 北京：中国建筑工业出版社 .

刘易斯·芒福德 . 1989. 城市发展史——起源、演变和前景 . 倪文彦，宋俊岭译 . 北京：中国建筑工业出版社 .

卢海鸣 . 2002. 六朝都城 . 南京：南京出版社 .

卢海鸣，杨新华 . 2001. 南京民国建筑 . 南京：南京大学出版社 .

卢海鸣，朱明 . 2003. 六朝都城建康的若干问题研究 . 南京理工大学学报（社会科学版），(3)：17～24.

卢永毅 . 2006. 历史保护与原真性的困惑 . 同济大学学报（社会科学版），(10)：30～35.

陆维馨 . 2003 - 12 - 02. 不该忽视城市的文化价值—郑时龄访谈 . 建筑时报 .

陆志纲 . 2001. 江南水乡历史城镇保护与发展 . 南京：东南大学出版社 .

路磊光 . 1996. 西方学者关于城市史学的研究简述 . 历史教学，(5)：55，56.

路甬祥．2002. 坚韧的盾牌——中国筑城史．北京：清华大学出版社．

吕婧．2005. 天津沂代城市规划历史研究．武汉：武汉理工大学硕士学位论文．

吕俊华．2003. 保护城市历史风貌的探索性方案 南池子危旧房改造规划．北京：清华大学出版社．

吕学斌．2007. 文化创意产业前沿——现场文化的质感．北京：中国传媒大学出版社．

吕舟．1997. 欧洲文物建筑保护的基本趋向．建筑历史与理论（第 5 辑）．北京：国建筑工业出版社．

罗兰・罗伯森．2000. 全球化——社会理论和全球文化．梁光严译．上海：上海人民出版社．

罗玲．1998. 近代南京城市建设研究．南京：南京大学出版社．

罗小未．2006. 外国近现代建筑史．北京：中国建筑工业出版社．

罗哲文．2003. 罗哲文历史文化名城与古建筑保护文集．北京：中国建筑工业出版社．

罗哲文，赵所生，顾砚耕．2000. 中国城墙．南京：江苏出版社．

罗宗真．1994. 六朝考古．南京：南京大学出版社：

罗宗真，王志高．2004. 六朝文物．南京：南京出版社．

马伯伦．1994. 南京建置志．广州：海天出版社．

麦克法夸尔 R. 1998. 剑桥中华人民共和国史．费正清，谢亮生等译．北京：中国社会科学出版社．

迈克・费瑟斯通．2000. 消费文化与后现代主义．刘精明译．南京：译林出版社．

迈克・克朗．2003. 文化地理学．杨淑华，宋慧敏译．南京：南京大学出版社．

莫明．1984. 秦淮古河道的发现及其意义．南京史志，(4)．

纳赫姆・科恩．2004. 城市规划的保护与保存．王少华译．北京：机械工业出版社．

南京市地方志编纂委员会．1989. 南京古代道路史．南京：江苏科技出版社．

南京市地方志编纂委员会．1992. 南京自然地理志．南京：南京出版社．

南京市地方志编纂委员会．1994a. 南京城镇建设综合开发志．广州：海天出版社．

南京市地方志编纂委员会．1994b. 南京水利志，广州：海天出版社．

南京市地方志编纂委员会．1996. 南京建筑志．北京：方志出版社．

南京市地方志编纂委员会．1997a. 南京文物志．北京：方志出版社．

南京市地方志编纂委员会．1997b. 南京园林志．北京：方志出版社．

南京市地方志编纂委员会．2001. 南京人口志．上海：学林出版社．

南京市地方志编纂委员会．2005. 南京辞典．北京：方志出版社．

南京市规划局．1984. 南京历史文化名城保护规划．

南京市规划局．1992. 南京历史文化名城保护规划．

南京市规划局．2001. 南京城市总体规划调整 2001～2010 年．

南京市规划局．2002. 南京历史文化名城保护规划．

南京市规划局．2006. 关于南京历史文化名城及传统民居型历史地段保护规划调研报告．

南京市规划局．2007. 南京“金陵四十景”的当代印迹研究．

南京市规划局．2008. 南京历史文化名城保护规划纲要．

南京市规划局．2010. 南京城市总体规划 2008～2030 年．

南京市规划局，东南大学建筑学院．2008a. 国内外历史名城比较研究（南京历史文名城保护规划专项研究之一）．

南京市规划局，东南大学建筑学院．2008b. 南京历史文化名城保护定位、目标和战略研究（南京历史文化名城保护规划专项研究之一）．

南京市规划局，东南大学建筑学院．2008c. 南京历史文化资源评估体系研究（南京历史文化名城保护规划专项研究之一）．

南京市规划局，东南大学建筑学院．2008d. 南京历史文化空间网络体系研究（南宋历史文化名城保护规划专项研究之一）．

南京市规划局，南京大学建筑学院，南京工业大学建筑学院．2008. 南京老城南历史沿革研究及资源调查（南京历史文化名城保护规划专项研究之一）．

南京市规划局，南京大学建筑学院，南京市城市社会经济调查队．2005. 南京城市空间特色调查报告．

南京市规划局，南京大学历史系．2008. 南京历史文化资源普查——老城历史典故（南京历史文化名城保护规划专项研究之一）．

南京市规划局，南京历史文化名城研究会，南京市规划设计研究院．2008g. 南京历史文化资源普查——古镇村调查及保护对策研究（南京历史文化名城保护规划专项研究之一）．

南京市规划局，南京市规划设计研究院．2008h. 南京历史文化名城保护工作回顾评价（南京历史文化名城保护规划专项研究之一）．

南京市规划局，南京市规划设计研究院．2008i. 南京历史文化资源普查——历史地段调查及保护对策研究（南京历史文化名城保护规划专项研究之一）．

南京市规划局，南京市文化（文物）局，南京市规划设计研究院有限责任公司. 2003. 南京明城墙风光带规划及实施（申报中国人居环境范例奖材料）．

南京市规划局，南京市文物局，南京大学文化与自然遗产研究所，等．2008j. 南京历史文化资源普查——文物古迹（南京历史文化名城保护规划项研究之一）．

南京市规划局，南京市文物局，南京市规划设计研究院．2008k. 南京历史文化资

源普查——地下文物重点保护区范围划定（南京历史文化名城保护规划专项研究之一）.

南京市人民政府研究室 . 1996. 南京经济史（上）. 第七章隋唐五代时期的南京经济 . 北京：中国农业科技出版社 .

南京市政协文史委员会 . 2004. 百里秦淮话沧桑 . 南京：南京出版社 .

倪斌 . 2005. 历史文化遗产保护现状探析 . 同济大学学报：（社会科学版），（5）：47～50，74.

聂伯纯，韩品峥 . 1985. 太平天国天京图说集 . 南京：江苏古籍出版社 .

宁越敏，张务栋，钱今昔 . 1994. 中国城市发展史 . 合肥：安徽科学技术出版社 .

诺伯特・舒尔茨 . 1986. 场所精神——迈向建筑现象学 . 施植明译 . 台湾：尚林出版社 .

欧文・拉兹洛 . 2002. 联合国教科文组织国际专家研究报告——多种文化的星球 . 戴侃译 . 北京：新华出版社 .

潘谷西 . 1999. 中国古代建筑史——元、明建筑 . 北京：中国建筑工业出版社 .

潘谷西 . 2004. 中国建筑史 . 北京：中国建筑工业出版社 .

潘谷西，陈薇 . 2003. 南京明故宫地区保护规划研究 . 东南大学建筑系研究报告 .

潘谷西，陈薇，朱光亚 . 2008. 金陵大报恩寺遗址公园规划及琉璃塔设计方案. 东南大学建筑历史研究所，东南大学建筑设计研究院研究报告 .

钱穆 . 1994. 中国文化史导论 . 北京：商务印书馆 .

仇保兴 . 2006. 城市化过程中的历史文化名城保护 . 现代城市研究，（11）：6～11.

仇保兴 . 2007. 城市文化复兴与规划变革 . 城市规划，（8）：9～13.

仇保兴 . 2008. 中国特色的城镇化模式之辩——“C模式”：超越“A模式”的诱惑和“B模式”的泥淖 . 城市规划，（11）：9～14.

仇保兴 . 2009. 中国名城保护六十年 . 中国名城，（9）：6～9.

邱静雯 . 2003. 历史文化名城保护制度比较研究 . 中州学刊，（1）：116～119，180.

任犖时 . 2002. 南宋以前杭州城郭考 . 浙江大学硕士学位论文 .

阮仪三 . 2001. 江南古镇历史建筑与历史环境的保护 . 上海：上海人民美术版社 .

阮仪三，孙萌 . 2001. 我国历史街区保护与规划的若干问题研究 . 城市规划，（10）：22～29.

塞缪尔・亨廷顿 . 2002. 文化的重要作用——价值观如何影响人类的进步 . 程克雄译 . 北京：新华出版社 .

沙朗・佐京 . 2006. 城市文化 . 包亚明译 . 上海：上海教育出版社 .

沙学浚 . 1972. 中国之中枢区域与首都 . 地理学论文集 . 台北：台北商务印书馆 .

沙永杰．2001．“西化”的历程——中日建筑近代化过程比较研究．上海：上海科学技术出版社．

单霁翔．2006．城市文化发展与文化遗产保护．天津：天津大学出版社．

单霁翔．2006－06－01．2006 年第二届文化遗产保护与可持续发展国际会议（浙江绍兴）上的报告．人民日报．

单霁翔．2007．从功能城市走向文化城市．天津：天津大学出版社．

单霁翔．2008－01－22．关于文化遗产保护与城市文化建设的若干思考．中国文化报．

单霁翔．2009．文化遗产保护与城市文化建设．北京：中国建筑工业出版社．

单军．2001．建筑与城市的地区性——一种人居环境理念的地区建筑学研究．清华大学博士学位论文．

沈爱民，陈美华等．2009．南京产业结构演进的分析与思考．http：//www. njtj. gov. cn.

沈玉麟．1989．外国城市建设史．北京：中国建筑工业出版社．

市场报社．2007－08－13．北京公布 13 行业工资指导线．市场报．

施坚雅，2000．中华帝国晚期的城市．叶光庭译．北京：中华书局．

史蒂文·蒂耶斯德尔．2006．城市历史街区的复兴．张玫英译．北京：中国建筑工业出版社．

史念海．1998．中国古都和文化．北京：中华书局．

史全生．2005．中华民国文化．南京：南京出版社．

斯皮罗·科斯托夫．2005．城市的形成——历史进程中的城市模式和城市意义．单皓译．北京：中国建筑工业出版社．

宋启林．1997．独具特色的我国古代城市风水格局——城市规划与我国文化传统特色．华中建筑，（2）．

苏则民．2008．南京城市规划史稿——古代篇-近代篇．北京：中国建筑工业出版社．

孙家正．2003．传统文化与现代化．第七届国际文化政策论坛部长级年会主题发言报告．

孙施文．2007．现代城市规划理论．北京：中国建筑工业出版社．

孙书妍．2008．公众参与城市规划需要法律框架支撑．法制与社会（20）：81

孙中山纪念馆．1999．中山陵园史话．南京：江苏人民出版社．

谭其骧．1982a．中国历史上的七大古都（上）．历史教学问题，（1）．

谭其骧．1982b．中国历史上的七大古都（中）．历史教学问题，（3）．

谭其骧．1996．中国历史地图．北京：中国地图出版社．

谭天星，陈关龙．1991．未能归一的路——中西城市发展的比较．南昌：江西人民

出社.

潭浩俊.2009. 评论：警惕"土地财政"掏空地方政府未来.江苏工人报，2009年12月21日.

唐军.2004. 追问百年：西方景观建筑学的价值批判.南京：东南大学出版社.

唐晓峰.2005. 人文地理随笔.上海：三联书店.

唐晓峰.2006. 历史地理学读本.北京：北京大学出版社.

童本勤，魏羽力.2004. 发扬城市地方优势 塑造城市空间特色——以南京城市空间特色塑造为例.城市规划，28（2)：74～76.

宛素春.2004. 城市空间形态解析.北京：科学出版社.

万朝林.2005. 明代文化.南京：南京出版社.

万绳楠.2007. 魏晋南北朝文化史.北京：东方出版社.

万勇.2006. 旧城的和谐更新.北京：中国建筑工业出版社.

汪德华.2002. 中国山水文化与城市规划.南京：东南大学出版社.

汪德华.2005. 中国城市规划史纲.南京：东南大学出版社.

汪志明，赵中枢.1997. 英国历史古城保护规划的发展和实例分析.国外城市规划，(3)：15～18.

王承旭.2006. 城市文化的空间解读.规划师，(4)：73～76.

王德等.2008. 南京城市发展战略研究报告.同济大学建筑与城市规划学院研究报告.

王富臣.2005. 形态完整——城市设计的意义.北京：中国建筑工业出版社.

王焕镳.2006. 南京稀见文献丛刊《明孝陵志》.南京：南京出版社.

王建国.2003. 南京老城空间形态优化和形象特色塑造研究.东南大学建筑学院，南京市规划局研究报告.

王景慧.1994. 中国历史文化名城的保护概念.城市规划汇刊，(4)：14～19，2.

王景慧.2002. 论历史文化遗产保护的层次.规划师，(6)：6～10.

王景慧，阮仪三.1999. 历史文化名城保护理论与规划，上海：同济大学出版社：91.

王莉霞.2006. 文化遗产保护法律问题思考.宁夏社会科学，(2)：30～32.

王林.2000. 中外历史文化遗产保护制度比较.城市规划，(8)：48～50，60.

王能伟.1983. 谈金陵四十八景.南京史志，创刊号.

王其亨.1992. 风水理论研究.天津：天津大学出版社.

王琴红.2006. 构建科学有效的文化遗产保护体系.南方文物，(4)：124～128.

王瑞珠.1993. 国外历史环境的保护和规划.台北：淑馨出版社.

王世仁.2005. 理性与浪漫的交织.天津：百花文艺出版社.

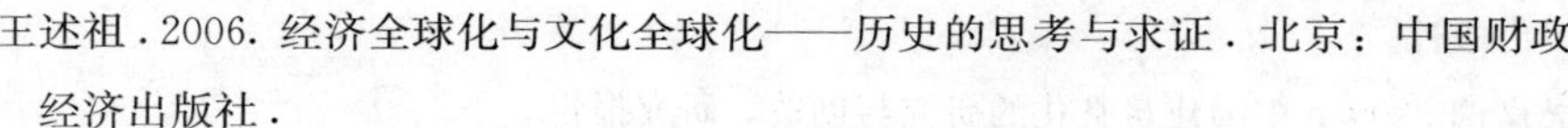

王述祖．2006. 经济全球化与文化全球化——历史的思考与求证．北京：中国财政经济出版社．

王维屏．1983. 略论建都南京的政治与地理因素．江海学刊，(6)．

王卫平．1999. 明清时期江南城市史研究：以苏州为中心．北京：人民出版社．

王文元．2001. 东京的旧城改造与古都风貌保护．城市问题，(5)：75～78.

王晓红．2006. 国际化城市文化发展战略的比较研究．首都经济贸易大学学报，(3)：66～69.

王兴中．2004. 中国城市生活空间结构研究．北京：科学出版社．

王永平．2006. 孙吴文化．南京：南京出版社．

王振复．2001. 大地上的“宇宙”——中国建筑文化理念．上海：复旦大学出版社．

王振复．2000. 中国建筑的文化历程．上海：上海人民出版社．

王志高．1998. 从考古发现看明代南京城墙．南方文物，(1)：92～95.

王仲殊．1982. 中国古代都城概说．考古，(5)：59～69.

温家宝．2005－12－06. 尊重不同文明，共建和谐世界．http：//www.gov.cn/ldhd/2005－12/06/content_119417.htm.

温玉清，王其亨．2007. 中国营造学社学术成就与历史贡献述评．建筑创作，(6)：79～85.

翁一峰．2006. 历史街区保护的产权视角的若干讨论．2006 城市规划年会论文集．533～537.

吴晨．2005－02－21. 文化竞争：欧洲城市复兴的核心．瞭望·新闻周刊．2005－21－017.

吴缚龙，周岚．2010. 乌托邦的消亡与重构：理想城市的探索与启示．城市规划，(3)：40～45.

吴刚．1997. 中国古代的城市生活．北京：商务印书馆国际有限公司．

吴焕加．2003. 中国建筑——传统与新统．南京：东南大学出版社．

吴良镛．1994. 北京旧城和菊儿胡同．北京：中国建筑工业出版社．

吴良镛．1999a. 关于中国古建筑理论研究的几个问题．建筑学报，(4)：43～45，4.

吴良镛．1999b. 世纪之交展望建筑学未来——国际建协第 20 届大会主旨报告．建筑学报，(8)：6～11.

吴良镛．1999c. 发达地区城市化进程中建筑环境的保护与发展．北京：中国建筑工业出版社．

吴良镛．2000. 广义建筑学的构想．建筑-城市-人居环境．石家庄：河北教育

出版社．

吴良镛．2003．中国建筑文化的研究与创造．研究报告．

吴良镛．2005．城市文化研究．中国工程院《我国城市化进程中的可持续发展战略研究》子课题．

吴良镛．2006．新形势下北京规划建设的战略思考．2006 年 12 月在首都建设委员会上的发言．

吴良镛．2007a．历史名城的文化复萌．

吴良镛．2007b．文化遗产保护与文化环境创造——为 2007 年 6 月 9 日全国文化遗产日写，2007 年 6 月在北京城市文化国际研讨会暨第二届城市规划国际论坛上会的主报告．城市规划，(8)．

吴良镛．2008a．发展模式转型与人居环境科学探索。见：中国市长协会．中国城市展报告 2007．北京：中国城市出版社．

吴良镛．2008b．清华大学课程《人居环境科学概论》结束语：对学术人生的几点回顾．

吴良镛．2009a．“都市盆景”和“红楼丰碑”——南京“‘江宁织造府”博物馆的工程故事和前瞻．

吴良镛．2009b．北京旧城居住区的整治途径．中国建筑与城市文化．北京：昆仑出版社．

吴良镛．2009c．城镇化与城市文化．中国建筑与城市文化．北京：昆仑出版社．

吴良镛．2009d．发展模式转型与城乡建设的再思考．北京：清华大学出版社．

吴良镛．2009e．弘扬首都壮美秩序，重振北京古都新貌．

吴良镛．2009f．论江南建筑文化．中国建筑与城市文化．北京：昆仑出版社．

吴良镛．2009g．乡土建筑的现代化，现代建筑的地域．中国建筑与城市文化．北京：昆仑出版社．

吴良镛．2009h．中国建筑科学文化的伟大复兴．见：中国建筑与城市文化．北京：昆仑出版社．

吴良镛，罗小未，何镜堂等．2000．关于《北京宪章》的访谈录．世界建筑．(1)：20～25.

吴庆洲．1995．中国古代哲学与古城规划．建筑学报，(8)：45～47.

吴仁安．2001．明清江南望族与社会经济文化．上海：上海人民出版社．

吴贻永．2000．城市发展的关键——城市文化．城市问题，(5)：2.

伍江．2007．历史文化风貌区保护规划编制与管理．上海：同济大学出版社．

武廷海．1997．追寻城市的灵魂．城市规划，(5)：25～28.

武廷海．1999. 区域视野中的城市文化研究——以江南地区为例．清华大学博士学位论文：101.

武廷海．2008. 南京城市发展战略研究报告．清华大学建筑与城市研究所研究报告．

武廷海．2009. 吴良镛人居环境学术思想．发展模式转型与城乡建设的再思考．北京：清华大学出版社．

夏仁虎．2006. 南京稀见文献丛刊《秦淮志》．南京：南京出版社．

现代快报社．2006-10-02. 一篇文章引发南京文保热议．现代快报．

香港大学文化研究中心．2003. 香港创意产业基础研究．香港特别行政区政府中央政策组委托顾问报告，(9)．

香港文化委员会．2002. 香港文化委员咨询报告：一本多元，创新求变．

向阳鸣，周道祥．2003. 明代科举制度及其江南贡院．南京文化研究·南京专辑．北京：中国文史出版社：508.

萧默．2003. 建筑意（第一辑）．北京：中国人民大学出版社．

肖明．1999. 城市空间文脉要素系统化设计初探．东南大学硕士学位论文．

谢和耐．2008. 中国社会史．南京：江苏人民出版社．

辛德勇．2004. 中日城市研究．北京：中国社会科学出版社．

辛德勇．2005. 历史的空间与空间的历史——中国当代史学家文库辛德勇卷．北京：北京师范大学出版社．

辛德勇．2006. 秦始皇三十六郡新考．文史，(1)．

熊浩．2003. 南京近代城市规划研究．武汉理工大学硕士学位论文．

徐千里．2000. 创造与评价的人文尺度．北京：中国建筑工业出版社．

徐新．2002. 西方文化史．北京：北京大学出版社．

徐仲杰．2002. 南京云锦．南京：南京出版社．

许辉，李天石．2003. 六朝文化概论．南京：南京出版社．

薛冰．2008. 南京城市史．南京：南京出版社．

阳建强．1999. 现代城市更新．南京：东南大学出版社．

杨秉德．1993. 中国近代城市与建筑．北京：中国建筑工业出版社．

杨宏烈．2006. 城市历史文化遗产保护与发展．北京：中国建筑工业出版社．

杨鸿年．1999. 隋唐两京坊里谱．上海：上海古籍出版社．

杨宽．1993. 中国古代都城建设制度史研究．上海：上海古籍出版社．

杨荣斌，陈超．2004. 世界城市文化发展趋向——以纽约、伦敦、新加坡、香港为例．中国文化产业发展报告，(1)．

杨瑞松．2004. 门西地区保护与更新规划研究．南京市规划局，博来规划设计研究

公司研究报告.

杨瑞松，刘正平.1985.秦淮河规划设计研究.南京市规划设计院研究报告.

杨嗣信.2005.城市的形成：历史进程中的城市模式和城市意义.北京：中国建筑工业出版社.

杨新华.2001.南京明清建筑.南京：南京大学出版社.

杨忠谦，李东平.2005.后现代主义与全球化背景下中国先进文化的构建.科学中国人，(3)：62～63.

姚亦锋.2003.南京城市地理变迁及现代景观规划的研究.南京大学博士学位论文.

叶楚伦.1935.首都志.上海：上海正中书局.

叶皓.2002.金陵颂——历代名家咏南京诗文精选.南京：南京出版社.

叶菊华.2006.白鹭洲水系沟通及公园环境改善方案.南京市建委研究报告.

叶骁军.1988.中国都城发展史略.西安：陕西人民出版社.

叶兆言.2009.江苏读本.南京：江苏人民出版社.

伊丽莎白·瓦伊斯.2007.城市挑战——亚洲城镇遗产保护与复兴实用指南.张玖英译.南京：东南大学出版社.

伊利尔·沙里宁.1986.论城市：它的发展、衰败与未来.顾启源译.北京：中国建筑工业出版社.

仪平策.2000.中国审美文化史——秦汉魏晋南北朝卷.济南：山东画报出版社.

于立，张康生.2007.以文化为导向的英国城市复兴策略.国外城市规划，(4)：21～24.

俞孔坚.2000.景观：文化、生态与感知.北京：科学出版社.

俞明.2007.阅江楼与《阅江楼记》.文史知识，(11)：109～114.

约翰·R.霍尔.2002.文化：社会学的视野.周晓虹，徐彬译.北京：商务印书馆.

约翰·汤姆林森.1999.文化帝国主义.上海：上海人民出版社.

约翰·汤姆林森.2002.全球化与文化.郭英剑译.南京：南京大学出版社.

张兵.2001.保护规划需要有更全面综合的理论方法.国外城市规划，(4)：5～6，9.

张兵.2007.中国历史文化名城保护工作的最新进展.在《亚太地区世界遗产培训与研究中心机制与运作》国际会议上的发言.

张凡.2006.城市发展中的历史文化遗产保护对策.南京：东南大学出版社.

张宏平.2006.别让历史文化遗产保护成孤岛、四川日报，2006-3-24.

张惠衣.2006.金陵大报恩寺塔志.南京：南京出版社.

张杰，庞骏，董卫．2006 悖论中的产权、制度与历史建筑保护．现代城市研究，(10)：12～17.

张京祥，蒋玲，程茂吉．2008. 南京城市发展战略研究报告．南京大学，南京规划设计研究院研究报告．

张磊．2009.《保护非物质文化遗产公约》之评述解读．三明学院学报 (1)：95～98.

张乃戈，朱韬，于立．2007. 英国城市复兴策略的演变及“开发性保护”的产生和借鉴意义．国际城市规划，(4)：15～20.

张松．2007.《城市文化遗产保护国际宪章与国内法规选编》．上海：同济大学出版社．

张松．2008. 历史城市保护学导论．上海：同济大学出版社．

张松．2001. 历史城市保护学导论——文化遗产和历史环境保护的一种整体性方法．上海：上海科学技术出版社．

张松．2008. 我们的遗产我们的未来——关于城市遗产的保护和探索．上海：同济大学出版社．

张铁宝．2005. 太平天国文化．南京：南京出版社．

张庭伟．2004. 未来南京城市发展战略研究——国际经验比较．见：南京市规划局．

张学锋．2005. 东晋文化．南京：南京出版社．

张学锋．2006.20 世纪日本的魏晋南北朝经济史研究．江南社会经济研究·六朝隋唐卷．北京：中国农业出版社．

张艳华．2007. 在文化价值和经济价值之间：上海城市建筑遗产保护与再利用. 北京：中国电力出版社．

赵辰．2006. 门东南门老街复兴可行性研究．南京大学建筑学院．

赵东华．2005. 南京的性格．北京：中国经济出版社．

赵世喻．2002. 狂欢与日常——明清以来的庙会与民间社会．北京：三联出版社．

赵炜．2004. 全球化语境下的中国城市空间文化及其实践．规划师，(2)：68，69.

赵勇，张捷，李娜等 2006. 历史文化村镇保护评估体系及方法研究——以中国首批历史文化名镇（村）为例．地理科学，26 (4)：497～505.

赵勇．2008. 中国历史文化名镇名村保护理论与方法．北京：中国建筑工业出版社．

赵中枢．2002. 中国历史文化名城的特点及保护的若干问题．城市规划，(7)：34～37.

镇雪锋．2007. 文化遗产的完整性与整体性保护方法——遗产保护国际宪章的经验

和启示．同济大学硕士论文．

钟纪刚．2002. 巴黎城市建设史．北京：中国建筑工业出版社．

周宝珠．1992. 宋代东京研究．郑州：河南大学出版社．

周干峙．2003. 实现城市化和历史文化遗产保护的良性互动．河南经济，(7)．

周岚．2006. 历史视野的城市总体规划修编谈——以南京为例．中国城市规划学术研究进展年度报告 2006. 北京：中国建筑工业出版社．

周岚．2007. 在快速“变化”的年代保护“不变”的文化脉络．新加坡《越洋的思考：25 年来中国城市实体和体制的转变》国际研讨会报告．

周岚．2010. 论历史文化名城的积极保护和整体创造（上下）中国名城（2）（3）：4～12.

周岚，何流．2007. 城市规划的“赛先生”、“德先生”、“律先生”——以南京为例．城市规划，(8)：58.

周岚，贺云翱．2007. 南京城市空间历史演变研究合作研究报告．

周岚，贺云翱，王芙蓉等．2008a. 南京城市空间历史——演变及复原研究（南京历史文化名城保护规划专项研究之一）．南京市规划局，南京大学文化与自然遗产研究所，南京市城市规划编研中心合作研究报告．

周岚，李广崎．1994. 当代南京城市规划四十年．“首届海峡两岸都市发展与变迁”研讨会．台湾空间杂志．(6)

周岚，童本勤，何世茂．2004b. 寻求老城保护与发展的平衡和协调．城市规划，(9)：89～92.

周岚，童本勤．2006. 南京市空间景观特色意图区规划研究．南京市规划局研究报告．

周岚，童本勤．苏贝根等．2004. 快速现代化进程中的南京老城保护与更新．南京：东南大学出版社．

周岚．阳建强等．2008. 国内外历史名城比较研究（南京历史文化名城保护规划专项研究之一）．南京市规划局，东南大学建筑学院．

周岚，叶斌，贺云翱等．2008b 南京历史文化资源普查——文物古迹．南京市规划局，南京市文物局，南京大学文化与自然遗产研究所合作研究报告．

周岚，叶斌，王芙蓉等．2010. 基于“3S”的历史文化资源普查与利用——以南京市为例．规划师（4）：75～80.

周岚，叶斌，徐明尧等．2006. 南京民国建筑保护规划及三年行动计划方案建议．南京市规划局研究报告．

周岚，张京祥，陈浩东等．2010. 集约型发展：江苏城乡规划建设的新选择．北京：

中国建筑工业出版社．

周岚，周一鸣，李建波等．2007. 历史老南京保护的社会讨论．南京市规划局研究报告．

周年兴，俞孔坚，李迪华．2004. 信息时代城市功能及其空间结构的变迁．地理与地理信息科学，(2)：69～72.

周新华，王会明．1994. 中国沿海近代城市繁兴的特点及其原因．江苏社会科学，(2)：93～72.

周学雷．2004. 明代开封城市景观价值研究．郑州大学硕士学位论文．

朱兵．2005－12－30. 我国历史文化各城与历史文化街区、村镇保护的立法与实践. 中国人大网：www. npc. gov. cn.

朱文一．1993. 空间・符号・城市．北京：中国建筑工业出版社．

朱偰．1936. 金陵古迹图考．北京：商务印书馆．

朱祖希．2007. 营国匠意．古都北京的规划建设及其文化渊源．北京：中华书局．

庄林德，张京详．2002. 中国城市发展与建设史．南京：东南大学出版社．

邹厚本．2000. 江苏考古五十年．南京：南京出版社．

邹劲风．2000. 南唐国史．南京：南京大学出版社．

邹劲风．2005. 南唐文化．南京：南京出版社．

Berger L，Huntington P. 2002. Many Globalizations：Cultural Diversity in the Contemporary World. Oxford：Oxford University Press.

Community and Local Government（CLG）. 2007. Eco-towns Prospects. London：HMSO.

Desai V. 1996. Access to power and participation. Third World Planning Review，18（2）：217～242.

Evans G L. 2005. Measure for measure：evaluating the evidence of culture's contribution to regeneration. Urban Studies.（42）.

Florida R. 2002. The Rise of the Greative Class. New York：Basic Books.

Forester J. 2006. Making participation work when interests conflict. Journal of the American Planning Association，72（4）：447～456.

Forester J. 1989. Planning in the Face of Power. Berkeley Los Angeles London：University of California Press.

Howes D. 1996. Cross-Cultural Consumption：Global Markets，Local Realities. London：Routledge.

John F. 2001. Milan Since the Miracle：City，Culture，and Identity. NewYork：

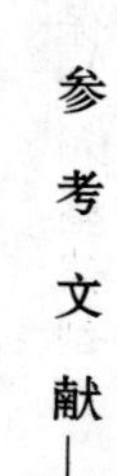

Berg.

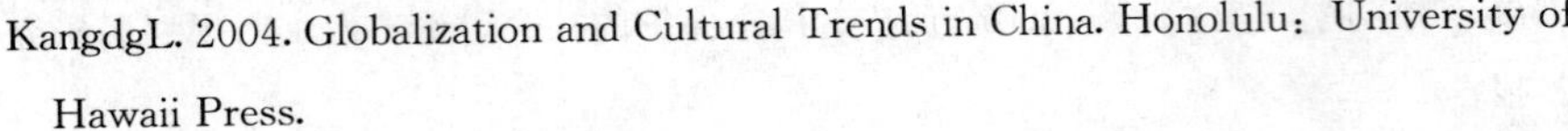

KangdgL. 2004. Globalization and Cultural Trends in China. Honolulu: University of Hawaii Press.

Katharyne M. 2003. Cultural Geographies of Transnationality. Trowbridge: the Cromwell Press.

Larkham P. 1996. Conservation and the City. London: Routledge.

Latham K, Thompson S, Klein J. 2006. Consuming China-Approaches to Cultural Change in Contemporary China. New York: Routledge.

Lawrence H. 2006. Return to the Center: Culture, Public Space, and City Building in a Global Era. Austin: University of Texas Press.

Lin G C S. 2004. The Chinese globalizing cities: national centers of globalization and urban transformation. Progress in Planning A, 61: 143～157.

Macleod G, Ward K. 2002. Space of utopia and dystopia: landscaping the contemporary city. Geografiska Annaler, 84B (3-4): 153～170.

Michael T. 2006. Varieties of Urban Experience: the American City and the Practice of Culture. Lanham: University Press of America.

MinChih Yang Kinmen: 2001. Governing the culture industry city in the changing global context. Cities, 18 (2): 77～85.

Morley D, Robins K. 1995. Spaces of Identity: Global Media, Electronic Land-Scapes and Cultural Boundaries. London: Routledge.

Norton W. 2000. Cultural Geography: Themes, Concepts, Analyses. NewYork: Oxford University Press.

Office of the Deputy Prime Minister. 2005. Planning Policy Statement 1: Delivering Sustainable Development. London: HMSO.

Orum M, Chen X. 2003. The World of Cities: Places in Comparative and Historical Perspective. Blackwell: Blackwell Publishers.

Pacione M. 2003. Quality-of-life research in urban geography. Urban Geography, 24 (4): 314～339.

Pellow D. 2005. Cultural difference and urban spatial forms: elements of boundedness in an Accra community. American Anthropologist, 103 (1): 59～75.

Simon D. 2003. Enviromental Geopolitics-Nature, Culture, Urbanity. Trowbridge: the Cromwell Press.

TLeGates R. 2000. The City Reader. London and New York: Routledge.

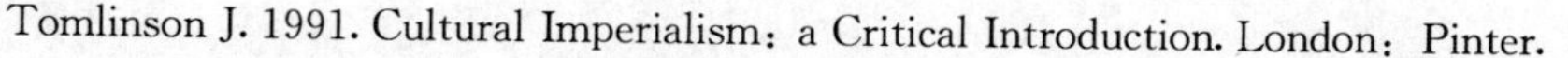

Tomlinson J. 1991. Cultural Imperialism：a Critical Introduction. London：Pinter.

United Nations Human Settlements Programme. 2004. The State of the Worlds' Cities 2004/2005：Globalization and Urban Culture. London：Sterling.

William Skinner. 1977. The City in Late Imperical China. Stanford：Stanford UIniversity Press.

Zukin S. 1989. Loft Living：Culture and Capital in Urban Change. NewJersey：Rutgers University Press.

Zukin S. 1998. Urban lifestyles：diversity and standardization in spaces of consumption. Urban Studies，35（5－6）：825～839.

致 谢

本书是笔者跟随吴良镛院士攻读博士学位时的研究成果。在跟随吴良镛先生学习的过程中，导师治学之严谨、工作之认真、创作之投入，深深地影响了我的学习态度、工作态度乃至人生态度。在此衷心感谢吴良镛先生的悉心指导。

在我任职南京市规划局局长期间，我和同事一起组织开展了南京历史文化名城保护规划以及相关的多项专题研究，同东南大学、南京大学多位教授进行了合作研究。虽然我恪守个人写作和工作报告分开的原则，但大家共同的讨论和工作的成果丰富了我的思维和论文内容。清华大学的多位老师、南京多位历史学家也给了我热心的指点，在此一并表示衷心感谢！此外，还要感谢我的先生、女儿和双亲，对我学习的长期支持、理解和包容。

周岚

2010 年 6 月